Introdução à robótica

FUNDAÇÃO EDITORA DA UNESP

Presidente do Conselho Curador
Mário Sérgio Vasconcelos

Diretor-Presidente
José Castilho Marques Neto

Editor-Executivo
Jézio Hernani Bomfim Gutierre

Superintendente Administrativo e Financeiro
William de Souza Agostinho

Assessores Editoriais
João Luís Ceccantini
Maria Candida Soares Del Masso

Conselho Editorial Acadêmico
Áureo Busetto
Carlos Magno Castelo Branco Fortaleza
Elisabete Maniglia
Henrique Nunes de Oliveira
João Francisco Galera Monico
José Leonardo do Nascimento
Lourenço Chacon Jurado Filho
Maria de Lourdes Ortiz Gandini Baldan
Paula da Cruz Landim
Rogério Rosenfeld

Editores-Assistentes
Anderson Nobara
Jorge Pereira Filho
Leandro Rodrigues

Maja J. Mataric ́

Introdução à robótica

Tradução

Humberto Ferasoli Filho
José Reinaldo Silva
Silas Franco dos Reis Alves

Ilustrações

Nathan Koenig

© 2007 Massachusetts Institute of Technology
© 2014 Editora Unesp
Título original: *The Robotics Primer*
1ª reimpressão – 2017

Direitos de publicação reservados à:
Fundação Editora da Unesp (FEU)
Praça da Sé, 108
01001-900 – São Paulo – SP
Tel.: (0x11) 3242-7171
Fax: (0x11) 3242-7172
www.editoraunesp.com.br
www.livrariaunesp.com.br
feu@editora.unesp.br

Editora afiliada:

Blucher

Rua Pedroso Alvarenga, 1245, 4º andar
04531-934 – São Paulo – SP – Brasil
Tel.: 55 11 3078-5366
contato@blucher.com.br
www.blucher.com.br

Segundo o Novo Acordo Ortográfico, conforme 5. ed. do *Vocabulário Ortográfico da Língua Portuguesa*, Academia Brasileira de Letras, março de 2009.

CIP-Brasil. Catalogação na publicação Sindicato Nacional dos Editores de Livros, RJ

M376i

Mataric, Maja J.

    Introdução à robótica / Maja J. Mataric; tradução Humberto Ferasoli Filho, José Reinaldo Silva, Silas Franco dos Reis Alves. – 1. ed. São Paulo: Editora Unesp/Blucher, 2014.

    Título original: The Robotics Primer
    ISBN 978-85-212-0853-2

    1. Robótica. I. Título.

13-05221   CDD: 629.892
                       CDU: 681.5

É proibida a reprodução total ou parcial por quaisquer meios sem autorização escrita da editora.

Todos os direitos reservados pela Editora Edgard Blücher Ltda.

A Helena e Nicholas, que me ensinaram o que importa, todos os dias.

Sumário

Prefácio   *13*

1. O que é um robô? Definindo a robótica   *17*

2. De onde vêm os robôs? Uma breve e empolgante história da robótica   *25*
   2.1. Teoria de controle   *25*
   2.2. Cibernética   *26*
   2.3. Inteligência artificial (IA)   *33*

3. De que é feito um robô? Componentes de um robô   *41*
   3.1. Corporalidade   *42*
   3.2. Sensoriamento   *43*
   3.3. Ação   *46*
   3.4. Cérebros e músculos   *48*
   3.5. Autonomia   *49*

4. Braços, pernas, rodas e esteiras: o que realmente os aciona? Efetuadores e atuadores   *51*
   4.1. Atuação passiva *versus* atuação ativa   *52*
   4.2. Tipos de atuadores   *53*
   4.3. Motores   *55*
   4.4. Graus de liberdade   *62*

5. Mova-se! Locomoção   *71*
   5.1. Estabilidade   *72*
   5.2. Movimentação e marcha   *76*

5.3. Rodas e direção *79*

5.4. Permanecer no caminho *versus* chegar lá *81*

6. No fio da navalha! Manipulação *85*
   6.1. Efetuadores finais *85*
   6.2. Teleoperação *86*
   6.3. Por que a manipulação é difícil? *89*

7. O que está acontecendo? Sensores *97*
   7.1. Níveis de processamento *102*

8. Acenda a luz! Sensores simples *111*
   8.1. Sensores passivos *versus* sensores ativos *111*
   8.2. Interruptores (chaves) *112*
   8.3. Sensores de luz *115*
   8.4. Sensores de posição resistivos *126*

9. Sonares, *lasers* e câmeras: Sensores complexos *131*
   9.1. Sensores ultrassônicos ou sonares *131*
   9.2. Sensoriamento a *laser* *140*
   9.3. Sensores visuais *143*

10. Mantenha o controle! Controle por realimentação *161*
    10.1. Controle por realimentação ou em malha fechada *161*
    10.2. As diversas faces do erro *163*
    10.3. Exemplo de um robô com controle por realimentação *164*
    10.4. Tipos de controle por realimentação *167*
    10.5. Controle em malha aberta *173*

11. Os blocos construtivos do controle: Arquiteturas de controle *177*
    11.1. Quem precisa de arquiteturas de controle? *178*
    11.2. Linguagens de programação para robôs *180*
    11.3. E as arquiteturas são... *182*

Sumário

12. O que se passa em sua cabeça? Representação   *187*
    12.1. As diversas maneiras de se fazer um mapa   *188*
    12.2. O que os robôs podem representar?   *190*
    12.3. Custos de uma representação   *191*

13. Pense muito, aja depois: Controle deliberativo   *193*
    13.1. O que é planejamento?   *194*
    13.2. Custos do planejamento   *196*

14. Não pense, reaja! Controle reativo   *203*
    14.1. Seleção da ação   *209*
    14.2. Arquitetura de subsunção   *212*
    14.3. Herbert, ou como sequenciar comportamentos
          através do mundo   *215*

15. Pense e aja separadamente, em paralelo:
    Controle híbrido   *221*
    15.1. Lidando com mudanças no mundo/mapa/tarefa   *224*
    15.2. Planejamento e replanejamento   *225*
    15.3. Evitando o replanejamento   *226*
    15.4. Planejamento *on-line* e planejamento *off-line*   *227*

16. Pense na sua maneira de agir:
    Controle baseado em comportamentos   *233*
    16.1. Representação distribuída   *240*
    16.2. Um exemplo: mapeamento distribuído   *241*

17. Como fazer seu robô se comportar:
    Coordenação de comportamentos   *257*
    17.1. Arbitragem de comportamentos:
          faça uma escolha   *258*
    17.2. Fusão de comportamentos: resumo   *259*

18. Quando o inesperado acontece:
    Comportamento emergente   *265*
    18.1. Um exemplo: comportamento emergente de
          "seguir parede"   *265*

18.2. O todo é maior que a soma de suas partes   *267*
18.3. Componentes da emergência   *268*
18.4. Esperando o inesperado   *269*
18.5. Previsibilidade da surpresa   *269*
18.6. Comportamento emergente bom *versus* comportamento emergente mau   *271*
18.7. Arquiteturas e emergência   *272*

19. Passeando por aí: Navegação   *275*
19.1. Localização   *278*
19.2. Busca e planejamento de caminho   *281*
19.3. Localização e mapeamento simultâneos   *283*
19.4. Cobertura   *284*

20. Vamos lá, time! Robótica em grupo   *287*
20.1. Benefícios do trabalho em equipe   *288*
20.2. Desafios do trabalho em equipe   *291*
20.3. Tipos de grupo e equipe   *292*
20.4. Comunicação   *297*
20.5. Formar uma equipe para jogar   *304*
20.6. Arquiteturas de controle multirrobô   *307*

21. As coisas estão cada vez melhores: Aprendizagem   *313*
21.1. Aprendizagem por reforço   *315*
21.2. Aprendizagem supervisionada   *320*
21.3. Aprendizagem por imitação/demonstração   *322*
21.4. Aprendizagem e esquecimento   *327*

22. Quais os próximos passos? O futuro da robótica   *331*
22.1. Robótica espacial   *334*
22.2. Robótica cirúrgica   *335*
22.3. Robótica autorreconfigurável   *337*
22.4. Robôs humanoides   *339*
22.5. Robótica social e interação humano-robô   *340*
22.6. Robótica de serviço, assistiva e de reabilitação   *342*
22.7. Robótica educacional   *345*
22.8. Implicações éticas   *347*

Referências bibliográficas   *351*
Glossário   *355*
Índice remissivo   *365*

Prefácio

Ao chegar à Universidade do Sul da Califórnia (University of Southern California – USC) em 1997, como professora-assistente de Ciência da Computação, projetei o curso "Introdução à robótica" (http://www-scf.usc.edu/~ csci445). Os destaques do curso foram o uso intensivo de laboratório (com uso de LEGO), projetos em grupos e uma competição no final do semestre, realizada no Centro de Ciência da Califórnia (California Science Center). Após o encerramento, disponibilizei para os alunos minhas notas de aula na internet e constatei que, ao longo dos anos, um número crescente de professores do Ensino Médio e pré-universitário de todas as partes do mundo entrou em contato comigo para saber mais sobre o uso dessas notas em seus cursos e para obter material adicional. Em 2001, logo após ser promovida a professora associada, à espera do segundo filho (e talvez influenciada pela euforia que tudo isso provocou), tive um pensamento aparentemente simples: por que não transformar todas as notas do curso em um livro?

Somente quando comecei a transformar as notas de aula, por vezes enigmáticas, em capítulos do livro é que percebi o tamanho do desafio que havia me proposto: o de escrever para um público que pretende ampliar seus horizontes. Esse público abrange todas as idades, do pré-adolescente ao aposentado, e é composto por alunos do Ensino Médio e por estudantes e professores universitários, bem como por todos os entusiastas de robótica que querem ir além das notícias veiculadas na imprensa e mergulhar mais profundamente no tema. Isso não seria nada fácil.

Minha motivação veio do fato de a robótica ser uma área maravilhosa de estudo. Não sou uma engenheira convencional; em vez de fazer robôs com relógios antigos e rádios no porão da minha casa quando era criança, eu estava mais interessada em arte e *design* de moda. Descobri a robótica no final da faculdade, por meio de leituras extracurriculares, enquanto me formava em Ciência da Computação. Naquela época, não havia cursos de Robótica na Universidade do Kansas. Ao ingressar na pós-graduação do Massachusetts Institute of Technology (MIT), escolhi, por acaso, robótica como tema de estudo, baseada principalmente no carisma do meu orientador de doutorado, Rodney Brooks, que foi o primeiro a defender essa proposta de forma convincente. O objetivo deste livro é apresentar, a uma ampla diversidade de leitores, um argumento convincente para se estudar robótica, porque o conteúdo da robótica, ainda que difícil, é extremamente interessante.

A criação de máquinas inteligentes pode alimentar nossa imaginação, criatividade e desejo de fazer a diferença. A tecnologia envolvida na robótica desempenhará um papel-chave no futuro da humanidade. Atualmente estamos preparando diretamente esse futuro nos laboratórios de pesquisa e nas salas de aula dos Estados Unidos e do mundo. Mais importante ainda é o fato de que estudar robótica logo no início pode ajudar o aluno a estabelecer a base para uma melhor compreensão da ciência, tecnologia, engenharia e matemática (CTEM). É por isso que eu gostaria de ver todas as crianças trabalhando com robôs na escola, desde o Ensino Fundamental (estar na 5ª série certamente é suficiente – e até mais cedo é possível) até os cursos pré-universitários. Criar aficionados de robótica abre a mente criativa dos alunos, atraindo sua atenção para uma grande variedade de temas e, eventualmente, para carreiras em CTEM. Sem esse aprendizado lúdico, com a mente aberta para a descoberta, os alunos, muitas vezes, acabam vendo erroneamente a CTEM como algo estranho ou inatingível. O objetivo deste livro é ensinar algo real e verdadeiro sobre robótica e seu potencial, apresentando o tema de forma interessante e envolvente.

Estou espantada com o tempo que levei para escrever este livro. Meu filho, que estava prestes a nascer quando a ideia me ocorreu, acabou de completar cinco anos. Também aconteceram várias coisas boas na minha carreira, que retardaram a escrita. Por fim, percebi que a vida tende a nos deixar cada vez mais ocupados e que nunca teria um "tempão" para terminar o livro. Pelo contrário, o tempo teve de ser garimpado, emprestado, roubado para chegar ao fim dessa tarefa. Meus agradecimentos ao meu editor na MIT Press, Bob Prior, que pacientemente me lembrou da importância de terminar meu primeiro livro e que está sempre pronto e disposto a trabalhar comigo.

Nesse (longo) processo, muitos educadores do Ensino Médio e da universidade contribuíram com seus comentários para melhorar o livro. Levei-os sempre em consideração. Os alunos e professores do curso de "Introdução à robótica" usaram o original em cursos e puderam apontar capítulos que faltavam e figuras que seriam úteis. Marianna O'Brien, que ensina Ciências na 8ª série na escola Lincoln Middle, de Santa Mônica, foi um anjo. Ela passou mais de um ano lendo rascunhos, fazendo numerosos comentários e sugestões de melhorias e me ajudando a ter uma noção do que é necessário para ser um professor do ensino pré-universitário e de como escrever um livro que pudesse ajudar nesse processo. Por isso, devo à Marianna um enorme obrigado por seu entusiasmo incansável e comentários detalhados e encorajadores! Sou grata a Nate Koenig, aluno de doutorado da USC pertencente ao meu grupo, que fez as excelentes ilustrações do livro e que depois foi convocado para fazer a formatação, as permissões de direito autoral, o índice e as referências, além de fazer o que sem dúvida parecia ser um fluxo interminável de pequenas correções nos últimos meses. O livro deve a sua boa aparência ao Nate.

Sou grata a Helen Grainer e Rodney Brooks, da iRobot Corp, que concordaram em patrocinar um manual de programação de robôs para acompanhar este livro, que pode ser encontrado em http://roboticsprimer.sourceforge.net/workbook. Este manual, que desenvolvi com os meus alunos de doutorado Nate Koenig e David Feil-Seifer, fornece instruções passo a passo, exercícios práticos e soluções que podem fazer a programação de robôs reais acessível aos leitores deste livro e a todos os interessados em robótica.

Os modelos são extremamente importantes. Minha mãe, autora de numerosos contos, ensaios e livros de poesia, foi uma boa inspiração; ela fez a empreitada parecer estar facilmente ao meu alcance. Um dos objetivos deste livro é atingir as pessoas de todas as idades interessadas em robótica, de modo que possamos criar vários modelos de referência e nunca mais ver as crianças evitarem a robótica e os tópicos de CTEM em geral, por ignorância, pressão dos colegas ou falta de confiança.

Acima de tudo, agradeço à minha família, que me permitiu tomar, emprestar (mas nunca roubar) o tempo para escrever este livro. Agradeço a meu marido, que me deu apoio moral durante todo o processo e sempre soube como dizer "eu não sei como você faz isso" de uma maneira que me inspirou e encorajou a descobrir como fazê-lo. Finalmente, aos meus dois filhos, pois foram os que mais me motivaram a escrever este livro, uma vez que, em breve, serão parte do público leitor desta obra. Se eles e seus colegas pensarem que robótica é legal (e, assim, minha mãe é legal também) e considerarem a hipótese de enfrentar desafios criativos em ciência ou na engenharia, então realmente fiz algo de bom.

South Pasadena, Califórnia, abril de 2007.

1 O que é um robô?
Definindo a robótica

Bem-vindo ao *Introdução à robótica*! Parabéns, você escolheu uma maneira bem legal de aprender sobre um tema muito interessante: a arte, a ciência e a engenharia da robótica. Você está prestes a embarcar em uma viagem (que, espero, seja divertida) que, ao final, lhe permitirá dizer o que é real e o que não é real em filmes e artigos, impressionar os amigos com fatos interessantes sobre robôs e animais e muito mais; porém, o mais importante é que você seja capaz de construir e programar seu próprio robô. Vamos começar!

O que é um robô?

Essa é uma boa pergunta a ser feita, porque, como em qualquer área de interesse da ciência e da tecnologia, há um grande mal-entendido sobre o que os robôs são ou não são, o que foram ou não foram, e o que eles irão ou não irão se tornar no futuro. A definição do que é um robô tem evoluído ao longo do tempo, na medida em que a pesquisa fez grandes descobertas e a tecnologia avançou. Neste capítulo, vamos aprender o que é um robô moderno.

A palavra "robô" foi popularizada pelo dramaturgo tcheco Karel Čapek (pronuncia-se "Ca-rel Tcha-pék") em 1921 com sua peça *Robôs universais de Rossum* (RUR). A maioria dos dicionários cita Karel como o inventor da palavra "robô", mas fontes mais informais (como a internet) dizem que na verdade foi seu irmão, Josef, quem cunhou o termo. Seja qual for o caso, a palavra "robô" resulta da combinação das palavras tchecas *rabota*, que significa "trabalho obrigatório", e *robotnik*, que significa "servo". Grande parte dos robôs atuais está de fato realizando um trabalho obrigatório, na forma de tarefas repetitivas e rígidas, tais como a montagem de automóveis e o sequenciamento de DNA. No entanto, a robótica é muito mais do que um trabalho obrigatório, como você verá.

A ideia de um robô, ou de algum tipo de máquina que possa ajudar as pessoas, é muito anterior aos irmãos Čapek. Não é possível apontar onde se originou, porque é provável que muitos engenheiros inteligentes do passado tenham vislumbrado os robôs de alguma forma. A forma mudou ao longo do tempo, à medida que a ciência e a tecnologia avançaram, fazendo que muitos dos sonhos anteriormente inatingíveis sobre robôs se tornassem realidade ou, pelo menos, entrassem no domínio das possibilidades.

Com o avanço da ciência e da tecnologia, a noção de robô tornou-se mais sofisticada. No passado, um robô era definido como uma máquina, que consistia basicamente em um dispositivo mecânico especial. Exemplos de tais dispositivos, inclusive os mais sofisticados, podem ser encontrados ao longo da história e são muito antigos. Há cerca de 3 mil anos, os egípcios usavam estátuas controladas por humanos e, mais recentemente, na Europa, durante os séculos XVII e XVIII, foram construídas várias criaturas "realísticas", baseadas em mecanismos de relógio que podiam fazer uma assinatura, tocar piano e até mesmo "respirar". Contudo, como veremos adiante, estas máquinas não eram realmente robôs, pelo menos não segundo a definição e compreensão atual do que é um robô.

Se originalmente as ideias de robô eram, na verdade, de autômatos mecânicos especiais, à medida que os dispositivos computacionais se desenvolveram (e particularmente quando foram reduzidos de tamanho, de tal modo que passou a ser viável imaginá-los dentro do corpo de um robô), as noções de robô passaram a incluir pensamento, raciocínio, resolução de problemas e até mesmo emoções e consciência. Em suma, os robôs começaram a se assemelhar mais e mais com os seres biológicos, variando desde insetos até seres humanos.

Atualmente, temos (ou deveríamos ter) uma ideia muito ampla do que um robô pode ser, e não precisamos nos limitar àquilo que hoje é mecânica ou computacionalmente possível. No entanto, ainda é difícil prever como evoluirão as nossas ideias do que um robô é e poderá ser, conforme a ciência e a tecnologia avancem.

Então, de volta à pergunta: o que é um robô? O que faz da máquina da Figura 1.1 um robô e daquelas da Figura 1.2 meros robôs fictícios?

O que é um robô?

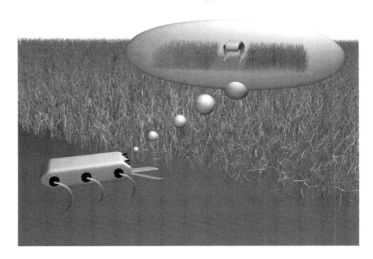

Figura 1.1 Exemplo de robô.

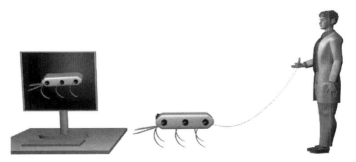

Figura 1.2 Exemplos de não robôs. À esquerda está um sistema que não existe no mundo físico; à direita, um sistema que não é autônomo. São aspirantes a robôs, e não robôs de verdade.

Robô : Um *robô* é um sistema autônomo que existe no mundo físico, pode sentir o seu ambiente e pode agir sobre ele para alcançar alguns objetivos.

Essa pode parecer uma definição muito ampla, mas na verdade cada uma de suas partes é importante e necessária. Vamos desmontá-la para ver por quê.

Um robô é um sistema AUTÔNOMO.

AUTÔNOMO

Um robô *autônomo* atua com base em suas próprias decisões e não é controlado por um ser humano.

Há, obviamente, muitos exemplos de máquinas que não são autônomas, mas são controladas externamente por seres humanos. Elas

TELEOPERADO

são ditas *teleoperadas*; *tele* significa "distante" em grego, de modo que "teleoperação" significa operar um sistema a distância.

Essas máquinas, no entanto, não são robôs de verdade. Robôs verdadeiros agem autonomamente. Eles são capazes de receber informações e instruções de seres humanos, mas não são completamente controlados por eles.

Um robô é um sistema autônomo que existe no MUNDO FÍSICO.

Existir no mundo físico – o mesmo mundo no qual existem pessoas, animais, objetos, árvores, o clima e muitas outras coisas – é uma propriedade fundamental dos robôs. Lidar com esse mundo físico e suas irredutíveis leis e desafios é o que faz da robótica o que ela é: um desafio real. Os robôs que existem no computador são simulações. Eles não têm realmente de lidar com as verdadeiras propriedades do mundo físico, porque simulações nunca são tão complexas quanto o mundo real. Portanto, embora haja uma grande quantidade de robôs simulados no ciberespaço, um robô de verdade existe no mundo físico.

Um robô é um sistema autônomo que existe no mundo físico e pode SENTIR o seu ambiente.

SENSORES

Sentir o ambiente significa que o robô tem *sensores*, ou seja, que possui alguns meios de perceber (por exemplo, ouvir, tocar, ver, cheirar) e obter informações do mundo. Um robô simulado, ao contrário, pode apenas adquirir a informação ou o conhecimento, como em um passe de mágica. Um robô verdadeiro pode sentir seu mundo somente por meio de sensores, assim como as pessoas e outros animais o fazem por intermédio dos sentidos. Logo, se um sistema não sente, mas magicamente recebe as informações, não pode ser considerado um robô. Além disso, se um sistema não sente ou não obtém informação, então não é um robô, porque não pode responder ao que se passa à sua volta.

> Um robô é um sistema autônomo que existe no mundo físico, pode sentir o seu ambiente e pode AGIR SOBRE ELE.

Tomar medidas para responder às informações sensoriais e para alcançar o que se deseja é uma condição necessária para ser um robô. Uma máquina que não age (ou seja, não se move, não afeta o mundo, mudando alguma coisa) não é um robô. Como veremos, a ação sobre o mundo pode assumir formas muito diferentes, e essa é uma razão pela qual o campo da robótica é tão amplo.

> Um *robô* é um sistema autônomo que existe no mundo físico, pode sentir o seu ambiente e pode agir sobre ele para ALCANÇAR ALGUNS OBJETIVOS.

Agora, finalmente chegamos à inteligência, ou pelo menos à utilidade, de um robô. Um sistema ou máquina que existe no mundo físico, pode senti-lo, mas age de forma aleatória ou inútil, não é bem um robô, pois não usa a informação adquirida nem sua capacidade de agir para fazer algo de útil para si ou para outros. Consequentemente, esperamos que um robô real tenha um ou mais objetivos e se comporte de forma a atingi-los. Os objetivos podem ser muito simples, como "Não fique parado", ou muito complexos, como "Faça o que for preciso para manter o seu dono seguro".

Uma vez definido o que é um robô, agora podemos definir o que é robótica.

ROBÓTICA

> *Robótica* é o estudo dos robôs, o que significa que é o estudo da sua capacidade de sentir e agir no mundo físico de forma autônoma e intencional.

Dizem que Isaac Asimov, um escritor de ficção científica incrivelmente produtivo, foi o primeiro a usar o termo *robótica*, com base no termo *robô* de Čapek. Se isso for verdade, foi ele quem oficialmente deu o nome à grande e crescente área da ciência e tecnologia que este livro pretende introduzir.

Resumo

- Robótica é um campo em crescimento, cuja definição foi evoluindo ao longo do tempo, juntamente com o próprio campo.
- Robótica envolve ter autonomia, sentir, agir e atingir metas, tudo isso no mundo físico.

Para refletir

- O que mais você pode fazer a distância, por meio de teleoperação? Você pode falar, escrever e ver, como no telefone, no telégrafo e na televisão. Há mais exemplos. Você consegue imaginá-los?
- Um termostato é um robô?
- Uma torradeira é um robô?
- Alguns programas inteligentes, também chamados agentes de *software*, tais como *web crawlers* (indexadores de páginas da internet), são chamados *softbots*. Eles são robôs?
- HAL, do filme *2001: Uma Odisseia no Espaço*, é um robô?

Para saber mais

- Este livro é acompanhado de um *workbook* gratuito sobre programação de robôs, que você pode baixar pela internet, disponível em: <http://roboticsprimer.sourceforge.net/workbook>. O material (em inglês) segue a estrutura deste livro didático, com exercícios e soluções que você poderá usar para aprender mais sobre robótica ao colocar a mão na massa.
- Eis um livro introdutório, resumido e divertido, sobre robótica: *How to Build a Robot*, de Clive Gifford. É muito fácil de ler, tem

ótimos desenhos e trata de uma série de conceitos que você pode aprender em detalhes neste livro.

- *Robotics, the Marriage of Computers and Machines*, de Ellen Thro, é outro livro introdutório simples que você poderá apreciar.
- Para um estudo verdadeiramente abrangente da robótica moderna, com uma grande quantidade de fotos de robôs, veja *Autonomous Robots*, de George Bekey.
- Para saber mais sobre vários temas tratados neste livro ou sobre robótica em geral, consulte a Wikipedia, uma enciclopédia livre encontrada na internet em: <http://en.wikipedia.org/wiki>.

2 De onde vêm os robôs?
Uma breve e empolgante história da robótica

Você já se perguntou como era o primeiro robô, quem o construiu, quando isso aconteceu e o que ele era capaz de fazer? Infelizmente, não é fácil responder a essas perguntas com precisão. Muitas máquinas que foram construídas poderiam ser chamadas robôs, dependendo de como definimos robô. Felizmente, contamos com uma definição moderna de robô apresentada no Capítulo 1. E, segundo essa definição, considera-se que o primeiro robô da história foi a tartaruga de William Grey Walter. Neste capítulo, vamos aprender sobre ela e o seu criador, bem como sobre os campos relacionados à robótica: a teoria de controle, a cibernética e a inteligência artificial (IA). Mas vamos aprender, sobretudo, como esses campos (trabalhando juntos) se tornaram fundamentais na história da robótica, desde sua origem mais elementar até seu estado atual.

2.1 Teoria de controle

TEORIA DE CONTROLE

A *teoria de controle* é o estudo formal[1] das propriedades dos sistemas de controle automatizados, que abrangem desde as máquinas a vapor até os aviões, passando por uma gama enorme de sistemas entre esses dois extremos.

A teoria de controle é um dos fundamentos da engenharia e estuda uma grande variedade de sistemas mecânicos que fazem parte do nosso cotidiano. Seus modelos formais nos ajudam a entender os conceitos

---

1 No sentido de ser um estudo baseado na representação matemática dos conceitos. (N.T.)

fundamentais que regem todos os sistemas mecânicos. Levando em conta que a arte da construção de sistemas automatizados, assim como a ciência que estuda o seu funcionamento, remontam aos tempos dos antigos, podemos dizer que a teoria de controle foi originada no tempo dos gregos, ou provavelmente até antes. A teoria de controle foi amplamente estudada como parte da engenharia mecânica, o ramo da engenharia voltado para a concepção e construção de máquinas e para o estudo de suas propriedades físicas, e assim foi usada para estudar e desenvolver o controle dos antigos sistemas hidráulicos (para irrigação e uso doméstico), dos sistemas térmicos da época (forja de metais, cuidados com animais etc.) e também dos moinhos de vento e motores a vapor (máquinas que foram a base da Revolução Industrial). No início do século XX, a matemática clássica, como as equações diferenciais, foi utilizada para o entendimento e a formalização de tais sistemas, dando origem ao que chamamos hoje de teoria de controle. A matemática ficou ainda mais complicada quando os mecanismos começaram a incorporar componentes elétricos e eletrônicos.

No Capítulo 10, vamos discutir controle por realimentação (*feedback control*), um conceito da teoria de controle que desempenha um papel importante na área da robótica.

2.2 Cibernética

Enquanto a teoria de controle crescia e amadurecia no início do século XX, surgiu outro campo importante relacionado com a robótica. Na década de 1940, os anos da Segunda Guerra Mundial, Norbert Wiener surgiu como pioneiro desse novo campo. Wiener originalmente estudou teoria de controle e se interessou em usar esses princípios para entender melhor não só os sistemas artificiais, mas também os sistemas biológicos.

CIBERNÉTICA

O novo campo de estudo foi denominado *cibernética*, e seus proponentes estudaram os sistemas biológicos desde o nível neuronal (das células nervosas) até o nível comportamental, e em seguida tentaram implantar princípios similares em robôs simples, utilizando os métodos da teoria de controle. Assim, a cibernética tinha como base o estudo e a comparação dos processos de comunicação e controle nos sistemas biológicos e artificiais.

De onde vêm os robôs?

A cibernética combinou teorias e conceitos da neurociência e da biologia com os da engenharia, com o objetivo de encontrar propriedades e princípios comuns em animais e máquinas. Como veremos, a tartaruga de William Grey Walter é um excelente exemplo dessa abordagem.

O termo "cibernética" vem da palavra grega *kybernetes*, que significa "o que regula o movimento", "timoneiro", "governador" – este último, o nome original de um componente central (o regulador centrífugo) do motor a vapor de James Watt, concebido com base nas ideias de controle de moinho de vento. Em cibernética, a ideia era que as máquinas usariam um controle semelhante ao "governador" de Watt para produzir um comportamento sofisticado, similar ao encontrado na natureza.

Um conceito-chave da cibernética é baseado no acoplamento, na combinação e na interação entre o mecanismo ou organismo e seu ambiente. Essa interação é necessariamente complexa, como veremos, e difícil de descrever formalmente. No entanto, esse era o objetivo da cibernética, e ainda é um componente importante da robótica. Foi o que conduziu ao desenvolvimento da tartaruga, que pode ser considerada o primeiro robô, com base na nossa definição no Capítulo 1.

2.2.1 A tartaruga de Grey Walter

William Grey Walter (1910-1977) foi um neurofisiologista inovador, interessado no estudo do funcionamento do cérebro humano. Ele fez diversas descobertas importantes, incluindo as ondas cerebrais teta e delta produzidas durante as diferentes fases do sono. Além da pesquisa em neurociência, estudou o funcionamento do cérebro em geral por meio da construção e análise de máquinas cujo comportamento é semelhante ao dos animais.[2]

---

2   Em artigo de 1950, publicado na *Scientific American*, William Grey Walter propõe a análise do comportamento de uma "tartaruga" mecânica que "imitava a vida" como base para o estudo da neurociência. Ele afirma que "a grande diferença entre a imitação da vida feita pela mágica e aquela produzida pela ciência é que a primeira copia a aparência externa, enquanto a última está mais interessada no desempenho e no comportamento". (N.T.)

BIOMIMÉTICA

Atualmente, denominamos as máquinas com propriedades seme-lhantes a dos sistemas biológicos de máquinas *biomiméticas*, o que significa que elas imitam sistemas biológicos de alguma forma. Durante sua pesquisa, na década de 1940 e nos anos seguintes, Grey Walter construiu uma série de máquinas inteligentemente concebidas, às quais chamou "tartarugas" ou "jabutis", inspirado no personagem de Lewis Carroll em *Alice no País das Maravilhas*,[3] e também por causa do comportamento biomimético desses animais. As tartarugas mais conhe-cidas de Grey Walter receberam os nomes de Elmer e Elsie, mais ou menos baseados nos acrônimos de *ELectro MEchanical Robots* (robôs eletromecânicos) e *Light Sensitive* (sensíveis à luz). Essas tartarugas eram robôs simples, construídos com três rodas em forma de triciclo, usando a roda dianteira para direção e as duas rodas traseiras para condução. Eles foram cobertos com uma concha plástica transparente, dando-lhes uma aparência de vida, pelo menos para um observador amigável e de mente aberta. A Figura 2.1 mostra a aparência de uma dessas tartarugas.

W. Grey Walter (o primeiro nome, William, raramente é escrito por extenso) deu a suas tartarugas nomes latinos para descrever seu comportamento, tais como Machina Speculatrix e Docilis Machina. Machina Speculatrix significa "máquina que pensa" ou "especula", e Docilis Machina designa uma "máquina que pode ser domesticada/treinada", o que significava uma máquina que podia aprender, uma vez que podia ser treinada com assobios.

Vejamos no que consistia uma Machina Speculatrix:

- uma célula fotoelétrica, ou seja, um sensor que detecta os níveis de luz (aprenderemos mais sobre esses sensores no Capítulo 8);
- um sensor de colisão, ou seja, um sensor que detecta o contato com objetos (também vamos aprender sobre esses sensores no Capítulo 8);

---

3   Em *Alice no País das Maravilhas*, há uma personagem que era chamada pelas tartaru-gas de professor Jabuti (na tradução para o português) e que "ensinava às tartarugas jovens no mar", para surpresa de Alice, que achava o nome inapropriado, dado que jabuti significa tartaruga terrestre. As tartaruguinhas explicavam que o chamavam assim "porque ele lhes dava aulas [...]" (imitava o comportamento de um professor humano). (N.T.)

De onde vêm os robôs?

- uma bateria recarregável;
- três motores, um para cada roda (aprenderemos sobre motores e outros atuadores no Capítulo 4);
- três rodas (vamos aprender sobre rodas e outros efetuadores no Capítulo 4);
- um circuito eletrônico analógico com dois tubos de vácuo (tecnologia muito antiga!) que servem de "cérebro" e conectam os dois sensores às rodas. Um sinal *analógico* é um sinal contínuo no tempo e em amplitude (valor de oscilação de onda); um *circuito eletrônico analógico* processa sinais analógicos.

> ANALÓGICO
> CIRCUITO ELETRÔNICO ANALÓGICO

Figura 2.1 Um dos robôs-tartarugas construídos por W. Grey Walter. (Foto cortesia do Dr. Owen Holland.)

A partir desses componentes simples, Grey Walter incrementou sua Machina Speculatrix com os seguintes comportamentos ou capacidades:

- procurar a luz;
- ir em direção à luz;

- afastar-se da luz;
- desviar para evitar obstáculos;
- recarregar a bateria.

CONTROLE REATIVO Como veremos adiante, esse e outros robôs construídos por Grey Walter usaram *controle reativo* para controlar os robôs, utilizando um conjunto priorizado de "reflexos". Quando devidamente combinadas, regras simples, do tipo reflexos, resultariam em comportamento do tipo animal. Recapitularemos as noções de controle reativo em mais detalhes no Capítulo 14, a fim de aprender o que faz um robô-tartaruga (além de ter aparência semelhante à tartaruga).

COMPORTAMENTO EMERGENTE As tartarugas manifestam uma variedade de padrões complexos de comportamento que não foram programados previamente, em um fenômeno que atualmente chamamos *comportamento emergente*, de que trataremos em detalhe no Capítulo 18. O mais importante é que esses comportamentos serviram como excelentes exemplos de como um comportamento animal típico pode ser conseguido por meio de mecanismos artificiais muito simples.

Grey Walter acreditava que uma inteligência comparável com a que normalmente encontramos em animais pode ser criada em máquinas por meio da combinação de técnicas de robótica e inteligência artificial (IA). Entretanto, como esses dois campos do conhecimento ainda não existiam naquela época, a *cibernética*, uma combinação dos dois, surgiu sob sua influência e sob a influência de outras figuras proeminentes, como Norbert Weiner, já mencionado anteriormente. A cibernética combina efetivamente "pensamento", "ação" e interação com o ambiente circunvizinho. Como veremos a seguir, os componentes fundamentais da robótica foram divididos entre as áreas de IA e robótica, com a IA enfocando o pensamento e a robótica preocupando-se com a ação no mundo físico. Essa separação, bem como o tratamento de cada componente isoladamente, prejudicou a evolução dos dois campos. Por outro lado, a cibernética sempre foi muito mais integrada. Levou certo tempo até a robótica voltar a essas boas ideias, como se verá.

VIDA ARTIFICIAL Curiosamente, as tartarugas de Grey Walter também representam alguns dos primeiros exemplos do que hoje é chamado "*vida artificial*", outro campo de investigação relacionado à robótica, mas cujo foco principal está em sistemas virtuais, que existem somente dentro de um computador, e não em objetos que habitam o mundo real.

Os robôs de Grey Walter foram mostrados em todo o mundo na época da sua criação e, ainda hoje, podem ser vistos em museus. (Curiosamente, robôs extintos como os de Grey Walter são preservados mais eficientemente do que qualquer espécie natural em extinção.) Na década de 1990, uma das tartarugas foi encontrada (em uma casa, não vagando livremente); foi remodelada e levada em excursão, passando por várias conferências de robótica; não deu autógrafos nem entrevistas, mas serviu de inspiração a várias pessoas, mais uma vez.

2.2.2 Veículos de Braitenberg

> Experimentos cognitivos
>
> Gedanken experiments

Valentino Braitenberg foi uma das pessoas influenciadas pelo trabalho original de W. Grey Walter e, em 1984, escreveu um livro intitulado *Vehicles*, bem depois de o campo da cibernética ter morrido. O livro descreve uma série de ideias, *experimentos cognitivos* ou *gedanken experiments* (*gedanken* significa "pensamento", em alemão), que mostram como se podem projetar robôs simples (chamados por ele "veículos") e levá-los a produzir comportamentos que simulam o comportamento animal ou a existência de vida. Esse livro tem sido uma fonte de inspiração para os especialistas em robótica, ainda que Braitenberg não tenha chegado a construir nenhum dos "veículos" que descreveu.

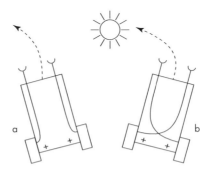

Figura 2.2 Exemplo de veículo de Braitenberg, em uma simulação. (Foto cortesia de Valentino Braitenberg, *Vehicles: Experiments in Synthetic Psychology*, publicado pela MIT Press.)

Inicialmente constituídos por um único motor e um sensor de luz, os *veículos de Braitenberg* foram evoluindo gradualmente, com a inclusão de vários motores, mais e mais sensores e conexões mais interessantes entre eles, todas usando circuitos eletrônicos analógicos. Os sensores foram diretamente ligados aos motores, de modo que o sinal sensorial captado poderia determinar o comportamento do motor. Por exemplo, um sensor de luz poderia ser conectado diretamente às rodas, para que, quanto mais forte fosse a luz, mais rápido o robô se movesse, como se fosse atraído para a luz; esse comportamento é chamado *fotofílico* ("amante da luz", em latim). Contrariamente, em alguns veículos a conexão foi invertida, de modo que, quanto mais forte fosse a luz, mais lentamente o robô se movia, como se fosse repelido pela luz ou tivesse medo dela; esse comportamento é dito *fotofóbico* ("avesso à luz", em latim).

Uma conexão entre os sensores e os motores na qual quanto mais forte for o sinal sensorial, maior será a rotação do motor é chamada *conexão excitatória*, dado que a entrada (sinal sensorial) aumenta o sinal de saída (rotação do motor). Por outro lado, uma ligação na qual quanto mais forte a entrada sensorial, mais fraca é a saída para o motor é chamada *conexão inibitória*, porque a entrada inibe a saída. O modelo para essas ligações vem da biologia, uma vez que são semelhantes (comparado de forma genérica) ao comportamento dos neurônios, que podem ter ligações excitatórias e inibitórias uns com os outros. Variando as conexões e sua intensidade (como acontece com os neurônios no cérebro), vários comportamentos podem ser gerados, desde a atração ou a repulsa pela luz, como fazem as tartarugas de Grey Walter, até algo que se parece com o comportamento social e, eventualmente, reações como agressividade e amor.

O livro de Braitenberg descreve como tais mecanismos simples podem ser utilizados para armazenar informação, construir memória e até mesmo conseguir que um robô aprenda. Algumas de suas montagens mais simples foram construídas com sucesso por amadores e roboticistas inexperientes (como você) e têm sido uma fonte de inspiração para pesquisas mais avançadas em robótica. Assim como as tartarugas de Grey Walter, os veículos de Braitenberg eram robôs reativos. Vamos aprender mais sobre eles no Capítulo 14.

Enquanto a área da cibernética dirigiu sua atenção para o comportamento dos robôs e sua interação com o meio ambiente, um novo campo emergente, a IA, dirigiu o seu foco (naturalmente, e não artificialmente) para a inteligência.

2.3 Inteligência artificial (IA)

Como a IA lhe parece? Muito legal? Ou, ao invés disso, assustadora, como geralmente é retratada no cinema? Seja qual for o caso, as chances são de que ela pareça muito mais poderosa e complexa do que realmente é. Então, vamos acabar com os mitos e examinar o que a IA tem a ver com a robótica.

Inteligência artificial

O campo da *inteligência artificial* (*IA*) nasceu oficialmente em 1956, em uma conferência realizada na Universidade de Dartmouth, em Hanover, New Hampshire (Estados Unidos). Esse encontro reuniu os pesquisadores mais proeminentes da época, incluindo Marvin Minsky, John McCarthy, Allan Newell e Herbert Simon, nomes que você não pode ter esquecido se leu sobre as origens da IA e que hoje são considerados pioneiros desse campo. O objetivo da reunião foi discutir a possibilidade de inserir inteligência em máquinas. As conclusões do encontro podem ser resumidas da seguinte forma: para uma máquina ser inteligente, teria de ser capaz de produzir um raciocínio complexo; e, para fazer isso, ela teria de usar:

- modelos internos do mundo;
- busca de soluções possíveis;
- planejamento e raciocínio para resolver problemas;
- representação simbólica da informação;
- sistema de organização hierárquico;
- execução sequencial de programas.

Não se preocupe se muita coisa da lista anterior não faz sentido agora. Vamos saber mais sobre esses conceitos nos Capítulos 12 e 13, e você verá que alguns deles podem não desempenhar um papel muito importante na robótica. O resultado importante da conferência de Dartmouth foi que a inteligência, da forma como estava sendo financiada e moldada, teria uma forte influência sobre a robótica, ou pelo menos no ramo que podemos chamar *robótica inspirada em IA*.

SHAKEY

Então, o que é robótica inspirada em IA? O *Shakey* (Figura 2.3) é um bom exemplo dos primeiros robôs inspirados em IA. Construído no Stanford Research Institute (SRI), em Palo Alto, Califórnia, no final dos anos 1960, possuía sensores de contato e uma câmera. Como veremos no Capítulo 9, as câmeras, que são sensores de visão, fornecem uma grande quantidade de informações ao robô, o que torna seu processamento muito complicado. Uma vez que tanto o novo campo de IA, focado no raciocínio, quanto o sensoriamento da visão exigem um processamento complexo, os primeiros especialistas em robótica preferiram aplicar prioritariamente as técnicas mais simples de IA aos seus robôs. Assim, Shakey "vivia" em um mundo muito especial entre quatro paredes, composto por um piso liso branco e alguns objetos grandes negros, tais como bolas e pirâmides. Com cuidado e parcimônia (e, lentamente, dado o nível tecnológico dos computadores da época), foram criados planos para que o robô se movesse nesse mundo especial. As pessoas

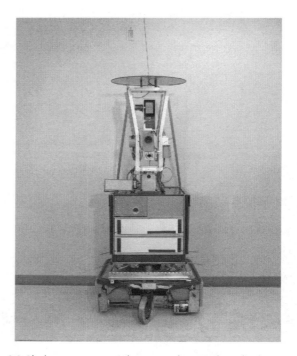

Figura 2.3 Shakey em seu mundo especialmente desenhado para ele.
(Foto cortesia de SRI International, Menlo Park.)

ficavam fora do caminho ou não se moviam em torno dele. Tendo em vista o estado da tecnologia robótica naquele momento, Shakey "chacoalhou" um pouco ao tentar executar os planos: daí o seu nome.[4]

Shakey (hoje aposentado) é um robô popular e bem conhecido entre os precursores. Seu sucessor chamou-se Flakey,[5] e você provavelmente pode adivinhar por quê. Vejamos outros exemplos dos primeiros robôs inspirados em IA:

- Hilare: desenvolvido no LAAS (Laboratoire d'Analyse et d'Architecture des Systèmes – Laboratório de Análise e Arquitetura de Sistemas), em Toulouse, na França, no final dos anos 1970. Esse robô usava uma câmera de vídeo, sensores de ultrassom e uma trena a *laser* (aprenderemos sobre esses dispositivos no Capítulo 9). Diferentemente da maioria dos robôs de outras pesquisas, Hilare foi usado por muitas gerações de pesquisadores e é um dos robôs de vida mais longa até o momento.

Figura 2.4 Hilare, um dos primeiros robôs. (Copyright LAAS-CNRS.)

---

4 Shakey vem da palavra *shake*, que, em inglês, significa "chacoalhar". Parafraseando o criador do Shakey (Charles Rosen), "nós trabalhamos um mês inteiro tentando achar um bom nome para ele (o robô), indo da mitologia grega até o 'porque não...?', até que um de nós disse: 'Ei! Ele chacoalha pra caramba enquanto se move, vamos chamá-lo de Shakey'". (N.T.)

5 Flakey significa "zonzo" em inglês, mas, na linguagem informal, também significa "maluco", "excêntrico". (N.T.)

- Cart: desenvolvido na Universidade de Stanford, em Palo Alto, Califórnia, em 1977 por Hans Moravec, como parte de sua tese de doutorado (apenas uma parte da tese; custa muito obter um doutorado em robótica, mas vale a pena). Era, literalmente, um carrinho com rodas de bicicleta. Atualmente, Moravec é considerado um dos fundadores da robótica moderna, e sua pesquisa mais recente se concentra na área de sensoriamento de ultrassom. Mas, voltando aos dias de sua tese de doutorado, ele estudou os sensores de visão (por assim dizer) e particularmente como usar a visão para mover o robô, o que chamamos *navegação de robôs baseada na visão*. (Falaremos sobre a navegação e os seus desafios no Capítulo 19.) O Cart utilizava a visão para se mover, mas o fazia muito devagar. Não porque foi construído para ser lento, mas porque processava lentamente a informação da visão. Como acontecia com outros robôs inspirados em IA da época (Shakey e Hilare), esse processamento levava muito tempo, em virtude da dificuldade em processar os dados das câmeras de visão e da lentidão dos processadores dos computadores então disponíveis. Digamos que, enquanto vemos as horas passarem, o Cart ainda estaria pensando e planejando o que faria em seguida.

- Rover: desenvolvido na Carnegie Mellon University (conhecida como CMU), em Pittsburgh, Pensilvânia, em 1983, também por Hans Moravec. Foi o primeiro robô que Moravec construiu depois de ter conseguido o doutorado e se tornado professor da CMU. Rover usava uma câmera e sensores de ultrassom para navegar. (Você deve estar começando a desconfiar que esses robôs antigos não fizeram nada além de navegar, e olhe que isso já era difícil o suficiente. No Capítulo 19 explicaremos por que esse ainda é um problema difícil, porém muito mais bem equacionado hoje.) Na forma, Rover era mais avançado que o Cart; e, quanto ao desempenho, era mais parecido com os robôs móveis atuais do que com o Cart, embora seu ciclo de processamento e ação fossem ainda muito lentos.

Lentos para processar a informação e incapazes de se mover de forma eficaz e reflexa, os robôs do início dos anos 1970 e 1980 forneceram lições importantes ao campo então nascente da robótica. Não é de surpreender que, na maioria dos casos, as lições tinham a ver com a necessidade de se mover mais rápido e de maneira mais robusta e de pensar de forma a permitir tal ação. Em resposta a esses problemas, nos anos 1980, a robótica entrou em uma fase de desenvolvimento muito rápido. Nessa década, novas perspectivas surgiram, abalaram as estruturas e, finalmente, se organizaram nos *tipos de controle de robôs* que usamos nos dias atuais: *controle reativo, controle híbrido* e *controle baseado no comportamento*. Vamos aprender sobre eles nos Capítulos 14, 15 e 16. Todos esses tipos de controle substituem eficazmente as técnicas usadas pelos robôs inspirados em IA, que chamamos atualmente *controle puramente deliberativo*. Vamos aprender sobre isso e por que essa técnica não está em uso na robótica atual no Capítulo 13.

> TIPOS DE CONTROLE DE ROBÔS

No entanto, se você está realmente atento, já deve ter notado que esses primeiros robôs inspirados em IA eram completamente diferentes de todas as tartarugas de Grey Walter e dos veículos de Braitenberg. A IA era (e ainda é) muito diferente da cibernética em seus objetivos e abordagens. Porém, para criar máquinas mais rápidas, robustas e inteligentes, a robótica precisa combinar ambas. O que é preciso para fazer isso, e como é feito, é o que vamos ver no resto deste livro.

Recapitulando nossa breve e empolgante história da robótica, a moderna robótica nasceu dos desenvolvimentos históricos e das interações entre várias áreas de pesquisa, como a teoria de controle, a cibernética e a IA. Esses campos têm tido um impacto importante e permanente na robótica atual, e pelo menos dois deles ainda figuram, mesmo que de modo independente, entre as principais áreas de pesquisa. A teoria de controle se desenvolve como um campo de estudo aplicado a várias máquinas (normalmente, a máquinas não inteligentes); ideias originadas na teoria de controle estão no cerne do controle de baixo nível dos robôs, que é usado para navegação (locomoção). A cibernética não existe mais com esse nome, mas a pesquisa de métodos inspirados na biologia e na biomimética, voltados para os controle de robôs, é muito viva e próspera e vem sendo aplicada a robôs móveis, bem como a robôs humanoides. Finalmente, a inteligência artificial é atualmente um campo vasto e diversificado de pesquisa cujo foco é, em grande parte, mas não exclusivamente, a cognição não física, sem corpo ou forma tangível (isso significa basicamente "cognição virtual"; vamos falar sobre o modo como o corpo impacta o pensamento no

Capítulo 16). A robótica continua crescendo, mesmo aos trancos e barrancos. Para saber onde estão os robôs hoje, como são usados e as principais tendências em robótica, veja o Capítulo 22.

Resumo

- A robótica cresceu a partir da teoria de controle, da cibernética e da IA.
- O primeiro robô moderno, a tartaruga de W. Grey Walter, foi construído e controlado usando os princípios da cibernética. A tartaruga é apenas um, há outros.
- Os veículos de Braitenberg forneceram mais exemplos de aplicação de princípios biomiméticos e da cibernética.
- As tendências históricas da IA influenciaram os primeiros robôs inspirados em IA, cujos exemplos são o Shakey e o Cart (de Stanford), o Hilare (do LAAS) e o Rover (da CMU), entre outros.
- Os primeiros robôs inspirados em IA eram muito diferentes da tartaruga e dos veículos de Braitenberg, assim como do resto das máquinas cibernéticas biomiméticas.
- As abordagens atuais para o controle do robô, incluindo as abordagens reativa, híbrida e de controle baseado no comportamento, surgiram a partir das influências e das lições aprendidas da teoria de controle (da sistematização do controle de máquinas), da cibernética (da integração entre sensoriamento, ação e ambiente externo) e da IA (dos mecanismos de planejamento e raciocínio).

Para refletir

Até que ponto é importante os robôs serem inspirados em sistemas biológicos? Algumas pessoas argumentam que a biologia é o nosso melhor, e talvez o único, modelo para a robótica. Outros dizem que a biologia nos ensina lições valiosas, mas que a engenharia se sobrepõe a ela, com soluções próprias e diferenciadas. Os aviões são um exemplo conhecido e não biomimético da engenharia; as primeiras tentativas de construir máquinas voadoras foram inspiradas nas aves, mas os aviões e helicópteros atuais têm muito pouco em comum com elas. Será que realmente importa que tipo de robô você está construindo (biomimético ou não)? Será que é de fato importante se ele vai interagir com as pessoas? Para mais informações sobre esse último tópico, aguarde o Capítulo 22.

Para saber mais

- As duas fontes originais sobre cibernética, escritas pelos fundadores do campo, são: *Cybernetics or Control and Communication in the Animal and the Machine*, de Norbert Wiener (1948); e *An Introduction to Cybernetics*, de W. R. Ashby (1956).
- W. Grey Walter escreveu um livro e vários artigos sobre o cérebro. Também publicou dois artigos na revista *Scientific American* sobre robótica, como "An Imitation of Life", em 1950 (182(5): 42-45), e "A Machine that Learns", em 1951 (185(2): 60-63).
- Hans Moravec escreveu um grande número de artigos sobre robótica. Também escreveu dois livros: *Mind Children* e *Robot: Mere Machine to Transcendent Mind*. Ambos faziam previsões sobre o futuro da robótica e da vida artificial; os textos eram tão visionários que pareciam obra de ficção científica.

3 De que é feito um robô?
Componentes de um robô

Você já se perguntou de que um robô é composto, o que o leva a fazer sons de máquina? (Na verdade, é melhor que não façam som algum! Hoje em dia as máquinas não fazem barulho, a menos que haja algo de errado.) Neste capítulo, olharemos para dentro do robô para ver do que é feito, tanto em termos de *hardware* quanto de *software*. Olhando o seu interior, iremos introduzir ou rever muitos dos conceitos que serão discutidos em mais detalhes nos próximos capítulos. Aqui, vamos apenas fornecer uma visão geral de como estas ideias e conceitos se unem para gerar um robô.

Voltemos à nossa definição precisa de robô:

> Um robô é um sistema autônomo que existe no mundo físico, pode sentir o seu ambiente e pode agir sobre ele para alcançar alguns objetivos.

Essa definição já nos dá algumas dicas sobre a composição de um robô. Especificamente, nos diz que os principais componentes de um robô são:

- um corpo físico, para que possa existir e trabalhar no mundo físico;
- sensores, para que possa sentir/perceber o ambiente;
- efetuadores e atuadores, para que possa agir;
- um controlador, para que possa ser autônomo.

Na Figura 3.1 estão os principais componentes de um robô real e o modo como interagem uns com os outros e com o ambiente do robô.

Vamos falar um pouco sobre cada um desses componentes: corporalidade, sensoriamento, ação e autonomia.

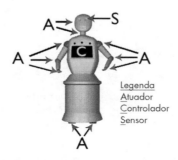

Figura 3.1 Os componentes de um robô.

3.1 Corporalidade

Corporalidade

Ter um corpo físico é o primeiro requisito para ser um robô, uma vez que esse corpo material permite ao robô fazer coisas como: mover-se e mexer-se, ir a lugares, atender pessoas e fazer seu trabalho. Um agente computacional, não importa quão realisticamente animado ele seja, não é um robô, porque não partilha o universo físico com o resto de nós, criaturas físicas; ele não está *fisicamente incorporado* ao mundo real. A *corporalidade* refere-se a ter um corpo físico. É necessária para um robô, mas tem um custo:

- *Estamos todos no mesmo barco*. Um robô com corpo material deve obedecer às mesmas leis a que todos os objetos físicos obedecem. Ele não pode estar em mais de um lugar ao mesmo tempo; não pode mudar de forma e tamanho arbitrariamente (embora alguns robôs possam mudar um pouco de forma, como você verá no Capítulo 22); devem usar os efetuadores em seu corpo para se locomover ativamente (saiba mais no Capítulo 4); precisam de alguma fonte de energia para sentir, pensar e mover-se, e, quando estiverem em movimento, levarão algum tempo para acelerar e desacelerar; seus movimentos afetam o ambiente de várias maneiras; robôs não podem ser invisíveis, e assim por diante.

De que é feito um robô? **43**

- *Você está no meu espaço.* Ter um corpo significa estar ciente de outros corpos e objetos ao redor. Todos os robôs físicos têm de se preocupar em não esbarrar ou colidir com outros objetos presentes em seu ambiente e, em alguns casos, em não colidir entre si (como você verá no Capítulo 6). Isso parece fácil, mas não é, e é por isso que, geralmente, a primeira coisa que você programará em um robô é um meio de "evitar colisões".

- *Isso é tudo que posso fazer.* Todo mundo tem suas limitações. A forma do corpo do robô, por exemplo, tem muito a ver com a maneira como ele pode se mover, o que pode perceber (porque os sensores estão ligados ao corpo, de uma forma ou de outra), o trabalho que pode fazer e como ele pode interagir com outros robôs, carros, aparadores de grama, gatos, coisas e pessoas em seu ambiente.

- *Tudo a seu tempo.* Além de, obviamente, influenciar as coisas que têm a ver com o espaço e o movimento, o corpo também influi nos aspectos relacionados ao tempo. O corpo determina o quão rápido o robô pode se mover (com sua própria força, pelo menos) e como pode reagir ao próprio ambiente. Muitas vezes é dito que os robôs mais rápidos parecem mais inteligentes; esse é outro exemplo de como a corporalidade do robô influencia sua "imagem".

3.2 Sensoriamento

SENSORES

SENSORIAMENTO
PERCEPÇÃO

HABITAT

Sensores são dispositivos físicos que permitem a um robô perceber seu ambiente físico, a fim de obter informações sobre si mesmo e sobre os objetos que o cercam. Os termos *sensoriamento* e *percepção* são tratados como sinônimos em robótica; ambos referem-se ao processo de receber informações do mundo por meio de sensores.

O que um robô precisa sentir? Isso depende do que o robô precisa fazer, de qual é sua tarefa. Um bom projetista e programador coloca os tipos certos de sensores no robô, de modo que ele possa perceber a informação necessária para realizar seu trabalho e atingir seus objetivos. Da mesma forma, os animais possuem sensores evoluídos que são adequados ao seu *habitat* natural, ou seja, ao ambiente que ocupam no ecossistema. Robôs também têm um *habitat*, que é composto pelo ambiente em que se movem e pelas tarefas que executam; e, do mesmo modo que os animais, quanto melhor se encaixam nesse *habitat*, mais tempo sobreviverão (seja no laboratório, seja como produto comercial etc.). Falaremos mais sobre isso no Capítulo 7.

ESTADO

O sensoriamento permite que o robô conheça o seu estado. *Estado* é uma noção geral da física que é emprestada pela robótica (pela ciência da computação e pela IA, entre outros campos). Refere-se à descrição de um sistema. O estado do robô é uma descrição de si próprio em qualquer instante de tempo. Dizemos que o robô (sistema) está "em um estado" (como estar "em um estado de falha de operação"). Quanto mais detalhada for a descrição, maior é o estado, porque são necessários mais *bits* ou símbolos para representá-lo.

OBSERVÁVEL, PARCIALMENTE OBSERVÁVEL E OCULTO

Para um robô (na verdade, para qualquer criatura com percepção), o estado pode ser visível (formalmente chamado *observável*), parcialmente visível (*parcialmente observável*) ou *oculto* (não observável). Isso significa que um robô pode saber muito pouco ou bastante sobre si mesmo e seu mundo. Por exemplo, se o robô não pode "sentir" ou "ver" um de seus braços, o estado do braço está oculto para ele. Isso pode ser um problema se o robô necessitar utilizar seu braço para alcançar algo, como o paciente de hospital que ele está tentando ajudar. Por outro lado, o robô pode ter informações detalhadas sobre um paciente de hospital (o estado do paciente) por meio de uma máquina que detecta e monitora os sinais vitais do paciente. Falaremos mais sobre estado e o que fazer com ele no Capítulo 12.

ESTADO DISCRETO E ESTADO CONTÍNUO

O estado pode ser *discreto* (acima, abaixo, azul, vermelho) ou *contínuo* (3,785 km/h). Isso tem a ver com o tipo e a quantidade de informação utilizada para descrever o sistema.

ESPAÇO DE ESTADO

O *espaço de estados* é composto por todos os possíveis estados em que um sistema pode estar. Por exemplo, se um interruptor de luz pode estar somente nos estados ligado ou desligado, seu espaço de estado consiste em dois estados discretos (ligado e desligado) e, portanto, é de tamanho 2. Se, por outro lado, o interruptor de luz possuir um reostato[1] acoplado,

---

1   Reostato é um resistor variável cuja resistência pode ser mudada pelo deslocamento de um cursor. Se acoplado a um sistema de iluminação, ele pode variar a corrente e, com isso, obter vários níveis de iluminação. (N.T.)

De que é feito um robô?

poderá ser ligado a uma variedade de níveis de iluminação; portanto terá muito mais estados (possivelmente, uma infinidade de estados contínuos). Nesse contexto, o termo *espaço* refere-se a todos os possíveis valores e variações de algum parâmetro. Na Figura 3.2 há um exemplo de robô que tem dois sensores de colisão (*bumpers*) ligado/desligado, e um sensor de nível de bateria alto/baixo e o espaço de estado que resulta deles.

Figura 3.2 Os sensores de um robô e seu espaço sensorial.

ESTADO INTERNO E ESTADO EXTERNO

Muitas vezes é útil para um robô ter a capacidade de distinguir dois tipos de estado em relação a si mesmo: externo e interno. *Estado externo* refere-se ao estado do mundo como o robô o percebe, enquanto o *estado interno* refere-se ao estado do robô como o robô o percebe. Por exemplo, um robô pode sentir que o ambiente em seu entorno está escuro e esburacado (estado externo) e também que o nível da bateria está baixo (estado interno).

REPRESENTAÇÃO

O estado interno pode ser utilizado para armazenar informações sobre o mundo (um caminho por um labirinto, um mapa etc.). Isso é chamado *representação* ou *modelo interno*. Representações e modelos têm muito a ver com a complexidade do cérebro de um robô. Vamos falar sobre isso em detalhes no Capítulo 12.

46 Introdução à robótica

Em geral, o grau de inteligência do robô parece depender fortemente de como e de quão rapidamente ele pode perceber o seu ambiente e a si mesmo: os seus estados externo e interno.

O que um robô pode perceber? Isso depende dos sensores que o ele tem. Todos os sensores do robô, em conjunto, criam o espaço de todas as leituras sensoriais possíveis, o que é chamado *espaço sensorial* do robô (também chamado *espaço perceptivo*).

ESPAÇO SENSORIAL
ESPAÇO PERCEPTIVO

O espaço sensorial ou perceptivo de um robô que possui apenas um único sensor de contato liga/desliga admite dois valores possíveis: ligado e desligado. Agora, suponha que o robô tenha dois desses sensores. Nesse caso, seu espaço sensorial é composto de quatro valores: ligado+ligado, ligado+desligado, desligado+ligado, desligado+desligado. Essa é a ideia básica, e você pode ver que o espaço sensorial de um robô cresce rapidamente à medida que se adicionam mais sensores ou sensores mais complexos. Essa é uma das razões pelas quais os robôs precisam de cérebros.

Os sensores são a versão para máquinas do que seriam os olhos, ouvidos, nariz, língua, cabelos e vários outros órgãos sensoriais para os animais. No entanto, como você aprenderá nos Capítulos 8 e 9, os sensores do robô, que incluem câmeras, sonares, *lasers* e interruptores, entre outros, são bem diferentes de sensores biológicos. Um projetista e programador de robôs precisa colocar sua mente dentro do espaço sensorial do robô para imaginar como ele percebe o mundo e como deve reagir. Isso não é nada fácil de fazer, justamente porque, embora os robôs compartilhem nosso mundo físico, eles o percebem de forma muito diferente de nós.

3.3 Ação

EFETUADORES

ATUADORES

Os *efetuadores* permitem que um robô aja, faça coisas físicas. Eles são as melhores coisas depois das pernas, nadadeiras, asas e várias outras partes do corpo que permitem que os animais se desloquem. Efetuadores usam mecanismos subjacentes, como músculos e motores, que são chamados *atuadores* e que fazem o trabalho real para o robô. Tal como acontece com os sensores, os atuadores e efetuadores robóticos são muito diferentes dos biológicos. Eles são utilizados para duas atividades principais:

1. *locomoção*: andar ao acaso ou ir a um lugar específico;
2. *manipulação*: manipular objetos.

Essas atividades correspondem aos dois subcampos principais da robótica:

1. robótica móvel: referente aos robôs que se movem, principalmente no solo, mas também no ar e debaixo da água;
2. manipulador robótico: relacionado basicamente com os braços robotizados de vários tipos.

Robôs móveis usam mecanismos de locomoção, como rodas, esteiras ou pernas, e movem-se geralmente no chão. Robôs nadadores e voadores também são robôs móveis, mas geralmente se movem em mais dimensões (e não apenas no chão), sendo, portanto, ainda mais difíceis de controlar. Os manipuladores referem-se a vários braços e garras robóticas; eles podem mover-se em uma ou mais dimensões. As dimensões em que um manipulador pode se mover são chamadas *graus de liberdade* (*GDL*). Vamos aprender mais sobre isso no Capítulo 6.

GRAUS DE LIBERDADE

A separação entre a robótica móvel e a de manipuladores está desaparecendo lentamente, à medida que surgem robôs mais complexos, como humanoides que têm tanto a capacidade de se movimentar quanto de manipular objetos. A Figura 3.3 mostra um robô que combina mobilidade e manipulação.

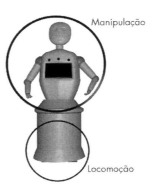

Figura 3.3 Robô que combina mobilidade e manipulação.

3.4 Cérebros e músculos

Robôs são diferentes de animais porque os cérebros biológicos consomem uma grande quantidade de energia (potência) em comparação com o resto do corpo, especialmente os seres humanos. Nos robôs, ocorre o contrário: os atuadores exigem mais potência do que o processador que executa o controle, o cérebro.

Quando se trata da computação, por outro lado, os animais e os robôs são semelhantes: ambos precisam de um cérebro para funcionar adequadamente. Por exemplo, os gatos podem andar sem o uso de seu cérebro, simplesmente usando os sinais de sua medula espinhal, e as pessoas podem sobreviver por anos em coma. Da mesma forma, robôs bem projetados podem mover-se aleatoriamente quando o seu processador é reiniciado. Em qualquer caso, essa não é uma coisa boa, por isso certifique-se de proteger adequadamente o seu cérebro e também o cérebro de seu robô.

Apesar de não falar muito neste livro sobre as questões energéticas, elas constituem um grande problema para a robótica na prática. As questões energéticas incluem:

- fornecer energia suficiente para um robô sem sobrecarregá-lo com baterias pesadas;
- manter a eletrônica dos controladores efetivamente isolada dos sensores e dos efetuadores;
- evitar a perda de desempenho quando os níveis de energia caem em razão da descarga das baterias ou de um repentino aumento do consumo de energia (por ter o seu movimento impedido por uma parede, como será discutido no Capítulo 4, ou por causa de um sensor que consome alta corrente, como será discutido no Capítulo 9);
- recarregar as baterias de forma autônoma, pelo próprio robô, sem a ajuda de pessoas.

À medida que você aprofunda o conhecimento sobre robótica, tenha em mente que os cérebros e os músculos estão diretamente ligados e relacionados, e devem ser projetados e tratados em conjunto.

De que é feito um robô? **49**

3.5 Autonomia

CONTROLADORES

Os *controladores* fornecem o *hardware* e/ou *software* que tornam o robô autônomo, usando informações sensoriais e qualquer outra informação (por exemplo, qualquer coisa que possa estar na memória) para decidir o que fazer (quais ações tomar) e, em seguida, controlar os efetuadores para executar essas ações. Os controladores desempenham o papel do cérebro e do sistema nervoso. Dizemos "controladores", e não "um controlador", de propósito; normalmente há mais de um, de modo que várias partes do robô podem ser processadas ao mesmo tempo. Por exemplo, vários sensores podem ter controladores separados, assim como os diferentes efetuadores. E tudo isso está concentrado em um único lugar? A resposta acaba sendo uma questão importante na área da robótica: ela pode ser sim ou não, da mesma forma que na biologia. Falaremos mais sobre isso quando chegarmos ao controle do robô, nos Capítulos 13, 14, 15 e 16. Qualquer que seja o tipo, os controladores permitem que os robôs sejam autônomos.

PSEUDOCÓDIGO

Você verá exemplos de controladores ao longo deste livro. Eles serão escritos em *pseudocódigo* (do termo grego *pseudo*, que significa "falso", e *código*, que significa "programa"), que é uma forma intuitiva de descrever o controlador, não uma linguagem de programação própria para robôs.

AUTONOMIA

Autonomia é a capacidade de tomar as próprias decisões e agir de acordo com elas. Para os robôs, autonomia significa que as decisões são tomadas e executadas pelo próprio robô, e não por operadores humanos. A autonomia pode ser completa ou parcial. Robôs completamente autônomos, assim como os animais, tomam suas próprias decisões e agem de acordo com elas. Por outro lado, robôs teleoperados são parcial ou totalmente controlados por um ser humano e são mais parecidos com marionetes complexas do que com os animais. De acordo com nossa definição, robôs semelhantes a marionetes, que não são autônomos de verdade, não são realmente robôs.

Resumo

- Os principais componentes de um robô são sensores, efetuadores e controladores.
- Os sensores fornecem informações sobre o mundo e sobre o próprio robô. Eles definem o espaço sensorial ou de percepção do robô e permitem que ele saiba o seu estado, que pode ser discreto, contínuo, observável, parcialmente observável ou oculto.
- Os efetuadores e atuadores proporcionam a capacidade de realizar ações. Eles podem proporcionar locomoção ou manipulação, dependendo do tipo de robô: móvel ou manipulador.
- Controladores fornecem autonomia, que pode ser parcial ou completa.

Para refletir

- O que você acha que é mais difícil: manipulação ou mobilidade? Pense em como essas habilidades se desenvolvem em bebês, crianças e mais tarde em adultos.
- Quão grande você acha que é o seu espaço sensorial?
- Você consegue pensar em coisas ou informações em sua vida que são observáveis, parcialmente observáveis ou ocultas?

Para saber mais

Os exercícios do *workbook* do *Introdução à robótica* para este capítulo estão disponíveis em: <http://roboticsprimer.sourceforge.net/workbook/robot_components>.

4 Braços, pernas, rodas e esteiras: o que realmente os aciona?
Efetuadores e atuadores

Não deve ser nenhuma surpresa que, apesar de serem inspirados nos corpos biológicos, os corpos robóticos são muito diferentes dos seus equivalentes biológicos na forma como são construídos e no modo de funcionamento. Neste capítulo, vamos aprender sobre os componentes de um robô que o habilitam a realizar ações para atingir os seus objetivos.

EFETUADOR

Um *efetuador* é um dispositivo do robô que exerce um efeito (impacto ou influência) sobre o ambiente.

Efetuadores variam desde pernas e rodas até braços e dedos. O controlador do robô envia comandos para que os efetuadores produzam o efeito desejado no ambiente, tendo em vista sua tarefa. Você pode pensar em efetuadores como equivalentes a pernas, braços, dedos e até mesmo línguas biológicas, partes do corpo que podem "fazer o trabalho físico" de algum tipo, desde andar até falar. Assim como os sensores devem ser bem adaptados às tarefas do robô, o mesmo deve acontecer com os efetuadores.

ATUADOR

Todos os efetuadores têm algum mecanismo que os permite fazer o seu trabalho. Um *atuador* é um mecanismo que permite que o efetuador execute uma ação ou movimento.

Nos animais, os músculos e tendões são os atuadores, que fazem os braços, as pernas e as costas realizarem o seu trabalho. Nos robôs, os atuadores abrangem motores elétricos, cilindros hidráulicos ou pneumáticos, materiais sensíveis à temperatura e componentes quími-

52 Introdução à robótica

cos, além de várias outras tecnologias. Esses mecanismos atuam nas rodas, esteiras, braços, garras e todos os outros efetuadores dos robôs.

4.1 Atuação passiva *versus* atuação ativa

Seja qual for o caso, a ação de atuadores e efetuadores vai requerer alguma forma de energia para fornecer potência. Alguns *designs* criativos usam *atuação passiva*, que utiliza a energia potencial da mecânica do efetuador e da sua interação com o ambiente, ao invés do consumo externo (ativo) de energia.

ATUAÇÃO PASSIVA

Considere, por exemplo, os esquilos voadores. Eles não voam de verdade, mas *planam* no ar de forma muito eficaz, utilizando as abas de pele entre suas patas dianteiras e o seu tronco. Aviões planadores e asas-deltas usam o mesmo princípio. Os pássaros também usam suas asas para planar, mas, uma vez que as asas podem ser (e geralmente são) usadas para voar (que envolve o ativo bater de asas), não pensaremos nas asas dos pássaros como um bom exemplo de efetuador puramente passivo. Algumas plantas têm pequenas asas em suas sementes, que lhes permitem planar para longe da planta-mãe, a fim de se espalharem. A natureza está cheia de exemplos de tais efetuadores que usam um *design* criativo para economizar energia e servir a múltiplos usos, entre eles o de ser inspiração para a robótica.

Um exemplo inspirador de projeto robótico de efetuador passivo, originalmente desenvolvido por Tad McGeer, é mostrado na Figura 4.1. McGeer desenvolveu uma máquina de andar, chamada Andarilho Passivo, que tinha duas pernas com joelhos, as quais pareciam basicamente com um par de pernas humanas, mas não possuíam motores nem músculos, nem quaisquer outros atuadores ativos. Quando colocado no topo de uma rampa inclinada para baixo, o Andarilho Passivo caminhava de tal maneira que lembrava muito um humanoide.

O que você acha que fez o Andarilho andar? Ele foi ativado pela gravidade e, assim, só pararia no fim da rampa. É claro que, se fosse colocado sobre uma superfície plana ou, ainda pior, na base de um plano inclinado ascendente, não andaria, simplesmente cairia. Não se trata de um projeto perfeito, mas de um projeto criativo que inspirou muitas pessoas. Você vai perceber que soluções simples e criativas sempre inspiraram as pessoas, não apenas na área da robótica, mas em qualquer campo de pesquisa.

Figura 4.1 Um andarilho passivo: robô que usa a gravidade e a mecânica fina para se equilibrar e caminhar sem motores. (Foto de Jan van Frankenhuyzen, cortesia da Universidade de Tecnologia de Delft.)

4.2 Tipos de atuadores

Aprendemos que há atuadores passivos e atuadores ativos e que há vários *designs* criativos para ambos. Agora, vamos examinar algumas opções de atuadores ativos. Como você pode imaginar, existem muitas maneiras diferentes de acionar um efetuador robótico. Elas abrangem:

- Motores elétricos. São os atuadores mais comuns, mais acessíveis e mais simples de usar na robótica, alimentados por corrente elétrica. Vamos aprender muito mais sobre eles neste capítulo.

- Dispositivos hidráulicos. Atuadores baseados em pressão de fluido; à medida que a pressão muda, o atuador se move. São muito poderosos e precisos, mas também são grandes, potencialmente perigosos, devem ser bem acondicionados e, claro, devem ser mantidos sem vazamentos!

- Dispositivos pneumáticos. Atuadores baseados na pressão do ar; conforme a pressão muda, o atuador se move. Muito parecidos com os atuadores hidráulicos, eles são geralmente grandes, muito poderosos, potencialmente perigosos e também devem ser mantidos sem vazamentos.

- Materiais fotorreativos. Materiais que realizam trabalho físico em resposta à quantidade de luz em torno deles; esses materiais são chamados fotorreativos. Geralmente, a quantidade de trabalho gerada (e, portanto, o movimento) é muita pequena, e hoje em dia esse tipo de atuador é utilizado apenas em robôs muito pequenos, de escala microscópica. (Esses materiais fotorreativos são também utilizados em lentes de óculos escuros que automaticamente escurecem conforme necessário. Só que nesses casos eles não produzem *movimento* e, portanto, não são atuadores.)

- Materiais quimicamente reativos. Como o próprio nome indica, esses materiais reagem a determinados produtos químicos. Um bom exemplo é certo tipo de fibra que se contrai (diminui) quando colocada em uma solução ácida e se alonga (aumenta) quando colocada em uma solução básica (alcalina). Esses materiais podem ser utilizados como atuadores lineares, dado que fornecem movimento linear (ficando mais longos ou mais curtos), o que é muito diferente do movimento rotativo fornecido por motores.

- Materiais termicamente reativos. Reagem a mudanças de temperatura.

- Materiais piezoelétricos. Normalmente cristais, criam cargas elétricas quando comprimidos ou pressionados.

Essa não é uma lista completa. Engenheiros estão desenvolvendo novos tipos de atuadores o tempo todo. Mas vamos voltar ao básico e examinar os atuadores robóticos mais simples e conhecidos, aqueles que você provavelmente pode usar: os motores.

Braços, pernas, rodas e esteiras: o que realmente os aciona? **55**

4.3 Motores

Motores são os atuadores mais comuns na área de robótica. Adaptam-se muito bem às rodas de tração, uma vez que proporcionam movimento de rotação, permitindo, assim, que as rodas girem, e as rodas, é claro, são efetuadores muito conhecidos (na robótica e em geral). Motores também são muito úteis para acionar outros tipos de efetuadores além de rodas, como você verá a seguir.

4.3.1 Motores de corrente contínua (CC)

MOTOR CC

Comparado com outros tipos de atuadores, os *motores de corrente contínua (CC)* são mais simples, baratos e fáceis de usar e de encontrar. Eles podem ser comprados em uma grande variedade de tamanhos e formatos, para se ajustarem a diferentes tipos de robôs e tarefas. Isso é importante, pois você se lembra do que foi dito no começo deste livro: que um bom projetista de robôs ajusta todas as partes, incluindo os atuadores, de acordo com a tarefa.

Você deve saber, da física, que motores CC convertem energia elétrica em energia mecânica. Eles utilizam ímãs, bobinas e corrente para gerar campos magnéticos cuja ação faz girar o eixo do motor. Desse modo, a energia eletromagnética se torna energia cinética, produzindo movimento. Na Figura 4.2 há um típico motor CC; os componentes estão sob a fuselagem, mas você pode ver o eixo e os terminais de energia.

Para fazer um motor funcionar, é preciso fornecer energia elétrica na faixa certa de tensão. Se a tensão for baixa, mas não muito baixa, o motor continuará a funcionar, porém terá menos potência. Por outro lado, se a tensão for demasiadamente elevada, a potência do motor é aumentada, mas o desgaste fará que o motor quebre mais cedo. É muito parecido com a aceleração de um motor de carro; quanto mais você acelerar, mais rápido o motor se estragará.

Quando uma tensão constante é fornecida a um motor CC dentro da faixa de tensão correta, a corrente gerada é proporcional ao trabalho realizado. Trabalho, conforme definido na física, é o produto da força pelo deslocamento. Sendo assim, quando um robô está empurrando uma parede, os motores que tracionam as rodas estão consumindo mais corrente e gastam mais suas baterias do que quando o robô está se movendo livremente, sem obstáculos no caminho. A razão de se ter uma corrente mais elevada é a resistência física da parede teimosa, que mantém a distância percorrida pequena ou zero, resultando em uma força maior para a mesma quantidade de trabalho realizado. Se a resistência for muito grande (a parede simplesmente não vai se mover, não importa quanto o robô a empurre), o motor puxa a quantidade máxima de potência e, então, ao ficar sem opções, trava. Um carro também trava em condições semelhantes, mas é melhor não tentar fazer isso em casa.

Figura 4.2 Motor de corrente contínua (CC) padrão, o atuador mais comum usado em robótica.

Quanto mais corrente o motor utilizar, maior será o torque (força rotacional) produzido no eixo do motor. Isso é importante, porque a quantidade de energia que um motor pode gerar é proporcional ao seu torque. A quantidade de energia é também proporcional à velocidade de rotação do eixo. Mais precisamente, a quantidade de energia é proporcional ao produto destes dois valores: o torque e a velocidade de rotação.

Braços, pernas, rodas e esteiras: o que realmente os aciona?

Quando o motor está rodando livremente, sem nada atrelado ao seu eixo, a sua velocidade de rotação é mais elevada, mas o torque é nulo. Consequentemente, a potência de saída também é zero. Ao contrário, quando o motor está travado, o seu torque é máximo, mas a velocidade de rotação é zero, então a potência de saída é novamente zero. Entre esses dois extremos (girar livremente e travado), o motor realmente faz um trabalho útil e movimenta as coisas de forma eficiente.

Você pode perguntar: quão eficiente? Isso depende da qualidade do motor. Alguns são muito eficientes, enquanto outros desperdiçam até metade de sua energia. Fica pior com outros tipos de motor, como os micromotores eletrostáticos, que são usados nos robôs em miniatura.

Quão rápido os motores giram?

A maioria dos motores de corrente contínua, quando livres de carga (girando livremente), tem velocidades no intervalo de 3 mil a 9 mil rotações por minuto (rpm), o que é o mesmo que 50 a 150 rotações por segundo (rps). Isso significa que produzem alta velocidade, mas com baixo torque, e são, portanto, bem adequados para o acionamento de coisas leves, que giram muito rápido, como as pás do ventilador. Mas quantas vezes um robô precisa acionar algo assim? Infelizmente, não muitas. Os robôs precisam realizar trabalho: carregar o peso de seu corpo, virar as rodas e levantar os seus manipuladores – e todos possuem uma massa significativa. Isso requer mais torque e menos velocidade do que os motores CC disponíveis podem fornecer. Então, o que podemos fazer para tornar os motores CC padrão úteis para os robôs?

4.3.2 Engrenagens

ENGRENAGENS

Podemos usar engrenagens! Uma combinação de *engrenagens* diferentes pode ser usada para alterar a força e o torque de saída dos motores.

A força gerada na borda de uma engrenagem é a razão entre o torque e o raio da engrenagem. Ao combinar engrenagens de raios diferentes, pode-se manipular a quantidade de força e torque que é gerada.

Suponhamos que temos duas engrenagens, uma delas ligada ao eixo do motor, chamada engrenagem de entrada, e a outra, chamada engrenagem de saída. O torque gerado na engrenagem de saída é proporcional ao torque na engrenagem de entrada e à razão entre os raios das duas engrenagens. Aqui está a regra geral:

Se a engrenagem de saída é maior do que a engrenagem de entrada, o torque aumenta. Se a engrenagem de saída é menor do que a engrenagem de entrada, o torque diminui.

Figura 4.3 Exemplo de engrenagem de redução de 3 para 1 (3:1).

O torque não é a única coisa que muda quando as engrenagens são combinadas: há também uma mudança correspondente na velocidade. Se a circunferência da roda dentada de entrada é o dobro daquela da engrenagem de saída, então a engrenagem de saída deve virar duas vezes para cada rotação da engrenagem de entrada, a fim de acompanhá-la, uma vez que as duas estão fisicamente ligadas por meio de seus dentes. Eis a regra geral:

Se a engrenagem de saída é maior do que a engrenagem de entrada, a velocidade diminui. Se a engrenagem de saída é menor do que a engrenagem de entrada, a velocidade aumenta.

Outra maneira de pensar sobre isso é:

Quando uma engrenagem pequena aciona uma engrenagem maior, o torque é aumentado e a velocidade é reduzida. Analogamente, quando uma engrenagem grande impulsiona uma engrenagem menor, o torque diminui e a velocidade aumenta.

É assim que as engrenagens são usadas para trocar o excesso de velocidade dos motores CC (que, muitas vezes, não é útil em robótica) pelo torque adicional (este sim, útil).

Figura 4.4 Exemplo de engrenagens agrupadas. Duas engrenagens 3:1 em série produzem redução de engrenagem 9:1.

Folga

As engrenagens são combinadas pela "casca" dos dentes. Os dentes das engrenagens requerem um projeto especial para que se encaixem corretamente. Qualquer espaço entre as engrenagens, chamado *folga*, faz a engrenagem se mover frouxamente para frente e para trás entre os dentes, sem girar. A folga acrescenta erro no posicionamento do mecanismo de engrenagem, o que é ruim para o robô, porque ele não vai saber exatamente onde está posicionado. Reduzir a folga significa obter um encaixe justo entre os dentes da engrenagem, o que, por sua vez, aumenta a fricção ou atrito entre elas, causando desperdício de energia e redução da eficiência do mecanismo. Portanto, como você pode imaginar, o projeto e a fabricação de engrenagens precisas são complicados, e caixas de redução pequenas, de alta precisão e cuidadosamente usinadas são caras.

Voltemos a examinar as engrenagens e a quantidade de dentes. Para alcançar uma determinada redução, combinamos engrenagens de diferentes tamanhos (diferentes números de dentes). Por exemplo, para obter uma redução de "três para um" ou 3:1, encaixamos uma pequena engrenagem (digamos uma com oito dentes) em uma grande (digamos uma com $3 \times 8 = 24$ dentes). A Figura 4.3 ilustra um caso assim, em que a engrenagem grande é a engrenagem de saída e a engrenagem pequena é a engrenagem de entrada. Como resultado disso, diminuímos (dividimos) a velocidade da engrenagem grande por um fator de três e, ao mesmo tempo, triplicamos (multiplicamos) o seu torque, e dessa forma reduzimos a velocidade e aumentamos o torque do motor. Para alcançar o efeito oposto, trocamos a engrenagem de entrada pela engrenagem de saída.

As engrenagens podem ser organizadas em *série* ou "*agrupadas*", a fim de multiplicar o seu efeito. Por exemplo, duas engrenagens 3:1 em série resultam em uma redução de 9:1. Isso exige um arranjo especial de engrenagens. Três engrenagens 3:1 em série podem produzir uma redução de 27:1. Na Figura 4.4 há um exemplo de engrenagens agrupadas com a proporção resultante de 9:1. Esse método de multiplicação de redução é o mecanismo básico que faz os motores CC serem úteis e ubíquos (encontrados em toda parte), porque podem ser projetados para diferentes velocidades e torques, de acordo com as tarefas do robô.

<small>ENGRENAGENS EM SÉRIE</small>

<small>ENGRENAGENS AGRUPADAS</small>

4.3.3 Servomotores

Os motores CC são ótimos para rodar continuamente em uma direção. Mas, muitas vezes, é útil para um robô mover o motor e algum efetuador ligado a ele, como um braço, para uma posição particular.

<small>SERVOMOTORES</small>

Motores que podem girar o seu eixo para uma posição específica são chamados *servomotores*, ou simplesmente *servos*, porque podem se deslocar para uma posição particular. Servos são muito utilizados em brinquedos, por exemplo, para o ajuste de direção dos carrinhos de controle remoto (CR) e para o ajuste de posição das asas em aeromodelos.

Você acredita que motores de corrente contínua e servomotores são muito diferentes? Na verdade, não são. De fato, os servomotores são feitos a partir de motores CC com a adição dos seguintes componentes:

- engrenagens de redução, pelas razões apresentadas anteriormente;
- um sensor de posição do eixo do motor, para medir o quanto o motor está girando e em qual direção;

- um circuito eletrônico que controla o motor, a fim de determinar o quanto girar e em qual direção.

A operação do servomotor resume-se a deixar o eixo do motor na posição desejada. Essa posição está em algum lugar ao longo de 180 graus em qualquer direção a partir do ponto de referência. Portanto, em vez de girar os 360 graus possíveis, o eixo de um servomotor é normalmente limitado a apenas metade disso (180 graus).

O ângulo do giro fica na faixa entre zero e 180 graus e é especificado por um sinal eletrônico. O sinal é produzido por uma série de pulsos. Quando o pulso chega, o eixo do motor gira. Quando o pulso não chega, ele para. O padrão alto e baixo dos pulsos produz um padrão de ondas, chamado *forma de onda*.

FORMA DE ONDA

A intensidade com que o eixo do motor gira quando o pulso chega é determinada pela duração do pulso. Quanto mais longo for o pulso, maior será o ângulo do giro. Isso é chamado *modulação por largura do pulso*, porque a largura (duração) do pulso modula o sinal. A largura exata do pulso é muito importante e não deve ser negligenciada. Não há milissegundos nem mesmo microssegundos a serem desperdiçados, caso contrário o motor vai se comportar mal, flutuar ou tentar girar além do seu limite mecânico (aqueles limites de 180 graus). Por sua vez, a duração entre os pulsos não é tão importante, já que isso ocorre quando o eixo está parado.

MODULAÇÃO POR LARGURA DO PULSO

Note que os dois tipos de motor dos quais falamos até agora, de rotação contínua e servo, controlam a posição do eixo. A maioria dos atuadores do robô utiliza o *controle de posição*, no qual o motor é acionado de modo a rastrear a posição desejada em todos os momentos. Isso torna os atuadores motorizados muito precisos, mas também muito *rígidos*. Na prática, significa que o atuador trava na posição desejada e, se perturbado, produz uma grande força, para evitar a perda daquela posição. Isso pode ser uma coisa ruim para o robô. Uma alternativa é utilizar o *controle de torque*, ao invés do controle de posição: o motor é acionado de modo a manter o torque desejado em todos os momentos, independentemente da posição específica do seu eixo. O resultado é um atuador muito menos rígido.

CONTROLE DE POSIÇÃO

CONTROLE DE TORQUE

Considerando o trabalho que devem fazer, os motores (tanto os CC quanto os servos) precisam de mais energia (mais corrente) para funcionar do que as partes eletrônicas. A título de comparação, considere o processador 68HC11, um microprocessador de 8 *bits* usado para controlar robôs simples, que precisa de 5 miliamperes de corrente, enquanto um pequeno motor CC utilizado no mesmo tipo de robô consome de 100 miliamperes a 1 ampere de corrente. Normalmente, é necessário um circuito especializado para o controle dos motores. Uma vez que este não é um livro de eletrônica, não vamos entrar em mais detalhes sobre esse tema.

4.4 Graus de liberdade

Agora que já passamos algum tempo falando sobre motores como os atuadores mais conhecidos, vamos voltar aos efetuadores e como se movem. A roda é um efetuador muito simples, cuja função é girar. A roda pode (tipicamente) se mover em apenas uma direção, girando. (Como veremos mais adiante, existem alguns projetos criativos de rodas incrementadas, que também fornecem movimento lateral, mas vamos ficar com o giro simples por enquanto.) Rodas podem girar, e os motores fazem-nas girar.

GRAUS DE LIBERDADE

Um *grau de liberdade* (GDL) é qualquer um dos números mínimos de coordenadas necessárias para especificar completamente o movimento de um sistema mecânico. Você pode pensar nisso informalmente como sendo uma maneira pela qual o sistema (robô) pode se mover.

É importante saber quantos graus de liberdade tem um robô para determinar como ele pode modificar seu mundo, e, portanto, sua eficiência para realizar uma tarefa.

GDL DE TRANSLAÇÃO

Em geral, um corpo (um robô, por exemplo) livre (não acoplado, não ligado, aparafusado ou limitado de alguma outra maneira) no espaço 3D (o espaço normal ao seu redor tem três dimensões) tem um total de seis GDL. Três deles são chamados *GDL de translação*, pois permitem ao corpo transladar, o que significa mover-se sem girar (rotação). Eles são geralmente rotulados de x, y e z, por convenção.

GDL DE ROTAÇÃO
ROLAGEM, ARFAGEM
E GUINADA

Os outros três são chamados *GDL de rotação*, pois permitem que o corpo rode (gire). Eles são chamados *rolagem*, *arfagem* e *guinada* (*roll*, *pitch*, *yaw*).

Como exemplo, imagine um helicóptero voando (Figura 4.5). Subir, mergulhar e mover-se para os lados correspondem aos GDL translacionais. Rolar de um lado para outro, arfar para cima e para baixo e direcionar (virando) para a esquerda ou para a direita correspondem aos GDL rotacionais. Os seis GDL juntos correspondem a todas as formas possíveis de um helicóptero se mover. Em compensação, se ele não pode se mover em mais de seis GDL, pode deslocar-se em menos que isso, como se vê na prática. Se você colocar o helicóptero no chão e conduzi-lo como um carro, ele se moverá em um número menor de GDL. Quantos? Aguente firme, nós chegaremos lá.

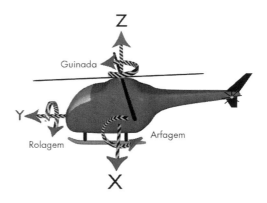

Figura 4.5 Os seis graus de liberdade (GDL) de um objeto (no caso, um helicóptero) se movendo livremente no espaço são x, y, z, rolagem, arfagem e guinada (*roll*, *pitch*, *yaw*).

Um efetuador pode ter qualquer número de GDL, começando com um. (Zero GDL não faz muito sentido, pois assim não é possível agir sobre o ambiente.) Uma roda tem um GDL, como vimos, e geralmente possui um motor associado a ela, para acionar e controlar esse GDL. Mas, como você viu anteriormente, um efetuador pode ser passivo, o que significa que pode ter GDL que não são ativamente acionados e controlados.

Atuadores mais simples, tais como motores, controlam um único movimento (de cima para baixo, para a esquerda ou para a direita, para dentro ou para fora etc.) de um efetuador. O eixo de um motor, quando ligado a uma roda (com ou sem engrenagens entre eles), controla um único GDL, o que é suficiente para mover a roda, que tem apenas um GDL. Contudo, efetuadores mais complexos, tais como braços robóticos, têm bem mais GDL (em breve, você verá quantos mais) e, portanto, exigem mais atuadores.

Se um robô tem um atuador para cada GDL, então todos os GDL são *controláveis*. Essa é a situação ideal, mas não é sempre o caso. Os GDL que não são controláveis são apropriadamente chamados *GDL incontroláveis*. Vamos trabalhar com um exemplo concreto e ver o que isso significa.

GDL CONTROLÁVEL
GDL INCONTROLÁVEL

Nós concordamos, anteriormente, que um helicóptero possui seis GDL e se move em três dimensões (3D). Se tivéssemos de fazê-lo mover-se em apenas duas dimensões (2D), no chão, ele teria menos GDL. Considere o carro, que se move sobre o solo apenas em 2D, pelo menos quando se desloca de forma segura e controlável. Um carro tem três GDL: posição (x, y) e orientação Θ (teta). Isso ocorre porque todo corpo que se move sobre uma superfície (como um carro na estrada, um barco na água ou uma pessoa na rua) se move em 2D. Nesse mundo plano, em 2D, apenas três dos seis GDL são possíveis. Na superfície plana, que é 2D, um corpo pode transladar ao longo de dois dos três GDL translacionais, mas não no terceiro, uma vez que esta é a dimensão vertical, para fora do plano. Da mesma forma, o corpo pode girar em uma dimensão (guinada, também chamado giro em 2D), mas não nas outras duas (rolagem e arfagem), uma vez que estão fora do plano. Então, por ficar no chão (no plano), vamos do 3D para o 2D e de seis para três GDL.

Mas ainda pode ficar pior. Um carro, como qualquer outro corpo em 2D, pode, em princípio, se mover de três maneiras, mas só pode fazê-lo se tiver efetuadores e atuadores capazes de controlar os três GDL. E os carros não os têm! O motorista do carro pode controlar apenas duas coisas: a direção para a frente/ré (pelo pedal do acelerador e acionar de modo combinado a marcha para a frente ou a ré) e a rotação (por meio do volante). Assim, embora um carro tenha três GDL, somente dois deles são controláveis. Uma vez que nem todos os GDL são controláveis, existem movimentos que não podem ser feitos com um carro, tais como se mover lateralmente. É por isso que a baliza é difícil; o carro tem de ser movido para o local desejado entre dois carros e junto ao meio-fio, mas a única maneira de chegar lá é por meio de uma série de manobras progressivas de vaivém, em vez de apenas um movimento

Braços, pernas, rodas e esteiras: o que realmente os aciona?

lateral, que só seria possível com um GDL adicional. Na Figura 4.6 são informados os graus de liberdade de carros e helicópteros.

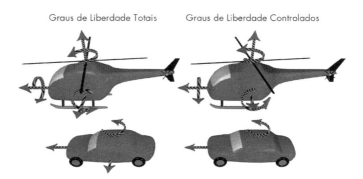

Figura 4.6 Os graus de liberdade de carros e helicópteros.

Antes que você perca a confiança nos carros, observe que os dois GDL controláveis de um carro são muito eficazes: eles podem levar o carro para qualquer posição e orientação em 2D, o que é o máximo que se pode esperar, *mas* o carro pode ter de seguir um caminho muito complicado (também chamado *trajetória*) para chegar lá; talvez precise de parar e voltar (como na baliza). Na robótica, uma maneira formal de expressar isso é dizer que um carro pode chegar a qualquer lugar no plano seguindo uma *trajetória contínua* (que significa que ele não precisa voar), mas com *velocidade descontínua* (que significa que ele precisa parar e voltar).

TRAJETÓRIA

Em resumo, um GDL incontrolável cria problemas para o controlador, pois deixa o movimento mais complicado. A relação entre os GDL controláveis (vamos chamá-los GDLCs) e o número de GDL total (vamos chamá-lo GDLT) em um robô nos diz um pouco sobre a facilidade de controlar seu movimento. Há três possibilidades:

1. *GDLC = GDLT*. Quando o número total de GDL controláveis é igual ao número de GDL total em um robô (ou atuador), a relação é 1, e dizemos que o robô é *holonômico*. Um robô ou atuador *holonômico* pode controlar todos os seus GDL.

HOLONÔMICO

2. *GDLC < GDLT.* Quando o número de GDL controláveis é menor do que o número de GDL total, a proporção é menor que 1, e dizemos que o robô é *não holonômico.* Um robô ou atuador *não holonômico* tem mais GDL do que aqueles que ele pode controlar.

Não holonômico

3. *GDLC > GDLT.* Quando o número de GDL controláveis é maior do que o número de GDL total, a relação é maior que 1, e dizemos que o robô é *redundante.* Um robô ou atuador *redundante* tem mais formas de controle do que os GDL que ele precisa controlar.

Redundante

O que significa tudo isso?

Um bom exemplo de mecanismo holonômico é o helicóptero, que tem seis GDL e pode ter todos os seis GDL controlados. O mesmo é válido para helicópteros autônomos, que são robôs que podem voar sob seu próprio controle.

Por sua vez, um bom exemplo de mecanismo não holonômico é, obviamente, o carro, como vimos anteriormente. Em um carro, a proporção de GDL controlável em relação ao GDL total é ⅔, portanto, menor que 1, e assim estamos presos aos desafios da baliza. O mesmo acontece com os carros autônomos, a menos que tenham rodas mais incrementadas.

Você consegue imaginar com o que se parece um mecanismo redundante?

Um grande exemplo é o seu braço. O braço humano, não incluindo a mão, tem sete GDL: três no ombro (para cima e para baixo, lado a lado e rotação sobre o eixo do braço), um no cotovelo (abrir e fechar) e três no punho (para cima e para baixo, lado a lado e, novamente, a rotação). O ombro humano é um pouco complicado, uma vez que se baseia em uma *junta de esfera e soquete*, que é muito complexa e algo que ainda não foi replicado na robótica. Além disso, o GDL rotacional no punho vem na verdade dos músculos e ligamentos do antebraço. Apesar de toda essa complicação, no final das contas, o braço humano possui sete GDL. Se você tiver menos, vá procurar um médico. Se tiver mais, é digno de atenção científica. (Possuir dupla articulação,

Junta de esfera e soquete

como algumas pessoas têm no cotovelo, por exemplo, não aumenta o número total de GDL; ele só aumenta a amplitude de movimento daquele GDL em particular, como o cotovelo.)

Todos os sete GDL do braço humano são controláveis, como você pôde ver enquanto fez a contagem. Isso nos leva ao enigma: um objeto no espaço 3D pode ter no máximo seis GDL, mas seu braço tem sete! Como pode o seu braço ter mais? Bem, não tem, na verdade. As partes do braço ainda podem mover-se apenas em 3D e dentro dos seis GDL possíveis, mas o braço como um todo, por causa dos GDL em suas articulações, permite mais de uma maneira de mover suas partes (o pulso, o dedo etc.) para uma determinada posição no espaço 3D. Isso é o que o torna *redundante*, o que significa que há muitas (infinitamente muitas, na verdade) soluções para o problema de como deslocá-lo de um lugar para outro. Esse parece ser o motivo pelo qual o controle de complicados braços robóticos, assim como os braços humanoides, é um problema tão difícil, que requer uma matemática um pouco sofisticada, como discutido (mas não descrito em detalhes) no Capítulo 6.

Figura 4.7 Braço humanoide com sete GDL e exoesqueleto teleoperado. Ambos são feitos pela Sarcos. (Foto cedida pela Sarcos Inc.)

Na Figura 4.7 há um exemplo de braço robótico semelhante ao humano, com sete GDL, e um de exoesqueleto que pode ser usado para teleoperá-lo. O exoesqueleto é chamado "braço mestre" e o braço do robô é chamado "braço escravo", porque o primeiro pode ser usado para teleoperar o segundo. No entanto, o braço do robô também pode ser programado para ser completamente autônomo e, nesse caso, não será mais um escravo, mas um robô propriamente dito.

Em geral, efetuadores são utilizados para duas funções básicas:

1. locomoção: para mover o robô;

2. manipulação: para mover outros objetos ao redor.

Vamos aprender sobre locomoção e manipulação nos próximos dois capítulos.

Resumo

- Os efetuadores e atuadores trabalham juntos para permitir que o robô faça o seu trabalho. Ambos são inspirados pelos sistemas biológicos, mas são muito diferentes deles.
- Existem vários tipos de atuadores no robô; entre eles, os motores são os mais conhecidos.
- As engrenagens são utilizadas para diminuir a velocidade do motor e aumentar a potência, usando relações simples entre o tamanho da engrenagem, a velocidade e o torque.
- Servomotores têm propriedades específicas que complementam motores CC e são úteis tanto em brinquedos quanto em robôs, entre outras aplicações.
- Os graus de liberdade (GDL) especificam como um corpo (e, portanto, um robô) pode se mover. A relação entre os GDL do robô e seus atuadores (que determinam quais GDL podem ser controlados) determina se o robô é holonômico, não holonômico ou redundante e tem um impacto importante sobre o que o robô pode fazer.

Para refletir

- Como você mediria o torque de um motor? E quanto à sua velocidade? Essas medidas são importantes para controlar o movimento do robô. Você vai ver como no Capítulo 7.
- Quantos GDL existem na mão humana?

Para saber mais

- Os exercícios do *Introdução à robótica* para este capítulo estão disponíveis em: <http://roboticsprimer.sourceforge.net/workbook/Robot_Components>.
- *The Art of Electronics*, escrito por Paul Horowitz e Winfield Hill, é uma fonte de consulta em eletrônica para todos, dos amadores aos pesquisadores.
- Para saber mais sobre os motores, engrenagens e eletrônica, leia *Robotic Explorations: A Hands-on Introduction to Engineering*, de Fred Martin, e aprenda como colocar esses componentes em conjunto com Legos para criar robôs interessantes e divertidos.
- A Sarcos cria os personagens "animatrônicos" da Disney, assim como vários robôs que você já viu em filmes, as fontes do Bellagio, em Las Vegas, e outros robôs sofisticados.
- Para uma boa olhada em dimensionalidade, leia o clássico *Planolândia: um romance de muitas dimensões*, de Edwin A. Abbott.

5 Mova-se!
Locomoção

LOCOMOÇÃO

Locomoção refere-se à maneira como um corpo (no nosso caso, um robô) se desloca de um lugar para outro. O termo vem do latim *locus*, que significa "lugar", e *movere*, que significa "mover".

Você pode ficar surpreso ao saber que movimentar-se por aí apresenta todos os tipos de desafio. Na verdade, é tão difícil que, na natureza, o movimento exige um aumento significativo da "potência cerebral". É por isso que as criaturas que se movem, e que portanto precisam evitar quedas, colisões e atropelamentos, e frequentemente estão perseguindo presas ou fugindo de predadores, são mais inteligentes do que aquelas que permanecem paradas. Compare as plantas com os animais que se movimentam, até mesmo os mais simples.

A maior parte deste livro tratará de cérebros robóticos, e você verá que mover o robô livremente será o primeiro desafio para esses cérebros. Mas primeiro, neste capítulo, vamos falar sobre os corpos que tornam a locomoção possível.

Muitos tipos de efetuadores e atuadores podem ser usados para mover um robô livremente, incluindo:

- pernas, para caminhar, engatinhar, escalar, saltar, pular etc.;
- rodas, para girar;
- braços, para balançar, engatinhar, escalar etc.;
- asas, para voar;
- nadadeiras, para nadar.

Você pode pensar em outros tipos?

Enquanto a maioria dos animais utiliza pernas para caminhar e ir a diferentes lugares, a locomoção com pernas é um problema robótico mais difícil, em comparação com a locomoção por rodas. As razões para isso incluem:

1. O número comparativamente maior de graus de liberdade (GDL); como discutido no Capítulo 4, quanto mais GDL tem um robô, mais complicado é controlá-lo.

2. O desafio da estabilidade; é mais difícil permanecer estável sobre pernas do que sobre rodas, como veremos a seguir.

5.1 Estabilidade

ESTABILIDADE

A maioria dos robôs precisa ser *estável*, o que significa que, para fazer o seu trabalho, não deve balançar, inclinar-se, nem cair facilmente. Mas há diferentes maneiras de ser estável. Em particular, existem dois tipos de estabilidade: estática e dinâmica. Um robô *estaticamente estável* pode ficar parado sem cair; ele pode ser estático e estável. Esse é um recurso útil, mas requer que o corpo do robô tenha *pernas* ou *rodas suficientes* para fornecer pontos de apoio estáticos capazes de mantê-lo estável.

ESTABILIDADE ESTÁTICA

Considere, por exemplo, como você fica em pé. Sabia que você (assim como todos os outros seres humanos) não é estaticamente estável? Isso significa que você não fica de pé e equilibrado sem despender algum esforço e algum controle ativo de seu cérebro. Como todos sabem, se você desmaiar, você cai. Embora não percebamos claramente o esforço que fazemos para ficar em pé, levamos um tempo para aprender; bebês demoram cerca de um ano para dominar a tarefa. Ficar em pé envolve o uso de controle ativo de seus músculos e tendões, a fim de evitar que seu corpo caia. Esse equilíbrio é em grande parte inconsciente, mas determinadas lesões no cérebro podem torná-lo difícil ou impossível, o que mostra que o controle ativo é necessário.

Se, em vez de ter duas pernas, tivéssemos três, ficar de pé seria realmente muito mais fácil, já que poderíamos abrir nossas pernas para fora, como um tripé. Com quatro pernas, seria ainda mais fácil, e assim por diante. Em geral, com mais pernas (ou pontos de apoio no chão), a estabilidade estática torna-se mais fácil. Por que você acha que é assim?

Eis o porquê: a projeção do *centro de gravidade* (CG) de qualquer corpo precisa estar dentro da área formada pelos pontos de apoio no chão (pernas ou rodas). Quando isso acontece, o corpo é equilibrado e permanece na posição vertical; se a projeção do CG não estiver dentro da área formada pelos pontos de apoio no chão, ele força o corpo para baixo, que começa a cair. A área coberta pelos pontos de apoio no chão é chamada *polígono de apoio*. É chamada assim porque você pode desenhar uma projeção do corpo sobre a superfície e traçar a forma ou o contorno dos pontos de apoio, o que resultará em um polígono. A Figura 5.1 mostra os CG e os polígonos de apoio de um robô humanoide e de um robô de seis patas, demonstrando como o humanoide é menos estável.

> CENTRO DE GRAVIDADE

> POLÍGONO DE APOIO

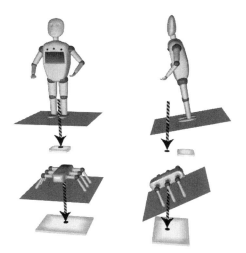

Figura 5.1 Componentes de equilíbrio e estabilidade: o CG e os polígonos de apoio para um humanoide bípede e um robô de seis patas, mostrados em terreno plano e em um declive (que, neste caso, faz o humanoide desequilibrar-se).

Como você pode ver na Figura 5.1, o polígono de apoio de uma pessoa em pé não é muito grande. Nossos pés são relativamente pequenos em comparação com o resto do nosso corpo (se não fossem, o movimento seria muito difícil, como acontece quando usamos enormes sapatos de palhaço), e, por sermos relativamente altos, o nosso CG é muito elevado em nossos corpos. Manter esse CG sobre um polígono de apoio relativamente pequeno não acontece sem esforço ativo e treinado. Essa é outra razão pela qual os bebês demoram tanto tempo para aprender a andar: eles têm a cabeça muito grande em comparação ao resto do corpo; e, assim, a cabeça traz o CG dos bebês a um ponto muito alto relativo ao seu corpo, tornando o equilíbrio particularmente traiçoeiro. Não é surpresa que o engatinhar, que fornece mais pontos de apoio, geralmente venha primeiro.

Em um robô de duas pernas, como um humanoide, o polígono é pequeno, e o CG não pode ser facilmente alinhado de modo estável dentro dele e manter o robô ereto. Já em um robô de três pernas, com suas pernas dispostas em tripé e seu corpo acima delas, a estabilidade estática é fácil. Com quatro pernas é ainda mais fácil, e uma nova característica é introduzida: três pernas podem ficar no chão e manter o robô estável, enquanto a quarta pode ser levantada, para que o corpo se mova.

O que acontece quando um robô estaticamente estável levanta uma perna e tenta se mover? Será que o seu CG permanece dentro do polígono de apoio?

Isso depende da geometria do corpo do robô e do número de pernas que ficam no chão. Se o robô pode andar enquanto permanece equilibrado em todos os momentos, chamamos isso de *caminhada estaticamente estável*. Uma suposição básica da caminhada estaticamente estável é que o peso de uma perna é insignificante se comparado com o peso do corpo, de modo que o CG total do robô não seja muito afetado pelo movimento da perna. E, claro, há sempre a necessidade de ter pernas suficientes para manter o corpo estável. Um robô de quatro patas pode levantar apenas uma perna de cada vez, pois necessita de pelo menos três pernas no chão para ficar estaticamente estável. Isso resulta em um ritmo de caminhada bem lento e que também consome muita energia. De fato, em geral, a caminhada estaticamente estável com qualquer número de pernas, apesar de muito segura, também é muito lenta e energeticamente ineficiente. Portanto, como um projetista de robô, você tem de pensar no quanto é importante para o robô a estabilidade estática contínua e se vale a pena o tempo e o esforço que isso implica.

Qual é a alternativa à estabilidade estática? O corpo tem de estar estável e lento, ou ele tem de estar fora de controle e caindo?

Estabilidade dinâmica

Na *estabilidade dinâmica*, o corpo deve ativamente equilibrar-se ou mover-se para manter-se estável. Por isso, é chamado *dinamicamente estável*. Por exemplo, robôs saltitantes de uma perna são dinamicamente estáveis: podem pular sem sair do lugar ou saltar para vários destinos e não cair. Esses robôs não podem parar e ficar na posição vertical, assim como você não conseguiria parar e ficar em pé em um pula-pula. O equilíbrio de um robô de uma perna só (e das pessoas e outros objetos) é convencionalmente chamado *problema do pêndulo invertido*, porque é o mesmo que tentar equilibrar um pêndulo (ou um bastão) em um dedo, e é igualmente difícil. Os pêndulos foram bem estudados pela física, e há soluções bem conhecidas para o problema de equilibrá-los. Nosso cérebro resolve o problema do pêndulo invertido sempre que estamos em pé, e assim deve fazer o seu robô se ele for dinamicamente estável.

Pêndulo invertido

Andar com duas pernas é apenas ligeiramente mais fácil do que saltitar com uma perna só, porque também é dinamicamente estável, com uma perna sendo levantada e jogada para frente enquanto a outra está no solo. Tentar fazer um robô andar sobre duas pernas vai realmente ajudá-lo a compreender melhor e apreciar o que seu cérebro está fazendo o tempo todo sem qualquer pensamento consciente.

Como vimos, as pessoas são caminhantes dinamicamente estáveis, enquanto alguns robôs são estaticamente estáveis, se possuírem pernas suficientes. Um robô estaticamente estável não permanece necessariamente estaticamente estável durante a caminhada. Por exemplo, não importa quantas pernas tenha um robô, se ele levanta todas, ou quase todas, ele se torna instável. Portanto, um robô estaticamente estável pode usar padrões de caminhada dinamicamente estáveis, a fim de ser

5.2 Movimentação e marcha

rápido e eficiente. Em geral, há uma compensação ou compromisso[1] entre a estabilidade e a velocidade de movimento, como veremos a seguir.

MARCHA

Marcha é o modo particular de um robô (ou um animal com pernas) se mover, incluindo a ordem com a qual levanta e abaixa as pernas e coloca os pés sobre o chão.

A marcha desejável de um robô tem as seguintes propriedades:

- estabilidade: o robô não cai;
- velocidade: o robô pode se mover rapidamente;
- eficiência energética: o robô não usa uma grande quantidade de energia para se mover;
- robustez: a marcha pode ser recuperada de alguns tipos de falha;
- simplicidade: o controlador que gera a marcha é simples.

Nem todos os requisitos anteriores podem ser conseguidos em todos os robôs. Algumas vezes, os requisitos de segurança comprometem a conservação de energia, os requisitos de robustez comprometem a simplicidade, e assim por diante. Como vimos no Capítulo 4, é possível criar até mesmo um robô de modo que ele possa se equilibrar e caminhar, em determinadas circunstâncias (geralmente com um empurrão ou morro abaixo), sem nenhum motor, como mostrado na Figura 4.1.

Alguns números de pernas e marcha são particularmente conhecidos, podendo ser encontrados muito comumente na natureza e na robótica. Por exemplo, a maioria tem seis pernas; os artrópodes (invertebrados com corpo segmentado) têm seis patas ou mais (os aracnídeos, mais conhecidos como aranhas, têm oito), enquanto a maioria dos animais tem quatro. Nós, seres humanos, bípedes, com andar mais complicado

---

1 Aqui o termo *compromisso* é usado como tradução para o termo inglês *trade-off*, que significa "trocar uma coisa por outra de valor semelhante para firmar especialmente um compromisso". Em geral, envolve um cenário no qual você deve equilibrar duas situações ou qualidades opostas, como quando você tem de aceitar algo ruim para obter algo bom em troca – daí a assimilação do termo *compromisso*. (N.T.)

e corrida mais lenta, somos uma minoria em relação à maior parte dos animais. Somos bem lentos.

> *A caminhada com seis pernas é altamente robusta e, portanto, comum na natureza, e tem servido constantemente de modelo também na robótica. Você consegue imaginar o porquê?*

MARCHA TRÍPODE

As seis pernas permitem múltiplas formas de marcha estáveis, tanto estática quanto dinamicamente. A *marcha trípode* é uma marcha estaticamente estável na qual, como o próprio nome indica, três pernas ficam no chão, formando um tripé, enquanto as outras três estão elevadas e em movimento. Se os conjuntos de três pernas estão alternando, a marcha é chamada *marcha trípode alternante* e produz uma caminhada bastante eficiente, que pode ser encontrada em vários invertebrados (mais especificamente, insetos e artrópodes), inclusive a barata comum.

MARCHA TRÍPODE ALTERNANTE

Numerosos robôs de seis pernas foram construídos. A Figura 5.2 mostra Genghis, um robô simples e bem conhecido, que foi construído ao longo de apenas um verão por dois alunos do Mobot Lab do Massachusetts Institute of Technology (MIT), parte do que era então o Laboratório de Inteligência Artificial do MIT. O Genghis mais tarde se tornou um produto comercial e um modelo para os protótipos dos veículos da Nasa. Seu descendente, Attila, era um robô muito mais complicado (com muito, muito mais GDL, muito mais sensores e, também, um cérebro maior) e menos robusto. A simplicidade domina!

Quase todos os robôs de seis pernas são dotados de marcha trípode alternante, porque ela satisfaz a maioria das propriedades desejáveis para marcha, listadas anteriormente. Nessa marcha, a perna do meio de um lado e as duas pernas não adjacentes do outro lado do corpo levantam-se e movem-se para frente ao mesmo tempo, enquanto as outras três pernas permanecem no solo e mantêm o robô estaticamente estável. Em seguida, o tripé se alterna para o outro lado do corpo, e assim por diante.

MARCHA ONDULANTE

O que acontece se um robô tem mais de seis pernas? A marcha de tripé alternante pode ainda ser utilizada sob a forma da chamada *marcha ondulante*, porque ondula ao longo do comprimento do corpo. Artrópodes como lacraias e centopeias, que possuem muito mais do que seis pernas, usam a marcha ondulante. A Figura 5.3 mostra marchas trípodes alternante e ondulante de um robô de seis pernas.

Figura 5.2 Genghis, o conhecido robô caminhante de seis patas. (Foto cedida pelo Dr. Rodney Brooks.)

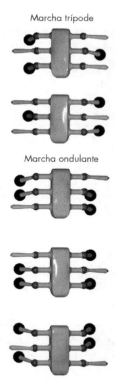

Figura 5.3 A marcha trípode alternante (à esquerda) e a marcha ondulante (à direita) de um robô caminhante de seis patas. Círculos indicam os pés tocando o chão.

Você deve ter notado que temos falado sobre a caminhada estaticamente estável mesmo que tenhamos dito anteriormente que esse tipo de caminhada não é a mais eficiente. De fato, quando os insetos correm, costumam usar uma marcha rápida, dinamicamente estável. Eles podem até se mover pelo ar às vezes, aproveitando-se da habilidade de planar por breves períodos de tempo. Tais exemplos extremos de estabilidade dinâmica demonstram como a velocidade e a eficiência de energia podem ser adquiridas à custa da estabilidade e da simplicidade do controlador.

Controlar um robô que pode se equilibrar em uma ou duas pernas, ou que pode planar no ar e pousar com segurança, é um problema de controle complicado. Portanto, não é de admirar que o equilíbrio e a estabilidade sejam problemas complexos na área da robótica, e muitos robôs são projetados para evitar lidar com eles se não for necessário. É por isso que a maioria dos robôs móveis atuais tem rodas ou seis pernas: para simplificar a locomoção. A pesquisa em robótica, no entanto, estuda ativamente os modos mais complexos e interessantes de locomoção, incluindo pular, rastejar, escalar, nadar, planar, voar e muitos outros.

5.3 Rodas e direção[2]

Você pode ter ouvido a alegação de que as rodas não existem na natureza, mas, na verdade, isso não é totalmente correto. Existem estruturas semelhantes às rodas em certas bactérias, mas definitivamente são muito raras na locomoção biológica quando comparadas com as pernas, asas e nadadeiras. As rodas são, no entanto, mais eficientes do que as pernas; então você pode se perguntar por que os animais não as têm. A evolução favorece a simetria lateral, o que significa que ela faz evoluir corpos que possuem dois (ou mais) lados/partes correspondentes, utilizando conjuntos correspondentes de genes; sendo assim, as pernas eram mais fáceis de evoluir e, de fato, funcionam muito bem. Como resultado, encontramos as pernas em toda a natureza; tomando por

---

2   "Direção" foi a tradução escolhida para o termo inglês *steering*, que carrega o sentido duplo de "orientar e dirigir". (N.T.)

base o tamanho da população, os insetos são a macroespécie (*macro* significa relativamente "grande") mais abundante, e eles começam com seis pernas e continuam daí para cima. A espécie mais abundante de todas são as bactérias (que são comparativamente menores, portanto, *micro*), que dominam o mundo vivo em números absolutos; mas, até que a microrrobótica e a nanorrobótica realmente decolem (veja o Capítulo 22), podemos deixá-las de lado.

Em razão da eficiência e da relativa simplicidade de controle, as rodas são os efetuadores de locomoção preferidos na robótica. Robôs com rodas (assim como quase todos os dispositivos mecânicos com rodas, tais como os automóveis) são construídos para ser estaticamente estáveis. Embora a maioria das rodas não desvie muito do projeto básico, elas podem ser construídas com variedade e estilo inovador, tanto quanto as pernas. As rodas podem variar em tamanho e formato, podem usar pneus simples ou padrões complexos de pneus ou esteiras e podem até mesmo conter rodas dentro de cilindros dentro de outras rodas girando em direções diferentes, para fornecer vários tipos de propriedades de locomoção.

HOLONÔMICO

Robôs com rodas são normalmente projetados para ser estaticamente estáveis, o que simplifica o controle. No entanto, não são necessariamente *holonômicos*, o que significa que não podem controlar todos os seus graus de liberdade (GDF) disponíveis, conforme discutimos em detalhe no Capítulo 4. Em particular, a maioria dos robôs móveis simples tem duas ou quatro rodas, e em ambos os casos são não holonômicos. Um projeto usual e eficiente para os robôs com rodas envolve duas rodas e um rodízio passivo (roda "boba") para o equilíbrio, como mostrado na Figura 5.4.

TRAÇÃO DIFERENCIAL

DIREÇÃO
DIFERENCIAL

Ter múltiplas rodas significa que existem múltiplas formas com as quais as rodas podem ser controladas. Basicamente, múltiplas rodas podem se mover em conjunto ou independentemente. A habilidade de tracionar as rodas de forma individual e independente, por meio de motores separados, é chamada *tração diferencial*. Analogamente, ser capaz de orientar as rodas de forma independente é chamado *direção diferencial*.

Considere os benefícios da tração diferencial no projeto básico do robô com duas rodas e um rodízio. Se as duas rodas são acionadas à mesma velocidade, no mesmo sentido, o robô se move em linha reta.

Se uma roda (digamos, a esquerda) é acionada a uma velocidade maior do que a outra, o robô realiza uma curva (nesse caso, para a direita). Finalmente, se as rodas são acionadas na mesma direção, mas em sentidos opostos, com a mesma velocidade, o robô gira sem sair do lugar. Essas habilidades permitem que o robô manobre por caminhos complicados, a fim de fazer seu trabalho.

Figura 5.4 Um robô simples usando mecanismo de tração muito comum, consistindo em duas rodas tracionadas diferencialmente para direção e um rodízio passivo para o equilíbrio.

5.4 Permanecer no caminho *versus* chegar lá

Na locomoção do robô, podemos nos preocupar com:

- levar o robô para um determinado local;
- fazer o robô seguir um caminho em particular (também chamado trajetória).

Seguir um dado caminho arbitrário ou trajetória é mais difícil que chegar a um destino específico usando qualquer caminho. Alguns caminhos são impossíveis de serem seguidos por alguns robôs por causa de suas restrições holonômicas. Para outros, alguns caminhos podem ser seguidos somente se o robô tiver permissão de parar, mudar de direção (permancendo em seu lugar ou não) e depois continuar, assim como foi discutido no caso da baliza, no Capítulo 4.

Uma grande subárea de pesquisa em robótica estuda como os robôs podem seguir trajetórias arbitrárias. Por quê?

PLANEJAMENTO DE TRAJETÓRIA OU DE MOVIMENTO

Porque existem várias aplicações nas quais essa habilidade é necessária, variando desde dirigir os carros autônomos até realizar cirurgias no cérebro, e também porque não é nada fácil alcançá-la. O *planejamento de trajetória*, também chamado *planejamento de movimento*, é um processo computacionalmente complexo que envolve buscar todas as trajetórias possíveis e avaliá-las, a fim de encontrar uma que satisfará os requisitos. Dependendo da tarefa, pode ser necessário encontrar a melhor (a mais curta, a mais segura, a mais eficiente etc.), a tão conhecida *trajetória ótima*. Uma vez que os robôs não são apenas pontos, a sua geometria (forma, raio de giro) e seu mecanismo de direção (propriedades holônomicas) devem ser levados em conta. O planejamento de trajetórias é usado em robôs móveis, em duas dimensões, e em braços robóticos, em três dimensões, nos quais o problema se torna ainda mais complexo. Conversamos um pouco sobre isso no Capítulo 4 e entraremos em mais detalhes no próximo capítulo.

TRAJETÓRIA ÓTIMA

Dependendo de sua tarefa, os robôs, na prática, podem não estar tão preocupados em seguir trajetórias específicas, mas em simplesmente mover-se até o destino. A capacidade de chegar ao destino é um problema muito diferente de planejar um caminho em particular, o que é chamado *navegação*. Vamos aprender mais sobre isso no Capítulo 19.

Resumo

- A movimentação requer cérebro, ou pelo menos algum processamento não trivial.

- A estabilidade depende da geometria do robô, em especial da posição do seu CG e do polígono de apoio. A estabilidade pode ser estática ou dinâmica.
- A estabilidade estática é segura, mas ineficiente, e a estabilidade dinâmica requer computação.
- O número de pernas é importante. A caminhada com duas pernas é difícil e lenta; a caminhada começa a ficar mais fácil com quatro pernas, e muito mais fácil com seis ou mais pernas.
- Marchas trípodes alternante e ondulante são mais usuais quando se dispõe de seis ou mais pernas.
- Rodas não são um tema tedioso, nem o controle de tração é uma coisa trivial. Há muitos projetos de rodas e tração para escolher.
- Tração e direção diferencial são as opções preferidas em robótica móvel.
- Seguir um caminho ou trajetória específica é difícil, assim como planejar um caminho ou trajetória específica que tenha propriedades particulares (o mais curto, o mais seguro etc.).
- Chegar a um destino não é o mesmo que seguir um caminho específico.

Para refletir

- Como é que um planejador automático de rotas na internet (como o Mapquest ou o Google Maps, que mostra para você um caminho, digamos, de sua casa ao aeroporto) encontra um caminho ótimo?

Para saber mais

- Os exercícios do *Introdução à robótica* para este capítulo estão disponíveis em: <http://roboticsprimer.sourceforge.net/workbook/Locomotion>.
- Para um trabalho realmente emocionante e inspirador sobre locomoção de insetos e animais, incluindo baratas voadoras e lagartixas pegajosas, veja a pesquisa do Prof. Robert J. (Bob) Full na Universidade da Califórnia, Berkeley, em seu Polypedal Lab.

- Para uma pesquisa muito interessante sobre bichos-pau e a marcha que eles empregam normalmente ou quando as suas pernas estão fora de ordem, ou quando colocados em percursos com obstáculos, veja o trabalho do Prof. Holk Cruse da Universidade de Bielefeld, na Alemanha.

6 No fio da navalha![1]
Manipulação

No capítulo anterior, aprendemos como os robôs se deslocam de um lado para o outro ou vão a determinados lugares. Neste capítulo, vamos aprender o que eles podem fazer quando chegam lá.

MANIPULADOR

Um *manipulador* robótico é um efetuador. Pode se constituir de qualquer tipo de pinça, mão, braço ou parte do corpo que é usada para interagir e mover objetos em um dado ambiente.

MANIPULAÇÃO

A *manipulação*, portanto, refere-se ao movimento de qualquer tipo de manipulador com vistas a algum objetivo.

ELOS DO MANIPULADOR

Manipuladores consistem normalmente em um ou mais elos conectados por juntas e um efetuador. Os *elos* são os componentes individuais do manipulador e são controlados independentemente. Se tomarmos o seu braço como exemplo, a omoplata seria um elo e o braço, outro. Os elos são ligados por juntas. Vamos falar sobre as juntas um pouco mais tarde neste capítulo. Primeiro, vamos começar pelo fim, pelo efetuador final.

6.1 Efetuadores finais

EFETUADOR FINAL

O *efetuador final* é a parte do manipulador que afeta o ambiente. Por exemplo: em uma mão, ele pode ser o dedo que cutuca; em um pon-

---

1 A expressão idiomática usada no texto original era *"grasping at straws"*, que significa literalmente "se agarrar a palhas". Essa expressão foi usada pela primeira vez por Sir Thomas More, em 1534, nos *Diálogos do conforto contra as tribulações*, referindo-se a alguém que, em perigo de afogamento, se agarra a qualquer coisa que apareça (palha, gravetos), ainda que isso não resolva o problema. (N.T.)

teiro, ele pode ser a seta que indica uma posição; em uma perna, pode ser o pé que chuta a bola. Geralmente é a parte final ou extrema do manipulador, a parte que é usada para interagir com o ambiente (pelo menos na maioria das vezes; porém, algumas vezes, o manipulador inteiro ou uma grande parte dele pode ser utilizado como efetuador final – veja um exemplo na seção "Para refletir", no final deste capítulo).

Diferentemente do espaço em que o corpo do robô se movimenta para chegar a uma posição e orientação particular, um manipulador normalmente se movimenta para levar o efetuador final a uma certa posição e orientação no espaço tridimensional (3D). O posicionamento correto do efetuador final é um problema clássico na robótica. Esse é um problema surpreendentemente difícil. Você consegue dizer por quê?

Como o efetuador final está ligado ao braço e o braço ligado ao corpo, a manipulação envolve não só a movimentação do efetuador final, mas também deve considerar o movimento de todo o corpo. O braço deve mover-se de modo a evitar atingir o seu próprio *limite de junta* (o ponto extremo até onde a junta pode se deslocar), o corpo e quaisquer outros obstáculos do ambiente. Portanto, o caminho seguido pelo braço e, consequentemente, pela mão – e possivelmente pelo corpo todo – para realizar uma tarefa (levar o efetuador final para a posição desejada) pode ser muito complexo. Mais importante ainda: calcular a trajetória é um problema complicado, que envolve considerar o espaço ocupado pelo corpo do robô, o manipulador e a tarefa a ser realizada. Especificamente, isso significa computar o *espaço livre* para o manipulador, o corpo e a tarefa específica (o espaço em que o movimento é possível) e, em seguida, fazer uma busca nesse espaço por caminhos que levem ao objetivo final.

A tarefa descrita anteriormente está longe de ser fácil, motivo pelo qual a manipulação autônoma é um grande desafio. A ideia da manipulação autônoma foi usada pela primeira vez na teleoperação, na qual operadores humanos moviam braços artificiais para manipular materiais perigosos.

6.2 Teleoperação

Conforme aprendemos no Capítulo 1, *teleoperação* significa o ato de controlar uma máquina a distância. A teleoperação está relacionada

No fio da navalha!

CONTROLE REMOTO

ao *controle remoto*, mas os dois termos não são utilizados da mesma forma na área da robótica. Especificamente, teleoperação quase sempre significa controlar um manipulador ou veículo complexo (como os veículos teleoperados da Nasa utilizados na exploração espacial), enquanto o controle remoto é normalmente utilizado para o controle de mecanismos simples, como carrinhos de brinquedo. O termo *controle remoto* não é usado em robótica, embora o seu significado literal seja basicamente o mesmo que teleoperação.

Como foi mencionado no Capítulo 1, mover marionetes é uma forma de teleoperação. Não é nenhuma surpresa que o manejo de marionetes seja uma arte que requeira grande habilidade. Da mesma forma, a teleoperação de manipuladores e robôs complicados também é uma tarefa complexa, que exige uma grande dose de habilidade. O desafio decorre do seguinte:

- Complexidade do manipulador. Quanto mais graus de liberdade (GDL) existem no manipulador, mais difícil é o seu controle.

- Limitações da interface. Inicialmente, *joysticks* eram a interface mais comum entre um teleoperador e um braço robótico. Porém, a utilização de um *joystick* para controlar um braço mecânico complicado, tal como o braço de sete GDL semelhante ao humano, requer uma boa dose de treinamento e concentração.

- Limitações de sensoriamento. É difícil de controlar um braço sem ver diretamente o que ele toca e para onde se move, ou sem ter a sensação de toque e resistência, e assim por diante.

CIRURGIA ASSISTIDA
POR ROBÔS

A teleoperação tem sido utilizada com grande sucesso em alguns domínios muito complexos, tais como a *cirurgia assistida por robôs*, que tem sido aplicada à cirurgia de quadril, à cirurgia cardíaca (do coração) e até mesmo à cirurgia cerebral. Em alguns casos, como na cirurgia cardíaca, o robô se move no interior do corpo do paciente para cortar e suturar (ou, usando um termo mais simples, costurar), enquanto o cirurgião o controla do lado de fora do corpo com os movimentos de seus dedos e mãos, que estão ligados a fios que transmitem o sinal para os manipuladores do robô. O principal benefício dessa cirurgia minimamente invasiva, possibilitada pela teleoperação, é que, em vez de ter de cortar o peito do paciente, abri-lo e quebrar algumas costelas para chegar ao coração, são necessários apenas três pequenos furos para inserir os manipuladores e realizar a cirurgia. Como resultado, há menos problemas e infecções pós-operatórios, e o paciente se recupera muito mais rápido. A Figura 6.1 mostra um robô teleoperado sendo usado em uma cirurgia.

Figura 6.1 Manipulador robótico complexo teleoperado, utilizado em cirurgia assistida por robô em alguns hospitais.
(Foto ©[2007], Intuitive Surgical, Inc.)

No entanto, mesmo para as interfaces mais bem desenhadas de teleoperação, é necessário um pouco de treinamento para que o operador humano aprenda a controlar o(s) manipulador(es). Uma maneira usual de simplificar esse problema (pelo menos um pouco) é usar exoesqueletos.

EXOESQUELETO

Exoesqueleto (*exo*, de origem grega, quer dizer "fora") significa, literalmente, um esqueleto do lado de fora. Em sistemas biológicos, ele existe na forma de uma estrutura exterior dura (como a casca de um inseto), cuja função é fornecer proteção ou suporte.

Em robótica, exoesqueleto é uma estrutura que um ser humano veste e controla. Ele pode proporcionar força adicional ou, em teleoperação, permitir a detecção dos movimentos e das forças que o ser humano produz para controlar um robô. Exoesqueletos

No fio da navalha! 89

não se qualificam como robôs de acordo com nossa definição (ver Capítulo 1), porque não tomam suas próprias decisões ou agem de acordo com elas, apenas fornecem força adicional ou destreza aos operadores humanos. Portanto, são meras armaduras, totalmente operados por um ser humano e, normalmente, não possuem sensores ou controladores.

A teleoperação pode ser usada em conjunto com a autonomia, permitindo que um usuário humano influencie o robô sem ter de controlá-lo continuamente.

Em resumo, a teleoperação é uma forma de simplificar o controle do manipulador, mas não ajuda a resolver o problema do controle autônomo desse manipulador; sendo assim, voltemos a esse assunto.

6.3 Por que a manipulação é difícil?

Por que a manipulação é tão difícil? Assim como no caso da locomoção, geralmente não existe uma ligação direta e óbvia entre o que o efetuador deve fazer no espaço físico e o que o atuador deve fazer para mover aquele efetuador, a fim de realizar uma tarefa.

CINEMÁTICA

A correspondência entre movimento do atuador e movimento resultante do efetuador é chamada *cinemática*. A cinemática consiste nas regras relativas à estrutura do manipulador, que descrevem o que está ligado a que.

JUNTAS/
ARTICULAÇÕES

As várias partes (elos) de um manipulador são conectadas por *juntas* ou *articulações*. Os tipos mais comuns de juntas são:

JUNTAS ESFÉRICAS

- *esféricas* (esfera e soquete), que fornecem o movimento de rotação em torno de um eixo fixo;

JUNTAS PRISMÁTICAS

- *prismáticas* (como um pistão), que fornecem movimento linear.

Robôs manipuladores podem ter uma ou mais juntas de cada tipo. Juntas robóticas normalmente fornecem um GDL controlável, e, no intuito de apresentar generalidade máxima de movimento, um atuador separado (em geral, um motor, como o que você viu na Figura 4.2 do Capítulo 4) é utilizado para mover cada um dos GDL. Disso você logo deduz que, se quiser ter muitos GDL em um manipulador, precisará de muito maquinário físico para criar o mecanismo e movê-lo para atingir o movimento controlado desejado. (E depois você precisará de baterias para alimentar os motores, que são pesadas, e, por isso, os motores agora têm de ser mais fortes para levantar os manipuladores que os transportam, o que consome energia, e assim por diante. Projetar robôs complicados é divertido, mas não é fácil.)

Considere novamente o braço humano (sem incluir a mão) com seus sete GDL. Note que o braço em si tem apenas três juntas ou articulações – o ombro, o cotovelo e o punho – e que essas três articulações controlam os sete GDL. Isso significa que algumas das juntas controlam mais do que um GDL; especificamente, a articulação do ombro tem três GDL, do mesmo modo que o pulso. Como isso funciona? Olhando mais de perto a anatomia humana, vemos que a articulação do ombro é uma articulação de esfera e soquete (assim como o quadril) e é acionada por grandes músculos. Acontece que as articulações de esfera e soquete são muito difíceis de serem criadas em sistemas artificiais, não apenas em robôs, mas também em personagens animados realisticamente modelados em jogos de computador. O pulso, ao contrário do ombro, é uma articulação menor controlada por um conjunto de músculos e ligamentos do braço. Ele também é complexo, mas de uma forma totalmente diferente do ombro.

Tentar fazer um robô se parecer e se mover como um animal (qualquer animal, desde um rato até um ser humano) é muito difícil, pelo menos em parte, porque, nos robôs, usamos motores para acionar os elos mecânicos ligados por juntas esféricas. Por sua vez, os animais usam músculos, que são atuadores lineares, além de comparativamente mais leves, mais elásticos, mais flexíveis e mais fortes. Há pesquisas em andamento a respeito de músculos artificiais, mas estão em fase inicial e, portanto, longe de estar prontas para ser aplicadas a robôs. A maior parte da atuação em manipuladores é feita com motores.

Simular a função de um manipulador *antropomórfico*, ou seja, com forma semelhante à do ser humano (do grego *anthropo*, "homem", "ser humano", e *morphe*, "forma"), em um robô é desafiador. Um braço robótico antropomórfico é mostrado na Figura 6.2.

O braço humano é muito complicado, mas é simples em comparação à mão, um manipulador extremamente complexo e versátil. A mão tem um número muito grande de articulações e, portanto, um número muito grande de GDL. Ela também tem um desenho muito compacto; se você fosse construir uma mão robótica com o mesmo número de GDL, precisaria de um espaço enorme para colocar todos os motores necessários. Você poderia mover os motores para fora da mão, mas eles teriam de ir para outro lugar: no braço ou em outra parte do corpo. Um exemplo de mão robótica antropomórfica é mostrado na Figura 6.3.

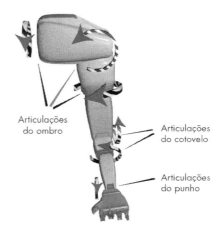

Figura 6.2 Braço robótico antropomórfico (semelhante ao do ser humano).

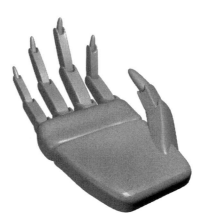

Figura 6.3 Mão robótica antropomórfica (semelhante à do ser humano).

Os seres humanos usam suas mãos de *diversas utilidades* para manipular ferramentas, como facas e garfos, chaves de fenda e martelos, ou para realizar trabalhos específicos. Diferentemente, os manipuladores robóticos são *especializados* e podem ter uma ferramenta anexada à sua extremidade, tal como uma pistola de solda, um pulverizador de tinta ou uma chave de fenda. Robôs de uso mais geral, por outro lado, podem ter pinças de múltiplas funções que lhes permitem agarrar e usar várias ferramentas. Finalmente, algumas mãos robóticas complexas, semelhantes à humana, têm sido desenvolvidas para uma grande variedade de tarefas. O Robonaut, torso (tronco) robótico humanoide da Nasa mostrado na Figura 6.4, é um bom exemplo, com braços e mãos semelhantes aos dos seres humanos e utilizado para corrigir problemas no ônibus e na estação espacial.

Figura 6.4 Robonaut, o torso robótico da Nasa. (Foto cortesia da Nasa.)

PROBLEMAS DE MANIPULAÇÃO

Independentemente da tarefa que tenhamos nas mãos (trocadilho intencional), para controlar um manipulador robótico temos de conhecer a sua cinemática: o que está ligado ao quê, quantas articulações existem, quantos GDL para cada articulação, e assim por diante. Todas essas propriedades podem ser enunciadas formalmente, permitindo-nos usar a matemática para resolver os *problemas de manipulação*: problemas referentes à posição do efetuador final em relação ao resto do braço e à maneira de gerar caminhos para o manipulador continuar a fim de realizar a tarefa.

Para mover o efetuador final de um manipulador para um ponto desejado, normalmente precisamos calcular os ângulos de todas as juntas do manipulador. Essa conversão, de uma posição cartesiana (x, y, z) do efetuador final (por exemplo, a ponta de um dedo) para os ângulos do manipulador (por exemplo, um braço) é chamada *cinemática inversa*. O nome refere-se ao fato de que essa cinemática é o oposto do processo mais simples que é descobrir em que está o efetuador do manipulador, dados os ângulos de todas as articulações. Essa seria a *cinemática*, apresentada anteriormente neste capítulo. O processo de calcular a cinemática inversa é dispendioso (computacionalmente intenso). Por que é assim? Para responder a essa pergunta, seria preciso introduzir um pouco de matemática, e pode ser melhor ler sobre isso em uma das fontes listadas no final deste capítulo. Aqui, é suficiente dizer que a matemática é necessária e importante, já que habilitar os robôs a mover os braços para o lugar certo e na hora certa é necessário para um grande número de utilidades, desde apertos de mão até uma cirurgia.

CINEMÁTICA INVERSA

Depois da cinemática, o próximo aspecto do controle em geral, e da manipulação em particular, que vamos considerar é a dinâmica. A *dinâmica* se refere às propriedades de deslocamento e energia de um objeto em movimento. Uma vez que os robôs se movimentam e gastam energia, eles certamente têm uma dinâmica; e, quanto mais rápido se movem, mais significativa é sua dinâmica e, portanto, maior é o impacto que a dinâmica tem sobre o comportamento do robô. Por exemplo, o comportamento de um lento camundongo robótico móvel, usado na resolução de labirintos, não é muito fortemente impactado pela sua dinâmica, ao contrário do comportamento de um rápido tronco robótico que faz malabarismo com bolas de tênis. Não há nenhuma novidade nisso.

DINÂMICA

Analogamente às cinemáticas direta e inversa, a manipulação também envolve o cálculo de dinâmica direta e dinâmica inversa. Esses cálculos são ainda mais complicados e dispendiosos. Você pode aprender mais sobre esse assunto de maneira sistemática (matemática) usando as fontes listadas a seguir (e vai ficar contente por não termos incluído as contas aqui).

Pelo fato de as etapas envolvidas na manipulação do robô serem desafiadoras, problemas como alcançar e agarrar constituem subáreas

PONTOS DE AGARRAMENTO

COMPLACÊNCIA

inteiras de pesquisa em robótica. Esses campos estudam temas que incluem encontrar *pontos de agarramento* (onde colocar os dedos em relação ao centro de gravidade, fricção, obstáculos etc.), a força/firmeza da garra (quão forte apertar para que o robô não solte nem esmague o objeto), a *complacência* (ceder ao ambiente, quando necessário, para as tarefas que envolvem contatos próximos, como deslizar ao longo de uma superfície) e execução de tarefas altamente dinâmicas (malabarismo, pegar um objeto no ar), para citar apenas alguns. A manipulação é de particular interesse, pois os robôs estão preparados para adentrar ambientes humanos com o intuito de ajudar as pessoas em uma variedade de tarefas e atividades. Para isso, devem ser capazes de interagir eficientemente e de manipular uma variedade de objetos e situações, de fato um trabalho hercúleo para projetistas e programadores de robôs.

Resumo

- Os manipuladores de robô consistem em um ou mais elos e em juntas/articulações que conectam os elos a um efetuador final.
- Existem dois tipos básicos de juntas (esféricas e prismáticas) e uma variedade de tipos de efetuadores finais (pinças, mãos, ponteiros, ferramentas etc.).
- O processo de manipulação envolve planejamento de trajetórias, cinemática e dinâmica e é computacionalmente muito complexo.
- A teleoperação pode ser usada para a manipulação, com o intuito de evitar o controle autônomo.

Para refletir

- Quantos GDL existem na mão humana? Você pode controlar cada um deles de forma independente?
- Qual dos dois tipos de juntas discutidos, esférica ou prismática, é mais comumente encontrado em corpos biológicos? Você consegue pensar em animais específicos como exemplos?

- As roupas dos astronautas são exoesqueletos? E uma retroescavadeira controlada por alavanca?
- Imagine um exoesqueleto que tem seus próprios sensores, toma suas próprias decisões e age de acordo com elas. Esse é definitivamente um robô; no entanto, também é controlado por um ser humano e anexado ao corpo do ser humano. Você pode imaginar onde isso poderia ser útil?
- Cachorros robóticos têm sido usados para jogar futebol. Eles não são projetados para essa tarefa, por isso se movem lentamente e têm dificuldade para mirar e chutar a bola (sem mencionar encontrá-la, mas isso não faz parte da manipulação; isso pertence ao sensoriamento, discutido nos próximos capítulos). Alguns dos melhores times de futebol de robôs tiveram uma ideia inteligente: em vez de fazer os cachorros andarem como fazem normalmente, eles os rebaixam para que as duas patas traseiras dirijam e guiem o robô, enquanto as duas patas dianteiras estão no solo, sendo usadas para agarrar a bola e chutá-la, o que é muito mais fácil. No final das contas, isso funciona muito bem, mesmo que pareça um pouco bobo. Quais são os efetuadores finais dos cães nesse caso? Os cachorros são puramente robôs móveis, agora?

Para saber mais

Eis alguns bons recursos para saber mais sobre os temas que mencionamos neste capítulo:

- *Robot Modeling and Control*, de Mark Spong.
- *Modelling and Control of Robot Manipulators*, de L. Sciavicco, B. Siciliano.
- *Principles of Robot Motion: Theory, Algorithms, and Implementations*, de H. Choset, K. M. Lynch, S. Hutchinson, G. Kantor, W. Burgard, L. E. Kavraki e S. Thrun.
- *Planning Algorithms*, de Steven M. LaValle.

7 O que está acontecendo?
Sensores

Saber o que está acontecendo é uma exigência para a sobrevivência, para não falar do comportamento inteligente. Se um robô precisa alcançar qualquer coisa, ele deve ser capaz de sentir o estado de seu próprio corpo (o seu estado interno; veja o Capítulo 3) e o estado do seu ambiente imediato (estado externo; veja também o Capítulo 3). De fato, como vimos no Capítulo 1, para que um robô seja um robô, ele deve ser capaz de sentir. Neste capítulo, você vai descobrir como a capacidade de sentir do robô influencia diretamente a sua capacidade de reagir, atingir metas e atuar com inteligência.

Normalmente, um robô pode ter dois tipos de sensores com base na fonte de informação que ele sente:

PROPRIOCEPÇÃO

1. *Sensores proprioceptivos.* Esses sensores percebem elementos do estado interno do robô, como as posições das rodas, os ângulos das articulações dos braços e a direção para a qual a cabeça está voltada. O termo vem da palavra latina *proprius*, que significa "próprio" (que também aparece em "proprietário", "propriedade" e "apropriado"). *Propriocepção* é o processo de sentir o estado de seu próprio corpo. Aplica-se tanto aos animais quanto aos robôs.

EXTEROCEPÇÃO

2. *Sensores exteroceptivos.* Esses sensores percebem elementos do estado do mundo externo ao redor do robô, como os níveis de luz, as distâncias, os objetos e o som. O termo vem da palavra latina *extra*, que significa "de fora" (que também aparece em "extrassensorial", "extraterrestre" e "extrovertido"). *Exterocepção* é o processo de sentir o mundo ao redor do robô (incluindo detecção do próprio robô).

SISTEMA PERCEPTIVO

Juntos, os sensores proprioceptivos e exteroceptivos constituem o *sistema perceptivo* de um robô (Figura 7.1). No entanto, um dos principais desafios da robótica é que os sensores, por si só, não fornecem informações de *estado* convenientes para o robô. Por exemplo, os sensores não dizem: "Há uma cadeira azul à sua esquerda, e sua avó Zilda está sentada nela e parece desconfortável". Em vez disso, os sensores podem dizer ao robô os níveis de luz e cores em seu campo de visão, se ele está tocando algo em uma área particular, se há um som acima de certo limiar, ou o quão longe está o objeto mais próximo, e assim por diante.

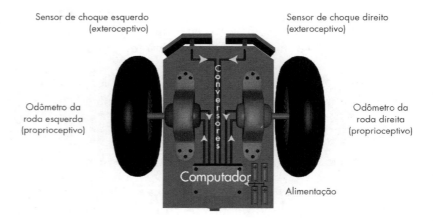

Figura 7.1 Sensores proprioceptivos e exteroceptivos em um robô simples.

SENSORES

Em vez de serem fornecedores mágicos de todas as informações de que o robô poderia possivelmente precisar, os *sensores* são dispositivos físicos que medem quantidades físicas. A Tabela 7.1 considera alguns dispositivos e as quantidades que eles medem.

Conforme mostra a Tabela 7.1, a mesma propriedade física pode ser mensurável por mais de um tipo de sensor. Isso é muito conveniente, como vamos descobrir, já que as informações do sensor estão sujeitas a ruídos e a erros, por isso a aquisição de informação de múltiplos sensores pode fornecer mais precisão.

Propriedades físicas	Sensor
Contato	Sensor de colisão, interruptor
Distância	Ultrassom, radar, infravermelho
Nível de luz	Fotocélulas, câmeras
Nível de som	Microfones
Esforço	Extensômetros
Rotação	Codificadores e potenciômetros
Aceleração	Acelerômetros, giroscópios
Magnetismo	Bússolas
Cheiro	Sensores químicos
Temperatura	Termômetros, infravermelho
Inclinação	Inclinômetros, giroscópios
Pressão	Manômetros
Altitude	Altímetros

Tabela 7.1 Alguns sensores e a informação que eles medem

INCERTEZA

Os ruídos e os erros dos sensores, que são inerentes à medição física e não podem ser evitados, contribuem para um dos grandes desafios da robótica: a incerteza. A *incerteza* refere-se à incapacidade do robô de ter certeza, de saber com exatidão sobre seu próprio estado e seu ambiente, para tomar medidas absolutamente ótimas em todos os momentos. A incerteza na robótica vem de uma variedade de fontes, incluindo:

- ruído e erros dos sensores;
- limitações dos sensores;
- ruído e erros dos atuadores e efetuadores;
- estado oculto e parcialmente observável;
- falta de conhecimento prévio sobre o ambiente, ou um ambiente dinâmico e em constante mudança.

Fundamentalmente, a incerteza decorre do fato de que os robôs são mecanismos físicos que operam no mundo físico, cujas leis envolvem incerteza inevitável e falta de precisão absoluta. Adicione a isso sensores e mecanismos efetuadores imperfeitos e a impossibilidade de ter conhecimento total e perfeito e você verá por que a robótica é difícil: os robôs devem sobreviver e trabalhar em um mundo real bagunçado, barulhento e desafiador. Sensores são as janelas para esse mundo, e na robótica essas janelas são, até agora, muito pequenas, sendo difícil ver através delas, metaforicamente falando.

Podemos pensar em vários sensores para o robô em termos de quantidade de informação que eles fornecem. Por exemplo, um interruptor básico é um sensor simples que fornece um *bit* de informação, ligado ou desligado. *Bit*, a propósito, refere-se à unidade fundamental de informação, que tem dois valores possíveis, os dígitos binários 0 e 1; a palavra vem do termo inglês *B(inary) (dig)IT* (dígito binário). Diferentemente, a lente de uma câmera simples (um sensor de visão) é incrivelmente rica em informações. Considere uma câmera-padrão, que tem uma lente de 512×512 *pixels*. Um *pixel* é o elemento básico da imagem na lente da câmera, em um computador ou na tela de tevê. Cada um desses 262.144 *pixels* pode, no caso mais simples, ser preto ou branco, mas a maioria das câmeras fornecerá uma gama muito mais ampla. Em câmeras preto e branco, os *pixels* proporcionam uma gama de níveis de cinza, e em câmeras em cores proporcionam um espectro de cores. Se isso parece um monte de informações, considere a *retina* humana, a parte do seu olho que "vê" e passa informações para o cérebro. A retina é uma membrana sensível à luz e composta de muitas camadas que reveste o interior do globo ocular e que está ligada ao cérebro pelo nervo óptico. Essa estrutura surpreendente consiste em mais de 100 milhões de elementos fotossensíveis; não é de admirar que os robôs estejam bem atrás dos sistemas biológicos.

Apesar de termos acabado de mencionar isso, vale a pena repetir:

> *Sensores não fornecem o estado. Eles fornecem as medidas brutas das quantidades, que normalmente têm de ser processadas para serem úteis a um robô.*

Quanto mais informações um sensor fornece, mais processamento é necessário. Consequentemente, não é necessário ter um cérebro para

BIT

PIXEL

RETINA

usar um interruptor, mas são necessários muitos cérebros (na verdade, uma grande porção do cérebro humano) para processar entradas de sensores visuais.

Sensores simples que fornecem informações simples podem ser empregados quase diretamente. Por exemplo, considere um robô móvel típico, que tem um interruptor em frente ao corpo. Quando o interruptor é pressionado, o robô para, porque "sabe" que bateu em alguma coisa; quando o interruptor não é pressionado, o robô continua se movendo livremente. Nem todos os dados sensoriais podem ser processados e utilizados de maneira tão simples, e é por isso que temos cérebro; caso contrário, não precisaríamos dele.

Em geral, existem duas maneiras pelas quais a informação sensorial pode ser tratada:

1. Podemos perguntar: "Dada essa leitura sensorial, o que devo fazer?"

2. Podemos perguntar: "Dada essa leitura sensorial, como era o mundo quando a leitura foi realizada?"

AÇÃO NO MUNDO

RECONSTITUIÇÃO DO MUNDO

Sensores simples podem ser usados para responder à primeira questão, que se refere à *ação no mundo*; no entanto, eles não fornecem informações suficientes para responder à segunda questão, que se refere à *reconstituição do mundo*. Se o interruptor do robô indicar que ele bateu em alguma coisa, isso é tudo que o robô sabe; ele não pode deduzir mais nada, tal como forma, cor, tamanho ou qualquer outra informação sobre o objeto com o qual entrou em contato.

No outro extremo, os sensores complexos, tal como a visão, fornecem muito mais informações (uma grande quantidade de *bits*), mas também exigem muito mais processamento para tornarem essas informações úteis. Eles podem ser usados para responder às duas perguntas anteriores. Ao fornecer mais informação, um sensor pode nos permitir tentar *reconstituir* o mundo que propiciou esta informação (leitura), pelo menos no que diz respeito à quantidade medida em particular. Em uma imagem da câmera, podemos buscar linhas, depois objetos e, finalmente, tentar identificar uma cadeira ou mesmo uma avó na imagem. Para ter uma ideia do que é preciso para fazer isso, consulte o Capítulo 9.

O problema de transformar a saída de um sensor em uma resposta inteligente é algumas vezes chamado *problema de sinal para símbolo*. O nome vem do fato de que os sensores produzem sinais (tais como níveis de tensão, corrente, resistência etc.), enquanto uma ação é geralmente baseada em uma decisão envolvendo símbolos. Por exemplo, a regra "Se a avó está lá e sorrindo, aproxime-se dela; caso contrário, vá embora" pode ser facilmente programada ou codificada com símbolos para "avó" e "sorrindo", mas é muito mais complicado escrever a regra utilizando dados brutos do sensor. Usando símbolos, podemos tornar a informação *abstrata* e não específica do sensor. Mas transformar uma saída sensorial (de qualquer sensor) em uma forma simbólica abstrata (ou codificação) de informações no intuito de tomar decisões inteligentes é um processo complexo. Embora possa parecer óbvio, esse é um dos desafios mais fundamentais e persistentes na área da robótica.

SINAL PARA SÍMBOLO

Como os sensores fornecem sinais e não descrições simbólicas do mundo, eles devem ser processados para extrair as informações de que o robô precisa. Isso geralmente é chamado *pré-processamento sensorial*, pois vem antes que qualquer coisa possa ser feita em termos de utilização dos dados de tomada de decisão ou ação. O (pré-)processamento sensorial pode ser feito de diferentes maneiras e se baseia em métodos de processamento de sinais (um ramo da engenharia elétrica) e de computação.

PRÉ--PROCESSAMENTO SENSORIAL

7.1 Níveis de processamento

Suponhamos que o robô tenha um sensor do tipo interruptor para detectar a colisão com obstáculos, como descrito anteriormente. Para descobrir se o interruptor está aberto ou fechado, é preciso medir a tensão no circuito. Isso é feito usando a *eletrônica*.

ELETRÔNICA

Agora, suponhamos que esse robô tenha um microfone como sensor para o reconhecimento de voz. Além do processamento eletrônico, ele necessitará separar o sinal de qualquer ruído de fundo e, em seguida, compará-lo com uma ou mais vozes armazenadas em um grande banco de dados, a fim de executar o reconhecimento. Isso é feito usando-se o *processamento de sinais*.

PROCESSAMENTO DE SINAIS

Em seguida, suponhamos que esse robô tenha uma câmera para encontrar a sua avó no quarto. Além do processamento eletrônico e de

COMPUTAÇÃO : sinais, ele precisará encontrar objetos na sala, para então compará-los com um grande banco de dados, no intuito de tentar reconhecer a avó. Isso é feito usando-se a *computação*.

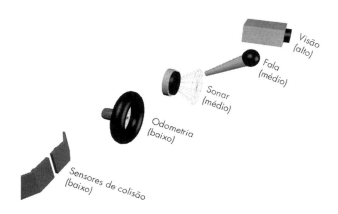

Figura 7.2 Níveis de processamento sensorial.

Como você pode ver, o processamento da informação sensorial é desafiador e pode ser computacionalmente intensivo e demorado. Dos processos anteriores, a computação é a mais lenta, porém mais genérica. Para qualquer problema específico, pode-se projetar um sistema para resolvê-lo em um nível mais baixo e, portanto, mais rápido. Por exemplo, embora a computação seja normalmente necessária para o processamento de imagens visuais, microprocessadores especializados, os chamados "*chips* de visão", são desenvolvidos e projetados para tarefas baseadas em visão específicas, tais como reconhecer rostos, frutas ou partes do motor. Eles são rápidos, mas muito especializados, e não podem ser usados para reconhecer qualquer outra coisa.

Dado que uma grande quantidade de processamento pode ser necessária para a percepção (Figura 7.2), já podemos ver por que um robô precisa de algum tipo de cérebro. Eis o que um robô precisa para processar informações sensoriais:

- capacidade de processamento digital ou analógico (ou seja, um computador);

- fios para interligar todo o conjunto;
- eletrônica de suporte para o computador;
- baterias para fornecer energia a todo o conjunto.

Isso significa que a percepção requer:

- sensores (potência e eletrônica);
- computação (mais potência e eletrônica);
- conectores (para ligar tudo).

Geralmente, não é uma boa ideia separar o que o robô sente, como ele sente isso, como ele processa isso e como ele usa isso. Se assim fizermos, vamos acabar com um robô grande, corpulento e ineficiente. Historicamente, a percepção tem sido estudada e tratada de forma isolada e, normalmente, como um problema de reconstituição, supondo que um robô sempre deve responder à segunda questão colocada anteriormente. Nenhuma dessas abordagens resultou em métodos eficazes que os robôs possam usar para sentir melhor o mundo e realizar suas tarefas.

Em vez disso, é melhor pensar em "o quê", "por quê" e "como" sentir na forma de um projeto único e completo, composto pelos seguintes componentes:

- a tarefa que o robô tem de executar;
- os sensores mais adequados para a tarefa;
- o desenho mecânico mais adequado para permitir que o robô obtenha a informação sensorial necessária para executar a tarefa (por exemplo, a forma do corpo do robô, o posicionamento dos sensores etc.).

Pesquisadores de robótica descobriram esses importantes requisitos da percepção efetiva e vêm explorando vários métodos, incluindo:

- *Percepção orientada para a ação* (também chamada sensoriamento ativo). Em vez de tentar reconstituir o mundo para decidir o que fazer, o robô pode usar o conhecimento a respeito da tarefa para buscar determinados estímulos do ambiente e responder adequadamente. Como exemplo, é muito difícil para os robôs reconhecerem as avós em geral, mas não é tão difícil buscar um padrão de cor particular do vestido favorito das avós, talvez combinado com um determinado tamanho e forma, e a velocidade de movimento.

Um psicólogo inteligente, chamado J. J. Gibson, escreveu (em 1979) sobre a ideia de que a percepção é naturalmente influenciada por aquilo que o animal ou ser humano precisa fazer (ou seja, a ação), bem como pela interação entre o animal/ser humano e seu ambiente. Ela não é um processo que recupera a "verdade" absoluta sobre o meio ambiente (ou seja, a reconstituição). Essa ideia tem sido muito comum na percepção orientada para a ação.

- *Percepção baseada na expectativa.* Esse método usa o conhecimento sobre o ambiente do robô para ajudar a orientar e restringir como os dados do sensor podem ser interpretados. Por exemplo, se apenas as pessoas podem mover-se no ambiente em questão, podemos usar o próprio movimento para detectar as pessoas. É assim que um alarme simples contra roubo funciona: ele não reconhece ladrões, ou mesmo pessoas, apenas detecta movimento.

- *Atenção orientada para tarefa.* É a percepção direta, na qual mais informações são necessárias ou provavelmente estarão disponíveis. Em vez de fazer o robô sentir passivamente enquanto se movimenta, move-se o robô (ou pelo menos seus sensores) para sentir na direção em que a informação é mais necessária ou disponível. Isso parece muito óbvio para as pessoas, que inconscientemente viram a cabeça para ver ou ouvir melhor, mas a maioria dos robôs ainda usa câmeras fixas e microfones, perdendo a oportunidade de perceber de modo seletivo e inteligente.

- *Classes de percepção.* É a divisão (partição) do mundo em categorias perceptivas que são úteis para concluir determinada tarefa. Dessa forma, em vez de ficar às voltas com uma quantidade imensa de informações e numerosas possibilidades, o robô pode considerar as categorias gerenciáveis que ele sabe manipular. Por exemplo, em vez de decidir o que fazer para cada distância possível de um obstáculo, o robô pode ter apenas três zonas: muito próximo; bom, mas fique alerta; e não se preocupe. Veja um exemplo de robô como esse no Capítulo 14.

A ideia de que a função do sensor (o que está sendo percebido) deve decidir sua forma (onde o sensor deve estar, como sua estrutura física deve ser, como ou se ele deve se mover etc.) é empregada engenhosamente em todos os sistemas biológicos. Sensores evoluídos naturalmente têm propriedades geométricas e mecânicas especiais bem adequadas para as tarefas de percepção de seres biológicos. Por exemplo, as moscas têm olhos facetados complexamente combinados, algumas aves têm sensores de luz polarizada, certos insetos têm sensores de linha do horizonte e os seres humanos têm ouvidos especialmente desenhados para descobrir de onde vem o som, entre outros. Todos esses, e todos os outros sensores biológicos, são exemplos de projetos mecânicos engenhosos, que maximizam as propriedades perceptivas do sensor, seu alcance e precisão. Essas são lições muito úteis para projetistas e programadores de robôs.

Como um projetista de robôs, você não terá a chance de fazer novos sensores, mas sempre terá a chance (e, de fato, a necessidade) de projetar maneiras interessantes de usar os sensores que tem à sua disposição.

Eis um exercício: como você detectaria pessoas em um ambiente?

Lembre-se das lições deste capítulo até agora: use a interação com o mundo e tenha em mente a tarefa.

A resposta óbvia é a utilização de uma câmera, mas essa é a solução menos direta para o problema, uma vez que envolve uma grande quantidade de processamento. Você aprenderá mais sobre isso no Capítulo 9. Outras formas de detecção de pessoas no ambiente incluem:

- temperatura: busca de faixas de temperatura que correspondem à temperatura do corpo humano;

- movimento: se todo o resto é estático, o movimento significa pessoas;

- cor: procure uma determinada gama de cores correspondente à pele das pessoas ou às suas roupas ou uniformes;

- distância: se uma faixa de distância normalmente aberta torna-se bloqueada, é provável que exista um ser humano em movimento por ali.

O que está acontecendo?

O que expusemos anteriormente são apenas algumas formas de detecção de pessoas por meio de sensores que são mais simples que a visão e exigem menos processamento. Eles não são perfeitos, mas, em comparação com a visão, são rápidos e menos complicados. Muitas vezes, esses sensores sozinhos, ou combinados, são suficientes para fazer o serviço, e, mesmo quando sensores de visão estão disponíveis, outras modalidades sensoriais podem melhorar a precisão desses sensores. Considere, mais uma vez, os sensores de alarme contra roubo: eles sentem o movimento pelas mudanças de temperatura. Embora possam confundir um cão de grande porte com um ser humano, os sensores tendem a ser perfeitamente adequados para a tarefa, já que em ambientes interiores assaltantes caninos são raros.

Agora, vamos fazer outro exercício: como você mediria a distância de um objeto?

Aqui estão algumas opções:

- sensores de ultrassom: fornecem medições de distância diretamente (em tempo de voo);

- sensores de infravermelho: podem fornecê-la por meio da intensidade do sinal retornado;

- duas câmeras (ou seja, câmera estéreo): podem ser usadas para calcular a distância e a profundidade;

- câmera: pode calcular a distância/profundidade usando perspectiva (e algumas suposições sobre a estrutura do ambiente);

- *laser* e câmera fixa: podem ser usados para triangular distância;

- sistema baseado na luz estruturada de um *laser*: pode sobrepor um padrão de grade sobre a imagem da câmera, e o sistema de processamento pode usar as distorções nesse padrão para calcular a distância.

Esses são apenas alguns dos meios disponíveis para a medição de distâncias e, como você viu, a distância é uma medida que pode ser usada para detectar outros objetos e pessoas.

A combinação de vários sensores para obter melhores informações sobre o mundo é chamada *fusão sensorial*.

FUSÃO SENSORIAL

Fusão sensorial não é um processo simples. Considere o fato inevitável de que todo sensor tem algum ruído e imprecisão. Portanto, combinar vários sensores ruidosos e imprecisos resulta em mais ruído, imprecisão e, consequentemente, mais incerteza sobre o mundo. Isso significa que algum processamento engenhoso tem de ser feito para minimizar o erro e melhorar a precisão. Além disso, sensores diferentes dão tipos diferentes de informação, conforme você viu no exemplo de detecção de pessoas. Novamente, o processamento engenhoso é necessário para reunir em um conjunto os diferentes tipos de informação de uma maneira inteligente e útil.

Como de costume, a natureza tem uma excelente solução para esse problema. O cérebro processa as informações de todas as modalidades sensoriais – visão, tato, olfato, audição – e uma infinidade de sensores. Olhos, ouvidos e nariz são os mais óbvios, mas considere também toda a sua pele, os pelos sobre ela, os receptores de tensão em seus músculos e os receptores de alongamento em seu estômago, além de outras numerosas fontes de percepção corporal (propriocepção) que você tem à disposição, conscientemente ou não. Uma grande parte da nossa impressionante capacidade cerebral está envolvida no processamento de informação sensorial. Portanto, não é surpreendente que esse seja um problema desafiador e importante também para a robótica.

Resumo

- Sensores são as janelas do robô para o mundo (por meio da exterocepção), bem como para seu próprio corpo (por meio da propriocepção).
- Os sensores não fornecem o estado, mas medem as propriedades físicas.

O que está acontecendo?

- Os níveis de processamento do sensor podem incluir eletrônica, processamento de sinais e computação. Sensores simples exigem menos processamento e, consequentemente, menos *hardware* e/ou *software* associados.
- O "o quê", "porquê" e "como" do sensoriamento do robô, a forma e a função, devem ser considerados como um único problema.
- A natureza nos dá vários exemplos de formas e funções engenhosas de sensores.
- Percepção orientada para a ação, percepção baseada em expectativa, foco de atenção, classes de percepção e fusão de sensores podem ser usados para melhorar a disponibilidade e a precisão dos dados sensoriais.
- A incerteza é parte fundamental e inevitável da robótica.

Para refletir

- A incerteza não é um grande problema em simulações de computador, razão pela qual os robôs simulados não são muito próximos dos robôs físicos. Você consegue imaginar o porquê?
- Alguns engenheiros de robótica têm argumentado que os sensores são o principal fator limitante da inteligência do robô: se tivéssemos sensores em maior quantidade, menores e melhores, poderíamos ter todos os tipos de robôs surpreendentes. Você acredita que isso é tudo o que está faltando? (Dica: se fosse assim, este livro não seria muito mais fino?)
- Ser capaz de sentir a si mesmo, ser autoconsciente, é a base da consciência. Os cientistas atuais ainda discutem sobre de que os animais têm consciência e como isso se relaciona à sua inteligência, porque a consciência é parte necessária de uma inteligência superior, do tipo que as pessoas têm. O que você acha que será necessário para tornar os robôs autoconscientes e altamente inteligentes? E, se algum dia eles forem ambas as coisas, como a inteligência deles será? Semelhante à nossa ou completamente diferente?

Para saber mais

- Os exercícios de *Introdução à robótica* para este capítulo estão disponíveis em: <http://roboticsprimer.sourceforge.net/workbook/Sensors>.
- James Jerome Gibson (1904-1979) é considerado um dos pesquisadores que mais contribuíram para o campo da percepção visual. As ideias que discutimos neste capítulo vêm de seu clássico livro *The Perception of the Visual World*, escrito em 1950, no qual apresentou a ideia de que os animais "extraem informações por amostra" de seu ambiente. No mesmo livro, introduziu a noção de *affordance*, que é muito importante na visão de máquina (e, também, por acaso, no projeto ergonômico). Para saber mais, procure o livro de Gibson e livros sobre visão de máquinas. Para sugestões de títulos, consulte o Capítulo 9.
- Você pode aprender sobre a fusão de sensores com o trabalho da Profª. Robyn Murphy. Na verdade, depois de ler este livro, você deve considerar a possibilidade de ler o livro dela, *Introduction to AI Robotics*, que abrange a fusão de sensores e muitos outros tópicos em um nível mais avançado.

8 Acenda a luz!
Sensores simples

Como vimos no Capítulo 7, podemos considerar um sensor simples se ele não requer uma grande carga de processamento para produzir informações úteis ao robô. Neste capítulo, vamos dar uma olhada com mais atenção em vários desses sensores simples, incluindo interruptores, sensores de luz, sensores de posição e potenciômetros.

Mas, primeiramente, vamos levar em conta outra maneira de classificar todos os sensores, tanto os simples quanto os complexos. Os sensores podem ser divididos em duas categorias básicas: ativos e passivos.

8.1 Sensores passivos *versus* sensores ativos

SENSORES PASSIVOS
DETECTORES
SENSORES ATIVOS

EMISSOR

Os *sensores passivos* medem uma propriedade física do ambiente. Eles consistem em um *detector*, que percebe (detecta) a propriedade a ser medida. Diferentemente, os *sensores ativos* fornecem seu próprio sinal/estímulo (e, portanto, normalmente necessitam de mais energia) e usam a interação desse sinal com o ambiente como a propriedade a ser medida. Sensores ativos consistem em um *emissor* e um *detector*. O *emissor* produz (emite) o sinal e um detector o percebe (detecta).

Sensores passivos podem ser simples ou complexos. Neste capítulo vamos aprender sobre alguns sensores passivos simples, incluindo interruptores e sensores de luz resistivos, e no Capítulo 9 vamos aprender sobre as câmeras, que são atualmente os mais complexos sensores passivos. Da mesma forma que os sensores passivos, os sensores ativos não são necessariamente complexos. Neste capítulo vamos aprender sobre sensores reflexivos e sensores de interrupção/quebra de feixe, que são simples e ativos, e no próximo capítulo vamos aprender sobre sensores de ultrassom (sonar) e *laser*, os quais são complexos e ativos.

Lembre-se o que determina se um sensor é complexo ou não é a quantidade de *processamento* que seus dados requerem, enquanto o que determina se um sensor é ativo ou não é o seu *modo de operação*.

Vamos começar dando uma olhada nos sensores passivos mais simples: interruptores (chaves).

8.2 Interruptores (chaves)

Interruptores (Figura 8.1) são, talvez, os mais simples sensores de todos. Eles fornecem informação no nível eletrônico (circuito), uma vez que se baseiam no princípio de um circuito que pode estar aberto ou fechado. Se um interruptor estiver *aberto*, a corrente não poderá fluir através do circuito; se estiver *fechado*, a corrente passará. Ao medir a quantidade de corrente que flui pelo circuito, podemos dizer se o interruptor está aberto ou fechado. Assim, os interruptores medem a alteração na corrente resultante de um circuito fechado, que por sua vez resulta do contato físico de um objeto com o interruptor.

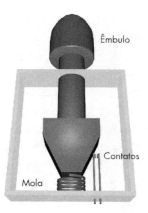

Figura 8.1 Interruptor básico, utilizado para interagir com luzes e robôs, entre outros usos.

Dependendo de como você liga um interruptor em um circuito, ele pode ser normalmente aberto ou normalmente fechado. De qualquer maneira, a medida da corrente é tudo o que você precisa para utilizar o interruptor como um sensor. Esse princípio simples é aplicado a uma grande variedade de maneiras de criar interruptores, e interruptores são, por sua vez, utilizados em uma variedade de meios engenhosos de sensoriamento, tais como:

SENSORES DE CONTATO

- *Sensores de contato.* Detectam quando o sensor entrou em contato com outro objeto (por exemplo, são acionados quando um robô atinge um muro ou pega um objeto).

SENSORES DE FIM DE CURSO

- *Sensores de fim de curso (ou de limite).* Detectam quando um mecanismo se moveu para o fim de seu curso (por exemplo, eles são acionados quando uma pinça está totalmente aberta).

SENSORES CODIFICADORES DE EIXO

- *Sensores codificadores de eixo (ou tacômetro).* Detectam quantas vezes o eixo do motor gira, pois recebem um clique do interruptor (aberto/fechado) cada vez que o eixo gira.

Você utiliza muitos tipos de interruptor em sua vida cotidiana: interruptores de luz, botões de *mouse*, teclados (de computadores e de pianos eletrônicos) e botões de telefone, entre outros.

O sensor mais simples, mas extremamente útil para um robô, é um *interruptor de colisão*, também chamado *interruptor de contato*, que diz ao robô quando ele esbarrou em alguma coisa. Sabendo disso, o robô ou pode recuar e contornar o obstáculo, ou manter-se próximo dele, ou continuar esbarrando nele, qualquer uma das três coisas, contanto que esteja de acordo com seus objetivos. Você vai descobrir que, mesmo para um sensor tão simples quanto um interruptor de colisão, existem muitas maneiras diferentes de aplicação.

Como já aprendemos com os numerosos exemplos da biologia, construir uma estrutura engenhosa para o corpo em torno de um sensor pode tornar esse sensor muito mais sensível e preciso. Portanto, os interruptores podem ser colocados em uma grande variedade de lugares e de componentes de um robô. Por exemplo, um interruptor pode ser colocado em uma superfície grande e rígida (de plástico, por exemplo), de modo que, quando qualquer parte da superfície entrar em contato com um objeto, o interruptor é fechado. Essa é uma boa maneira de descobrir se alguma parte frontal ou lateral do robô, por exemplo, atingiu um obstáculo. Outra maneira engenhosa de utilizar um interruptor é na forma de "bigode", como encontrado em muitos animais.

Você consegue imaginar como construir um bigode (simples) a partir dos princípios de um interruptor?

Eis uma maneira: coloque um fio comprido em um interruptor. Sempre que o fio se curvar o suficiente, o interruptor vai fechar e, assim, indicar o contato. Mas isso não é muito sensível, pois o bigode tem de se curvar um bocado para fechar o interruptor. O que você pode fazer para corrigir isso? Bem, você pode usar um material rígido em vez de um cabo flexível para o bigode; isso irá torná-lo mais sensível e, na verdade, mais parecido com o sensor de colisão sobre o qual falamos anteriormente, para o chassi do corpo do robô. Mas o bigode também pode quebrar caso o robô não pare. O que mais você pode fazer?

Outra maneira, mais eficaz, de construir um sensor do tipo bigode é a seguinte: use um fio metálico (condutor) colocado em um tubo metálico (condutor). Quando o bigode se curvar, ele irá tocar o tubo e, assim, fechar o circuito. Ao ajustar o comprimento e a largura do tubo, a sensibilidade do bigode pode ser adequada à tarefa e ao ambiente particular do robô.

Os exemplos mencionados são superficiais se comparados com as formas engenhosas de conceber e posicionar interruptores a fim de fazer um robô ciente de seu contato com objetos em seu ambiente.

Sensores de toque/contato são abundantes na biologia, em formas muito mais sofisticadas do que os interruptores simples que discutimos até agora. Bigodes e antenas são inspiração biológica para os sensores dos quais falamos. Você pode considerar qualquer parte de sua pele como um sensor de contato, para pressão ou calor, e todos os pelos de seu corpo como bigodes. Tal abundância de estímulos sensoriais ainda não é totalmente legível para as máquinas; não é nenhum mistério que estamos longe de ter robôs verdadeiramente "sensíveis".

Acenda a luz! **115**

8.3 Sensores de luz

Além de ser capaz de detectar o contato com objetos, um robô deve ser capaz de detectar áreas escuras e iluminadas do ambiente. Por quê? Porque uma fonte de luz pode ser usada para demarcar uma área especial, tal como a estação de recarga de bateria ou o final de um labirinto. Com um sensor de luz, um robô também pode encontrar lugares escuros para se esconder.

Que outros usos você pode imaginar para os sensores de luz?

FOTOCÉLULA

Sensores de luz medem a quantidade de luz que incide em uma fotocélula. *Fotocélulas*, como o próprio nome indica (*foto* significa "luz", em grego), são sensíveis à luz. Tal sensibilidade se reflete na resistência do circuito a que elas estão conectadas. A resistência de uma fotocélula é baixa quando ela é iluminada, indicando uma luz brilhante, e é alta quando está escuro. Nesse sentido, um sensor de luz é, na verdade, um sensor de "escuro". Isso pode ser simplificado e mais intuitivo: ao simplesmente inverter a saída do circuito, você pode fazer o nível baixo significar escuro e o alto significar claro.

Na Figura 8.2 há uma célula fotoelétrica. A linha ondulada é a parte fotorresistiva, que sente/responde à luz do ambiente. Lâmpadas noturnas domésticas utilizam as mesmas células fotoelétricas de alguns robôs, a fim de detectar e responder a níveis predefinidos de luz. Em lâmpadas noturnas, pouca luz faz a lâmpada acender, enquanto no robô pode resultar na mudança de velocidade ou direção, ou outra ação apropriada. Lembra-se dos veículos de Braitenberg no Capítulo 2? Eles usaram esse princípio simples para produzir todos os tipos interessantes de comportamento robótico, como seguir, perseguir, esquivar-se e oscilar, o que resultou em interpretações complexas por parte de observadores, que incluíam repulsa, agressão, medo e até mesmo o amor.

Sensores de luz são simples, mas podem detectar uma vasta gama de comprimentos de onda, muito mais ampla do que o olho humano pode ver. Por exemplo, eles podem ser utilizados para detectar luz ultravioleta e infravermelha e podem ser ajustados para serem sensíveis a um comprimento de onda particular. Isso é muito útil na concepção de sensores especializados, como veremos ainda neste capítulo.

Assim como vimos no caso dos interruptores, os sensores de luz podem ser engenhosamente posicionados, orientados e protegidos, para melhorar sua precisão e alcance. Podem ser usados como sensores passivos ou ativos em uma variedade de formas, além de medir as seguintes propriedades:

- intensidade da luz: claro/escuro;
- intensidade diferencial: diferença entre fotocélulas;
- interrupção de continuidade: "interrupção de feixe", a mudança/diminuição na intensidade.

Veremos exemplos de todos esses usos neste capítulo. Outra propriedade da luz que pode ser usada na detecção é a polarização.

Figura 8.2 Exemplo de fotocélula.

8.3.1 Luz polarizada

FILTRO DE POLARIZAÇÃO

A luz "normal" proveniente de uma fonte luminosa consiste em ondas de luz que viajam em todas as direções em relação ao horizonte. Porém, se colocarmos um *filtro de polarização* em frente da fonte luminosa, apenas as ondas de luz que têm a mesma direção do filtro passarão

Acenda a luz!

LUZ POLARIZADA

através dele e viajarão pelo espaço. Essa direção é chamada "plano característico" do filtro; "característico" porque é específico desse filtro e "plano" porque é planar (bidimensional). A *luz polarizada* é a luz cujas ondas viajam apenas em uma direção particular, ao longo de um plano particular.

Por que isso é útil? Porque, do mesmo modo que podemos usar filtros para polarizar a luz, podemos usar filtros para detectar a luz com uma polarização específica. Portanto, podemos projetar *sensores de luz polarizada*.

Na verdade, não temos de nos limitar a apenas um filtro e, portanto, a somente um plano característico da luz. Podemos combinar filtros polarizadores. Como isso funciona? Considere uma fonte luminosa (como uma lâmpada) coberta com um filtro de polarização. A luz polarizada resultante está apenas no plano característico do filtro. O que acontece se colocarmos outro filtro idêntico no caminho dessa luz polarizada resultante? Toda a luz consegue passar. Mas e se em vez disso usarmos um filtro com ângulo de 90° de polarização? Nesse caso, nenhuma luz consegue atravessar, porque nada se encontra no plano característico do segundo filtro.

Ao brincar com fotocélulas e filtros, assim como seus arranjos, você pode usar a luz polarizada para fazer sensores especializados, que manipulam engenhosamente "qual" luz é detectada e "como" isso ocorre. Esses são sensores ativos, uma vez que consistem não apenas em uma fotocélula (para detectar o nível de luz), mas também em uma (ou mais) fonte(s) luminosa(s) (para emitir a luz) e um (ou mais) filtro(s) para polarizar a luz. A ideia geral é que a filtragem acontece entre o emissor e o receptor; o lugar exato – seja próximo ao emissor, ao receptor, ou a ambos – depende do robô, de seu ambiente e de sua tarefa.

O sensoriamento de luz polarizada também existe na natureza. Muitos insetos e pássaros usam luz polarizada para navegar de forma mais eficaz.

8.3.2 Fotossensores reflexivos

Os fotossensores reflexivos, como você pode adivinhar pelo nome, operam com o princípio de reflexão da luz. Eles são sensores ativos,

DIODO EMISSOR DE LUZ (LED)

pois consistem em um emissor e um detector. O emissor é geralmente feito com um *diodo emissor de luz* (*LED – light-emitting diode*), e o detector é geralmente um fotodiodo/fototransistor. Você pode ver em detalhes no que consistem esses componentes eletrônicos seguindo as dicas da seção "Para saber mais", no final deste capítulo.

Os fotossensores reflexivos não usam a mesma tecnologia que as fotocélulas resistivas. Fotocélulas resistivas são simples e legais, mas suas propriedades resistivas as tornam lentas, porque a mudança na resistência leva tempo. Fotodiodos e fototransistores, por outro lado, são muito mais rápidos e, portanto, os preferidos para utilização em robótica.

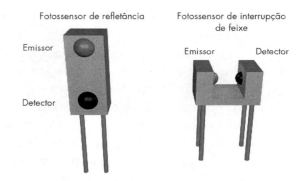

Figura 8.3 Os dois tipos de fotossensores: de refletância (à esquerda) e de interrupção de feixe (à direita).

Existem duas formas básicas de dispor os fotossensores reflexivos, com base nas posições relativas do emissor e do detector:

SENSOR DE REFLETÂNCIA

1. *Sensores de refletância.* O emissor e o detector estão lado a lado, separados por uma barreira; a presença de um objeto é detectada quando a luz incide sobre ele e é refletida de volta para o detector.

SENSOR DE INTERRUPÇÃO DE FEIXE

2. *Sensores de interrupção de feixe.* O emissor e o detector ficam face a face. A presença de um objeto é detectada se o feixe de luz entre o emissor e o detector é interrompido ou quebrado, daí seu nome.

8.3.3 Sensores de referência

O que você pode fazer com essa ideia simples de medir a refletância da luz?

Esta é uma pequena lista das muitas coisas úteis que você pode fazer:

- Detectar a presença de um objeto: existe uma parede na frente do robô?
- Detectar a distância de um objeto: quão longe está o objeto na frente do robô?
- Detectar alguma característica da superfície: encontre uma linha no chão (ou parede) e siga-a.
- Decodificar um código de barras: reconhecer um objeto/sala/local/*beacon*[1] codificado.
- Rastrear a rotação de uma roda: usar a codificação do eixo; vamos aprender como mais adiante neste capítulo.

Embora a ideia geral de usar a luz refletida seja simples, as propriedades exatas do processo não o são. Por exemplo, a refletividade da luz é afetada pela cor, textura (suavidade ou rugosidade) e outras propriedades da superfície na qual incide. Uma superfície de cor clara reflete a luz melhor que uma de cor escura; uma superfície preta e fosca (não brilhante) reflete pouca ou nenhuma luz, e por isso é invisível para um sensor reflexivo. Assim, pode ser mais difícil e menos confiável detectar objetos escuros que os claros usando refletância. No caso de determinar a distância de um objeto, o mesmo princípio faz os objetos claros e distantes parecerem mais próximos do que os objetos escuros e próximos.

Isso lhe dá uma ideia de por que sentir o mundo físico é um desafio. Nenhum sensor é perfeito, todos estão propensos a erros e ruídos (interferência do ambiente). *Portanto, embora tenhamos sensores úteis, não podemos ter a informação completa e totalmente precisa.* Tais

---

1 *Beacons* são dispositivos que se destacam no ambiente e que são projetados para atrair a atenção para um local específico, como boias de sinalização ou faróis.

limitações, intrínsecas e inevitáveis, dos sensores são decorrentes das propriedades físicas do mecanismo do sensor e têm um impacto sobre sua precisão resultante. Portanto, essas limitações fundamentais são parte da *incerteza na robótica*.

Vamos falar agora sobre o ruído dos sensores de luz refletiva. Um sensor de luz tem de operar na presença da luz existente ao seu redor, que é chamada *luz ambiente*. Para que seja sensível apenas à luz refletida de seu próprio emissor, o sensor de refletância deve ignorar a luz ambiente. Isso é difícil se o comprimento de onda da luz ambiente é o mesmo que o do emissor. O mecanismo do sensor deve, de alguma forma, subtrair ou anular a luz ambiente da leitura do detector, de modo que possa medir com precisão apenas a luz proveniente do emissor, que é o que ele precisa fazer.

Como isso é feito? Como é que o detector sabe a quantidade de luz ambiente?

Ele precisa senti-la. Para ser capaz de medir somente o que é refletido pela luz do emissor, primeiro o nível de luz ambiente é medido pelo detector do sensor (uma ou mais vezes) com o seu emissor *desligado*. Em seguida é feita uma nova medição com o emissor ligado. Quando uma medida é subtraída da outra (e os sinais são ajustados corretamente para que não tenhamos luz negativa no final), a diferença representa a informação sensorial desejada. Esse é um exemplo de calibração do sensor.

A *calibração* é o processo de ajuste de um mecanismo com o intuito de obter seu melhor desempenho (precisão, alcance etc.). Sensores requerem calibração, alguns apenas inicialmente e outros continuamente, a fim de operarem de forma eficaz. A calibração pode ser realizada pelo projetista, pelo usuário ou pelo mecanismo do próprio sensor.

Voltando ao sensor fotorreflexivo, acabamos de ver como calibrá-lo para eliminar o ruído do ambiente. Contudo, ao fazermos essa calibração em somente uma ocasião, quando o sensor é usado pela primeira vez, podemos descobrir que o sensor se torna impreciso ao longo do tempo. Por que isso acontece? Porque os níveis de luz ambiente mudam no decorrer do dia, lâmpadas são ligadas e desligadas, objetos brilhantes ou escuros podem estar presentes na área, e assim por diante. Portanto, se o ambiente pode se alterar, o sensor tem de

Acenda a luz! 121

ser calibrado repetidamente para permanecer preciso e útil. Não há tempo para sentar e relaxar quando se trata de detecção.

Como mencionamos antes, a luz ambiente é um problema se ela tiver o mesmo comprimento de onda que a luz do emissor. Ela vai interferir na luz do emissor, e será difícil anular essa interferência. A forma mais simples de evitar a interferência é codificar o sinal do emissor de maneira que o detector possa facilmente separá-lo da luz ambiente. Uma forma de fazer isso é utilizar filtros de polarização, como vimos anteriormente. Outra maneira envolve ajustar o comprimento de onda da luz emitida. A seguir, você descobrirá como fazer isso.

8.3.4 Luz infravermelha

Luz visível

A *luz visível* é aquela encontrada na faixa de frequência do espectro eletromagnético que os olhos humanos podem perceber.[2] O infravermelho ou luz infravermelha (IV) tem um comprimento de onda diferente da luz visível e não está no espectro visível. Sensores de infravermelho operam na faixa infravermelha do espectro de frequências. Eles são usados da mesma forma que os sensores de luz visível: como sensores de interrupção de feixe ou como sensores reflexivos.

Ambos os usos são formas de sensores ativos. Sensores de IV não são usados normalmente como sensores passivos na área da robótica. Por quê? Porque robôs geralmente não necessitam detectar o IV do ambiente. Mas outros tipos de sensores, tais como óculos de IV, mais conhecidos como óculos de "visão noturna", detectam o IV do ambiente passivamente. Eles coletam a luz no espectro IV e a representam no espectro visível. Quando sintonizados para a frequência de calor do corpo humano, são usados para detectar o movimento humano no escuro.

A luz IV é muito útil na robótica porque pode ser facilmente modulada, e, desse modo, tornada menos propensa à interferência. A luz IV modulada também pode ser usada na comunicação (na transmissão de mensagens, por exemplo, que é como os *modems* de IV trabalham). Então, vamos aprender sobre modulação.

---

2   Se você se lembrar do espectro eletromagnético da física, a compreensão deste capítulo ficará mais fácil, mas isso não é essencial.

8.3.5 Modulação e demodulação da luz

LUZ MODULADA
DEMODULADOR

A luz é *modulada* ao ligar e desligar o emissor rapidamente, fazendo-o pulsar. O sinal em pulsos resultante é então detectado por um *demodulador*, um mecanismo que é sintonizado na frequência particular da modulação, para que o sinal possa ser decodificado. O detector deve perceber vários *flashes* em sequência para que o demodulador determine sua frequência e o decodifique.

A *luz estroboscópica* é um tipo de luz visível modulada. Dado que é difícil olhar para uma luz estroboscópica, você pode ver (por assim dizer) por que a luz visível não é normalmente usada na forma modulada: é muito difícil para os olhos. No entanto, a luz IV modulada é comumente utilizada, pois não está no espectro visível. A maioria das casas possui controles remotos que funcionam à base de luz IV modulada, incluindo o controle remoto da tevê.

8.3.6 Sensores de interrupção de feixe

Você provavelmente tem uma noção intuitiva de como um sensor de interrupção/quebra de feixe funciona. Em geral, qualquer par de dispositivos emissor-detector pode ser utilizado para produzir sensores de interrupção de feixe, incluindo:

- uma lâmpada incandescente de lanterna e uma fotocélula;
- LEDs vermelhos e fototransistores sensíveis à luz visível;
- emissores e detectores de IV.

Onde você já viu sensores de interrupção de feixe? Imagens de filmes podem vir à sua mente, com feixes de *laser* entrecruzados e assaltantes inteligentes achando um caminho por entre eles. Mais realisticamente, um dos usos mais comuns de sensoriamento por interrupção de feixe não aparece à nossa vista, porque seu dispositivo está confinado dentro dos mecanismos do motor e é utilizado para manter o controle de rotação do eixo. Vamos ver como ele funciona.

Acenda a luz!

8.3.7 Codificador de eixo

CODIFICADOR DE EIXO

Codificadores de eixo medem a rotação angular de um eixo. Eles fornecem informação de posição e/ou velocidade do eixo ao qual estão ligados. Por exemplo, o velocímetro mede o quão rápido as rodas do carro estão girando, e o odômetro mede o número de rotações das rodas. Tanto o velocímetro quanto o odômetro usam a codificação de eixo como mecanismo indireto de sensoriamento.

Para detectar uma volta, ou uma parte de uma volta, precisamos marcar, de alguma forma, a coisa que está girando. Isso geralmente é feito anexando um disco redondo e chanfrado ao eixo. Se o codificador de eixo utiliza um interruptor, este é acionado cada vez que o eixo finaliza uma rotação completa. Normalmente, um sensor de luz é utilizado: um emissor de luz é colocado de um lado do disco e um detector, do outro lado, em uma configuração de interrupção de feixe. À medida que o disco gira, a luz proveniente do emissor atinge o detector apenas quando a parte chanfrada do disco passa em frente ao detector.

Se existir apenas um chanfro no disco, então, cada vez que esse chanfro passar entre o emissor e o detector significa que o disco completou uma rotação. Isso é útil, mas permite apenas uma medição com um baixo nível de precisão. Se qualquer ruído ou erro estiver presente, uma ou mais voltas podem ser perdidas (deixar de ser contadas) e o codificador, consequentemente, será muito impreciso.

Para tornar o codificador mais preciso, muitos chanfros são recortados no disco. O princípio da interrupção de feixe é ainda o mesmo: sempre que a luz atravessar o disco, ela será percebida pelo detector e contada. Na Figura 8.4 há um exemplo de mecanismo. Você pode concluir que é importante ter um sensor rápido se o eixo girar muito rapidamente. É por isso que um sensor resistivo não seria apropriado; ele é relativamente lento, ao contrário do fotossensor, que funciona bem para esse propósito, como discutimos anteriormente neste capítulo. (Se você se esqueceu, basta lembrar que fotossensores usam a luz, que viaja mais rápido do que qualquer outra coisa.)

Em vez de chanfrar o disco, uma alternativa é pintá-lo com setores de cores alternadas e contrastantes. A melhor escolha de cores é preto (absorvente, não reflexiva) e branco (altamente refletora), pois elas fornecem o maior contraste e as melhores propriedades reflexivas. Mas, nesse caso, uma vez que não existem chanfros no disco, como é que o sensor de interrupção de feixe funciona? Não funciona. Esse não é um sensor de interrupção de feixe, mas sim um sensor de reflexão. Em vez de colocar o sensor na configuração de interrupção de feixe, nesse caso o emissor e o detector são colocados no mesmo lado do disco, lado a lado, em uma configuração de reflexão. A Figura 8.5 mostra essa configuração.

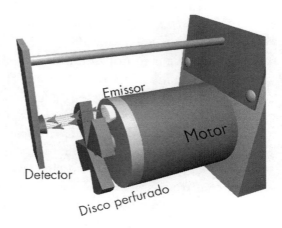

Figura 8.4 Mecanismo do codificador de interrupção de feixe.

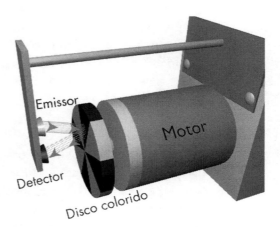

Figura 8.5 Mecanismo do codificador de eixo por refletância.

Independentemente do sensor de codificação de eixo ser por interrupção de feixe ou reflexivo, a saída do detector será uma função de onda (a sequência do sinal sendo ligado e desligado, para cima e para baixo) da intensidade de luz do emissor que for captada. Essa saída é então processada, utilizando o processamento de sinal, por um *hardware* ou um processador simples, para calcular a posição e a velocidade do disco por meio da contagem dos picos da onda.

Podemos usar codificadores em pelo menos dois jeitos de medir a velocidade de um robô:

- codificar e medir a velocidade de uma roda acionada;
- codificar e medir a velocidade de uma roda passiva (rodízio) que é arrastada pelo robô.

Por que iríamos querer usar a segunda opção? Porque há robôs que têm pernas em vez de rodas. Por exemplo, os projetistas do Genghis – o robô de seis patas mencionado no Capítulo 5 – o fizeram arrastar uma pequena roda em alguns dos experimentos, para medir a distância por ele percorrida, especialmente quando estava aprendendo a andar (para saber mais, veja o Capítulo 21).

Podemos combinar a informação de posição e velocidade que o codificador fornece para permitir que o robô faça coisas mais sofisticadas, como mover-se em linha reta ou girar em ângulo exato. No entanto, fazer esses movimentos de modo preciso é muito difícil, porque as rodas tendem a escorregar e deslizar e, geralmente, há alguma folga no mecanismo de engrenagens (lembre-se do Capítulo 4). Os codificadores de eixo podem fornecer uma retroalimentação (*feedback*) para corrigir alguns dos erros, mas ter alguns erros residuais é inevitável. Não há sensor perfeito, já que a incerteza é um fato da vida.

Até agora, falamos sobre a detecção de posição e velocidade, mas não falamos sobre o sentido de rotação. Suponhamos que a roda do robô de repente mude o sentido de rotação; seria útil o robô estar ciente disso. Se a mudança for intencional, o codificador poderá dizer ao robô quão preciso foi o giro dessa roda. E, se a mudança não for intencional, o codificador poderá ser o primeiro ou o único meio que o robô possui para saber que ela girou.

O mecanismo para detectar e medir o sentido de rotação é chamado *codificação de quadratura do eixo*. Você pode ter usado esse mecanismo se teve um *mouse* antigo de computador, do tipo que tem uma bola dentro (não do tipo mais recente, que é óptico). Nesse *mouse*, o sentido de rotação da bola, e, portanto, a direção do movimento do *mouse* em si, é determinado por meio da codificação de quadratura do eixo.

CODIFICAÇÃO DE QUADRATURA DO EIXO

A codificação de quadratura do eixo é um desdobramento da ideia básica de interrupção de feixe: em vez de usar apenas um sensor, usam-se dois. Os dois codificadores são alinhados de tal forma que as suas duas entradas provenientes dos detectores estão defasadas em 90 graus (um quarto de um círculo completo, daí o nome "quadratura"). Ao comparar as saídas dos dois codificadores em cada intervalo de tempo com as saídas do intervalo anterior, podemos dizer se existe uma mudança de sentido. Por estarem defasados, apenas um deles pode modificar seu estado (ou seja, ir de ligado para desligado, ou vice-versa) de cada vez. A saída que se modificar determinará a direção em que o eixo está girando. Sempre que um eixo se move em uma direção, um contador é incrementado em seu codificador e, quando ele gira no sentido oposto, o contador é decrementado, mantendo, assim, o rastreamento da posição global do mecanismo.

ROBÔS CARTESIANOS

Na robótica, a codificação de quadratura do eixo é usada em braços robóticos com articulações complexas, tais como as juntas de esfera e soquete que discutimos no Capítulo 4. Ela também é usada em *robôs cartesianos*, que seguem um princípio semelhante ao das impressoras *plotter* cartesianas e são normalmente empregados em tarefas de montagem de alta precisão. Nesses robôs, um braço se move para frente e para trás ao longo de um eixo ou engrenagem.

Vimos que os interruptores e sensores de luz podem ser utilizados de várias maneiras diferentes e, em alguns casos, da mesma maneira (como na codificação do eixo). Vamos falar sobre mais um tipo de sensor simples.

8.4 Sensores de posição resistivos

Acabamos de aprender que as fotocélulas são dispositivos cuja resistência é modificada em resposta à luz. A resistência de um material, na verdade, pode mudar em resposta a outras propriedades físicas além da luz. Uma dessas propriedades é a flexão: a resistência de alguns dispositivos aumenta à medida que são dobrados. Esses "sensores de flexão" passivos foram originalmente desenvolvidos para controles de *videogame*, mas desde então foram adotados para outros usos também.

Como você pode ter notado, a flexão repetida causa fadiga e, eventualmente, desgasta o sensor. Não surpreendentemente, os sensores de flexão são muito menos robustos que os sensores de luz, embora ambos usem o mesmo princípio básico de resposta, alterando sua resistência.

A propósito, seus músculos estão cheios de sensores de flexão biológicos. Esses são sensores proprioceptivos que ajudam o corpo a ter consciência de sua posição e do trabalho que está realizando.

8.4.1 Potenciômetros

Potenciômetros (também chamados *pots*, em inglês) são comumente usados para o ajuste manual dos dispositivos analógicos: eles estão por trás de todo botão ou controle de nível que você usa em um aparelho de som, controle de volume ou controle de luminosidade (*dimmer*). Atualmente, é cada vez mais difícil encontrar tais botões, já que a maioria dos dispositivos são *digitais*, ou seja, usam valores discretos (do latim *discretus*, "separado", "distinto"). A palavra "digital" vem do latim *digitus*, que significa "dedo", e hoje a maioria dos dispositivos eletrônicos é ajustada digitalmente, apertando botões (com os dedos); portanto, usam chaves/interruptores em vez de potenciômetros. Mas, há pouco tempo, a sintonia de estações de rádio e o ajuste de volume, entre outras coisas, eram feitos com potenciômetros.

DIGITAL

Os potenciômetros são sensores resistivos. Girar ou deslizar um botão efetivamente altera a resistência do sensor. O projeto básico de potenciômetros envolve uma guia que desliza ao longo de uma fenda com extremidades fixas. À medida que a guia é movida, a resistência entre ela e cada uma das extremidades da fenda é alterada, mas a resistência entre as duas extremidades permanece fixa.

Na robótica, os potenciômetros são usados para ajustar a sensibilidade de mecanismos deslizantes ou giratórios, bem como para ajustar as propriedades de outros sensores. Por exemplo, o sensor de distância de um robô pode ter um potenciômetro ligado a ele que permite a você ajustar manualmente a distância e/ou a sensibilidade desse sensor.

Você pode pensar que esses sensores simples não são assim, tão simples, afinal. E você está certo; de um momento para o outro, os mecanismos dos sensores podem tornar-se muito complexos, mas não são tão complexos quando comparados aos sensores biológicos. Ainda assim, tenha em mente que, apesar de não serem mecanismos físicos comuns, os dados sensoriais resultantes são extremamente simples e requerem pouco processamento. No próximo capítulo vamos passar a examinar alguns sensores complexos, que geram muito mais dados e nos dão mais trabalho de processamento.

Resumo

- Sensores podem ser classificados como ativos ou passivos, simples ou complexos.
- Interruptores podem ser os mais simples dos sensores, mas possuem grande variedade e uma infinidade de usos, incluindo a detecção de colisão, de limites e do giro de um eixo.
- Sensores de luz são encontrados em uma variedade de formas, frequências e usos, incluindo simples fotocélulas, sensores de reflexão e sensores de luz polarizada e de infravermelho (IV).
- A modulação da luz torna mais fácil lidar com a luz ambiente e projetar sensores especializados.
- Existem várias maneiras de criar um sensor de interrupção de feixe, mas eles são usados mais comumente dentro dos codificadores de eixo do motor.
- Sensores de posição resistivos podem detectar flexão e são utilizados em uma infinidade de dispositivos analógicos de ajuste.

Para refletir

- Por que você prefere um sensor passivo a um sensor ativo?
- Potenciômetros são sensores ativos ou passivos?
- Nossos músculos do estômago possuem receptores de extensão, que permitem que nosso cérebro saiba quão estendido nosso estômago está,

e, assim, nos impedem de comer sem parar. Quais sensores do robô você acha mais semelhantes a esses receptores de extensão? Eles são semelhantes na forma (como detectam) ou função (o que detectam)? Por que os receptores de extensão podem ser úteis aos robôs, mesmo que estes não tenham estômago nem necessidade de comer?

Para saber mais

- Os exercícios de *Introdução à robótica* para este capítulo estão disponíveis em: <http://roboticsprimer.sourceforge.net/workbook/Sensors>.
- O texto mais versátil para aprender sobre eletrônica, bem como depurar problemas de circuitos, é *The Art of Electronics*, de Paul Horowitz e Winfield Hill. Todo laborátorio de robótica que se preze tem um exemplar gasto desse livro.
- *Sensors for Mobile Robots: Theory and Applications* de H. R. (Bart) Everett, é um livro abrangente, didático e de fácil leitura, que examina todos os sensores abordados neste capítulo, além de apresentar outros mais.

9 Sonares, *lasers* e câmeras
Sensores complexos

Parabéns! Você passou dos sensores simples para os complexos. Portanto, está preparado para enfrentá-los! Os sensores que vimos até agora, passivos ou ativos, não exigem grande quantidade de processamento ou computação para fornecerem informações prontamente úteis a um robô. No entanto, a informação que propiciam é, em si, simples e limitada: níveis de luz, presença ou ausência de objetos, distância dos objetos, e assim por diante. A computação e o processamento complexos não são apenas desnecessários, também são de pouca utilidade. Isso, porém, não vale para os sensores complexos. Diferentemente dos sensores simples, os sensores complexos fornecem muito (muito, muito) mais informações, que podem alimentar o robô, mas estas também requerem processamento sofisticado.

Neste capítulo, vamos aprender sobre ultrassom, *laser* e sensores de visão, alguns dos sensores complexos mais utilizados na área da robótica. Mas não pense que eles são os únicos sensores complexos disponíveis; existem outros (como o radar, radar a *laser*, GPS etc.) e, além deles, novos sensores estão sempre em desenvolvimento.

9.1 Sensores ultrassônicos ou sonares

ULTRASSOM

SONAR

Ultrassom significa literalmente "além do som" (do latim *ultra*, "além" – usado aqui da mesma maneira que em "ultravioleta" e "ultraconservador"). Refere-se a uma gama de frequências de som que estão além da audição humana. É também chamado *sonar*, da expressão inglesa *so(und) na(vigation) and r(anging)*, ou "navegação e medição por som". Na Figura 9.1 você pode ver um robô móvel equipado com sensores sonares.

131

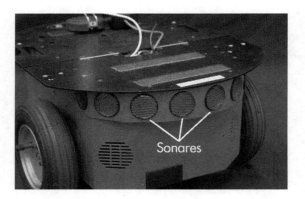

Figura 9.1 Robô móvel com sensores sonares.

ECOLOCALIZAÇÃO

O processo de encontrar a sua localização (ou a de um robô) baseado em sonar é chamado *ecolocalização*. A ecolocalização funciona do jeito que soa o nome (sem intenção de trocadilhos): o som é rebatido pelos objetos e forma ecos que são usados para encontrar a localização no ambiente. Esse é o princípio básico. Mas, antes de entrar em detalhes, vamos primeiro considerar alguns exemplos.

O princípio da ecolocalização vem da natureza, na qual é utilizado por várias espécies de animais. Os morcegos são os mais famosos, por utilizarem uma ecolocalização sofisticada; morcegos das cavernas, que habitam a escuridão quase total, não usam a visão (que não os ajudaria muito), mas confiam inteiramente no ultrassom. Eles emitem e detectam diferentes frequências de ultrassom, o que lhes permite voar efetivamente em cavernas muito lotadas, que têm estruturas complicadas e abrigam centenas de outros morcegos voando ou pendurados. Eles fazem tudo isso muito rapidamente e sem colisões. Além de voar no escuro, os morcegos também usam a ecolocalização para capturar insetos minúsculos e para encontrar companheiros. Os golfinhos são outra espécie conhecida por sua ecolocalização sofisticada. O que costumava ser uma pesquisa secreta é agora padrão em shows aquáticos: golfinhos vendados podem encontrar pequenos peixes, saltar através de aros e nadar por labirintos usando a ecolocalização.

Os sensores biológicos são muito mais sofisticados do que os sensores artificiais atuais (também chamados "sintéticos", por terem sido "sintetizados", e não porque são feitos de materiais sintéticos). Sonares

Sonares, *lasers* e câmeras

de morcegos e de golfinhos são muito mais complexos do que os sonares artificiais/sintéticos utilizados na robótica e em outras aplicações. Ainda assim, sonares sintéticos são muito úteis, como você verá.

Então, como eles funcionam?

TEMPO DE VOO

Os sensores artificiais de ultrassom, ou sonares, baseiam-se no princípio do *tempo de voo*, que significa medir o tempo que algo (nesse caso, o som) leva para viajar ("voar"). Os sonares são sensores ativos, constituídos por um emissor e um detector. O emissor produz um ruído sonoro, ou silvo, de frequência ultrassônica. Esse som viaja para longe da sua fonte e, caso encontre um obstáculo, é rebatido (ou seja, é refletido) e, talvez, retorne ao receptor (microfone). Se não houver nenhum obstáculo, o som não retornará; a onda sonora enfraquece (atenua-se) com a distância e finalmente desaparece.

Caso o som volte, a quantidade de tempo gasta para que ele retorne pode ser utilizada para calcular a distância entre o emissor e o obstáculo que o som encontrou. Eis como funciona: um temporizador (*timer*) é acionado quando um sinal sonoro é emitido e interrompido quando o som refletido retorna. O tempo resultante é depois multiplicado pela velocidade do som e dividido por dois. Por quê? Porque o som viajou até o obstáculo e voltou, e estamos tentando determinar apenas a distância até o obstáculo, ou seja, a distância de um único sentido.

VELOCIDADE DO SOM

Esse cálculo é muito simples e baseia-se apenas em saber a *velocidade do som*, que é uma constante que varia ligeiramente com a temperatura ambiente. Em temperatura ambiente, o som viaja a 34,3 centímetros por milissegundo. Em outras palavras, o som leva 2,94 milissegundos para percorrer a distância de 1 metro. Essa é uma constante útil para se lembrar.

O *hardware* do sonar mais comumente usado em robótica é o sensor de ultrassom da Polaroid, inicialmente projetado para câmeras instantâneas. (Antes da invenção das câmeras digitais, as câmeras instantâneas eram as preferidas, já que produziam fotos que se revelavam instantaneamente. Caso contrário, as pessoas tinham de esperar o filme ser revelado, o que levava pelo menos um dia, exceto se tivessem um laboratório de revelação em casa.) O sensor físico é um transdutor

TRANSDUTOR

redondo, com cerca de 2,5 centímetros de diâmetro, que emite um sinal sonoro (*ping*) e o recebe de volta (eco). *Transdutor* é um dispositivo que transforma uma forma de energia em outra. No caso dos transdutores de ultrassom da Polaroid (ou de outras marcas), a energia mecânica é convertida em som por meio da vibração da membrana do transdutor, que produz um sibilo (*ping*), enviando uma onda sonora inaudível para os seres humanos. Na verdade, você pode ouvir o estalido da maioria dos sonares dos robôs, mas o que você ouve, na verdade, é o movimento do emissor (a membrana), e não o som que está sendo enviado.

O *hardware* (componentes eletrônicos) de sensores de ultrassom requer uma potência relativamente alta, porque uma corrente significativa é necessária para a emissão de cada sibilo. É importante notar que a quantidade de corrente necessária é muito maior do que aquela que os processadores de computador usam. Esse é apenas um dos muitos exemplos práticos que mostram por que é uma boa ideia separar a alimentação dos sensores e atuadores da alimentação dos processadores inseridos nos controladores. Caso contrário, o cérebro do robô terá de ficar literalmente mais lento para que seu corpo possa sentir ou mover-se.

O sensor de ultrassom Polaroid emite um som que se propaga em um cone sonoro de 30 graus em todas as direções. Ao percorrer cerca de 9,6 metros, o som se atenua a ponto de não poder retornar para o receptor, dando ao sensor um alcance de 9,6 metros. O alcance de um sensor de ultrassom é determinado pela intensidade do sinal do emissor, o qual é projetado com base na utilização pretendida para o sensor. Para os robôs (e para as câmeras instantâneas também), o alcance de 9,6 metros é normalmente suficiente, especialmente em ambientes internos. Alguns outros usos de sonares exigem um alcance um pouco menor ou maior, como você verá na próxima seção.

9.1.1 O sonar antes e depois da robótica

O ultrassom é usado em uma variedade de aplicações diferentes e anteriores à robótica, desde detectar bebês dentro do útero da mãe até a detecção de obstáculos e embarcações inimigas. Quando o sonar é usado para ver o interior do corpo das pessoas, o resultado é chamado ecografia ou ultrassonografia (*graphe* significa "escrita", "descrição" em grego e refere-se a escrever ou desenhar). O som viaja bem pelo ar e pela água, e, uma vez que o corpo humano é composto em grande parte de água (mais de 90% do peso), o ultrassom é uma boa tecnologia para ver o que está acontecendo lá dentro. Um dos usos mais comuns de sonares é na medição do alcance (distância), que é justamente como é usado na robótica. No entanto, os Polaroid e outros sonares usados em robótica funcionam a cerca de 50 kHz, enquanto os sonares médicos funcionam em uma faixa de frequências mais elevada, de cerca de 3,5 a 7 MHz. Só para o caso de você não saber ou ter esquecido, *Hertz* (Hz) é uma unidade de frequência. Um Hertz significa uma vez por segundo, um quilo-Hertz (kHz) é 1.000 Hz e um mega-Hertz (MHz) é 1.000.000 Hz.

HERTZ (Hz)

Para muitas aplicações da robótica, basta apenas detectar as distâncias entre o emissor e os obstáculos no ambiente, mas na imagiologia sonar médica, o pós-processamento envolvido na criação de uma imagem composta de parte do corpo é muito mais complexo. Essa imagem não é estática, e sim atualizada em tempo real, fazendo, por exemplo, os batimentos cardíacos de um bebê no útero parecerem um vídeo em tempo real.

Como o som viaja bem pela água, enquanto a visão é quase inútil no ambiente subaquático, não é nenhuma surpresa que o sonar seja o sensor favorito para a navegação subaquática, especificamente para ajudar submarinos a detectar e evitar obstáculos inesperados, como outros submarinos. Com certeza, você já viu em filmes imagens de submarinos grandes, ameaçadores e com aqueles sibilos constantes. Os sonares utilizados em submarinos têm longo alcance, em virtude do uso de um sinal de intensidade mais forte e cones mais estreitos. Quando usados como sondas de profundidade, esses sonares enviam um intenso feixe de som para o oceano (ou qualquer massa de água) e esperam pela volta dele para saber qual é a profundidade da água ou, em outras palavras, quão longe está o objeto ou superfície mais próximo. Como você pode imaginar, tais sonares precisam chegar muito mais longe do que 9,6 metros; por isso usam um cone estreito e um sinal com maior intensidade. Se esses usos do ultrassom são inaudíveis e muito úteis para as pessoas, o mesmo não se pode dizer em relação aos animais marinhos, como as baleias e golfinhos, para os quais o ultrassom é audível e, na verdade, perigoso. Descobriu-se que emissões de ultrassom de alta potência e de longo alcance são capazes de confundir as baleias, que nadam até a praia e morrem. As causas exatas desse comportamento ainda não são compreendidas, mas o poder do ultrassom não deve ser subestimado. Quando controlado e orientado adequadamente, pode ser utilizado para quebrar os objetos, tais como pedras nos rins. Entre o corpo humano e o oceano, há outros usos mais simples do sonar. Eles incluem trenas automáticas, medidores de altura e alarmes.

O princípio do tempo de voo está na base de todos os usos do sonar como dispositivo de medição de distância e de imagem. Em quase todas as aplicações, múltiplas unidades de sensores são empregadas para aumentar a cobertura e a precisão. A maioria dos robôs que utilizam sonares está equipada com vários deles, normalmente um anel completo, ocupando uma seção transversal do corpo do robô.

> *Eis uma pergunta fácil: qual é o menor número de sonares Polaroid padrão necessário para ocupar a seção transversal de um robô?*

Como veremos adiante, uma dúzia de sonares se distribui ao redor do círculo do robô (a não ser que o robô tenha um corpo muito grande, caso em que mais sensores são necessários). Se uma dúzia ou mais são usados, eles não podem ser emitidos ao mesmo tempo. Você consegue adivinhar por quê?

Sonares (Polaroid ou de outras marcas) são baratos e fáceis de ser incorporados ao *hardware* do robô. Ah, se os sonares sempre retornassem leituras precisas de distância! Mas eles não o fazem, já que as coisas nunca são tão simples no mundo físico. Dados de sonar podem ser complicados, e o motivo disso será explicado a seguir.

9.1.2 Reflexão especular

Como vimos, o sonar é baseado na emissão de uma onda sonora que reflete em uma superfície e retorna para o receptor. Mas a onda de som não é necessariamente rebatida pela superfície mais próxima, como o esperado. Em vez disso, a direção de reflexão depende de vários fatores,

Sonares, *lasers* e câmeras

incluindo as propriedades da superfície (quão macia ela é) e o ângulo de incidência do feixe de som em relação à superfície (quão agudo ele é).

> REFLEXÃO ESPECULAR

Uma das principais desvantagens na detecção do ultrassom é sua suscetibilidade à reflexão especular. *Reflexão especular* é a reflexão de uma onda na superfície externa de um objeto; isso significa que a onda sonora propagada pelo emissor é refletida por várias superfícies no ambiente antes de voltar para o detector. Isso é mais provável se a superfície encontrada for lisa e se o ângulo entre o feixe e a superfície for pequeno. Quanto menor for o ângulo, maior será a probabilidade de o som apenas tocar a superfície e ser refletido para fora; portanto, o som não retorna para o emissor, mas vai de encontro a outras superfícies (e, potencialmente, é refletido por mais superfícies) antes de voltar para o detector, se de fato voltar. Esse som, refletido várias vezes, gera uma falsa leitura de distância que é muito mais comprida que a distância em linha reta entre o robô (seu sensor sonar) e a superfície. Quanto mais lisa for a superfície, maior a chance de o som ser refletido. Por outro lado, as superfícies ásperas produzem reflexões mais irregulares, que são mais propensas a voltar para o emissor. Pense desta forma: quando o som atinge uma superfície áspera, ele se espalha, sendo refletido em vários ângulos em relação às várias facetas, sulcos e características dessa superfície. Pelo menos algumas das reflexões têm chance de voltar ao emissor e, assim, proporcionar uma medida de distância bem precisa. Contrariamente, quando o som atinge uma superfície uniformemente lisa (uma superfície especular), ele pode ser refletido uniformemente em uma direção distante do detector. Na Figura 9.2 há uma ilustração de reflexão especular. Especularidade é uma propriedade da luz e do som que aumenta os desafios da visão de máquina. Vamos nos ocupar disso na próxima seção.

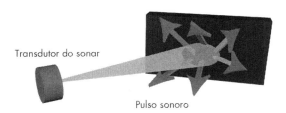

Figura 9.2 Reflexão especular de um sinal de ultrassom.

Na pior das hipóteses da reflexão especular, o som é refletido livremente no ambiente e não retorna para o detector; consequentemente, ele engana o sensor, seja ao impedi-lo de detectar um objeto/barreira qualquer, seja dizendo que ele está distante, em vez de perto. Isso pode acontecer em uma sala cheia de espelhos, como em um parque de diversões, ou em uma área cheia de caixas de vidro, como em um museu.

Uma maneira tosca, mas eficaz, de combater a reflexão especular é alterar o ambiente no qual um robô baseado em sonar tem de navegar, de modo a tornar as superfícies menos refletoras. Como podemos fazer isso? Bem, podemos esfregar todas as superfícies lisas com uma lixa, ou usar papel de parede áspero, ou colocar pequenas ripas de madeira nas paredes; basicamente, podemos fazer qualquer coisa que introduza características de rugosidade às superfícies. Felizmente, os feixes do sonar são relativamente estreitos, especialmente em curtas distâncias; portanto, apenas as superfícies dentro do cone do sonar podem precisar ser alteradas, e não a superfície inteira. Por exemplo, em laboratórios de pesquisa, os roboticistas cobriram as áreas experimentais com placas de cartão canelado, porque sua superfície ondulada tem propriedades de refletância muito melhores para o sonar do que as paredes lisas. Em geral, alterar o ambiente para atender ao robô não é uma boa ideia e, muitas vezes, não é sequer possível (como sob o oceano ou no espaço).

De que outra forma podemos contornar o problema da reflexão especular?

Uma solução é usar matrizes de sensores em fase para ganhar mais precisão. A ideia básica é usar vários sensores que cobrem a mesma área física, porém ativados fora de fase. É exatamente isso que é usado em trenas automáticas: essas engenhocas, quando apontadas para um objeto, fornecem a distância do objeto, usando, para isso, vários sensores de sonar cuidadosamente dispostos e cronometrados. Você pode pensar nisso como uma solução de *hardware* para o problema.

Você consegue imaginar algumas soluções computacionais de software/processamento?

Lembre-se de que o problema é que as leituras de objetos distantes podem ser muito imprecisas porque, em razão das múltiplas reflexões nos objetos próximos, elas podem induzir a resultados falsos e não capturar a distância precisa dos objetos distantes. Podemos usar esse fato para incorporar alguma inteligência ao robô, de modo a permitir que ele aceite diretamente as leituras curtas e obrigando-o a fazer um processamento maior nas mais longas. Uma ideia é manter um histórico de leituras anteriores e verificar se elas se tornam mais longas ou mais curtas ao longo do tempo, de uma forma razoável e contínua. Se isso acontecer, o robô pode confiar nelas; caso contrário, o robô supõe que elas são resultado dos efeitos especulares. Essa abordagem é eficaz em alguns ambientes, mas não em todos. É especialmente desafiadora em estruturas desconhecidas. Afinal, o ambiente pode ter *descontinuidades*, que são mudanças grandes e bruscas em suas características. Como elas não podem ser antecipadas pelo robô, então só lhe resta confiar nas leituras dos seus sensores, não importando quão imprevisíveis sejam.

DESCONTINUIDADE

Além do pós-processamento, o robô também pode usar a percepção orientada pela ação (discutida no Capítulo 7). Sempre que o robô recebe do sonar uma leitura inesperadamente longa, que parece estranha ou improvável, ele pode girar ou mover-se de forma a alterar o ângulo entre o seu sensor sonar e o ambiente e depois tirar outra leitura, ou quantas forem necessárias, para aumentar a precisão. Este é um bom exemplo de um princípio geral:

> *Usar a ação para melhorar a informação sensorial é um poderoso método de lidar com a incerteza na robótica.*

Sensores de ultrassom foram usados com sucesso para aplicações mais sofisticadas de robótica, incluindo mapeamento de ambientes externos complexos e de áreas internas. Os sonares continuam sendo uma opção de sensor de distância acessível e muito popular em robótica móvel.

9.2 Sensoriamento a *laser*

Sensores sonares seriam ótimos se não fossem tão suscetíveis à reflexão especular. Felizmente, há um sensor que, em geral, evita esse problema, mas com custos maiores e outros compromissos: o *laser*.

Laser   *Lasers* emitem radiação altamente amplificada e coerente em uma ou mais frequências. A radiação pode estar no espectro visível ou não, dependendo da aplicação. Por exemplo, quando os sensores a *laser* são utilizados como detectores de invasão, normalmente não são visíveis. Nos filmes, muitas vezes são mostrados feixes de *laser* visíveis, mas, na realidade, torná-los visíveis deixa o trabalho do ladrão mais fácil. A propósito, em qual princípio tais sensores se baseiam? São sensores de interrupção de feixe: quando um ladrão (ou um gato, por exemplo) interrompe o feixe de *laser*, o alarme dispara. Quando os sensores a *laser* são utilizados para medições de distância, normalmente também não são visíveis, pois em geral não é desejável ter um feixe de luz visível e chamativo varrendo o ambiente enquanto o robô se move livremente.

Sensores de distância a *laser* podem ser utilizados pelo princípio do tempo de voo, como os sonares. Imediatamente, você pode supor que eles são muito mais rápidos, uma vez que a velocidade da luz é muito maior que a do som. Isso realmente causa um pequeno problema quando os *lasers* são usados para medir distâncias curtas: a luz viaja tão rápido que ela volta mais rapidamente do que pode ser medida. Os intervalos de tempo para distâncias curtas são da ordem de nanossegundos e não podem ser medidos com os dispositivos eletrônicos disponíveis atualmente. Como alternativa, as medidas de deslocamento de fase são usadas para calcular a distância, ao invés de tempo de voo.

Robôs que utilizam *lasers* para navegação e mapeamento de espaços internos, tal como o mostrado na Figura 9.3, geralmente operam em ambientes de alcance relativamente curto para os padrões do *laser*. Portanto, os *lasers* empregados em robôs móveis usam o deslocamento de fase, em vez do tempo de voo. Em ambos os casos, o processamento é normalmente realizado pelo próprio sensor a *laser*, que está equipado com componentes eletrônicos e, por isso, produz medições de distância limpas para o robô usar.

Sonares, *lasers* e câmeras

Figura 9.3 Robô móvel com um sensor a *laser*. Na foto, o sensor a *laser* é o dispositivo do robô parecido com uma cafeteira e rotulado com o nome do fabricante, SICK.

Os *lasers* são diferentes dos sonares, por causa das diferenças entre as propriedades físicas do som e da luz. *Lasers* requerem componentes eletrônicos de maior potência, o que significa que são maiores e mais caros. Eles também são muito (muito, muito) mais precisos. Por exemplo, um sensor a *laser* comum, o medidor de distâncias por varredura a *laser* SICK LMS200, tem um alcance de 8 metros e um campo de visão de 180 graus. A distância e a presença dos objetos podem ser determinadas a 5 milímetros e a 0,5 grau. O *laser* também pode ser utilizado em um modo de longo alcance (até 80 metros), o que resulta em uma redução da precisão para apenas 10 centímetros, mais ou menos.

Outra distinção fundamental é que a luz emitida pelo *laser* é projetada em um feixe, em vez de um cone; o círculo projetado é pequeno, com cerca de 3 milímetros de diâmetro. Por usarem a luz, os *lasers* podem realizar medidas muito mais precisas que o sonar, fornecendo, com isso, dados com maior resolução. A *resolução* refere-se ao processo de separar ou quebrar alguma coisa em suas partes constituintes. Quando algo tem alta resolução, significa que tem muitas partes. Quanto mais partes existem do todo, mais informação há. É por isso que a "alta resolução" é uma coisa boa.

RESOLUÇÃO

Então, qual é a resolução do sensor SICK? Bem, ele faz 361 leituras ao longo de um arco de 180 graus a uma taxa de 10 Hz. A taxa verdadeira é muito mais elevada (de novo, por causa da velocidade da luz e da velocidade dos componentes eletrônicos atuais), mas a taxa resultante é imposta pelo porto[1] de comunicação serial para enviar os dados. Ironicamente, a conexão serial é o gargalo, mas é boa o suficiente, já que um robô real não precisa dos dados do *laser* em uma taxa maior do que o sensor fornece por meio do porto. Ele não poderia reagir fisicamente mais rápido de maneira nenhuma.

Os sensores a *laser* parecem um sonho que se tornou realidade, não é? Eles têm alta resolução e alta precisão e não sofrem tanto assim com os efeitos especulares. É claro que não são totalmente imunes à reflexão especular, uma vez que são baseados na luz, e a luz é uma onda que se reflete. Contudo, a reflexão especular não é um grande problema em virtude da resolução do sensor, especialmente em comparação com os sensores de ultrassom. Então, qual é a desvantagem?

Em primeiro lugar, são grandes, do tamanho de uma cafeteira elétrica (e até se parecem com uma também); é necessário um bom espaço para abrigar todos os seus componentes eletrônicos de alta potência. Depois, e mais impressionante, os sensores a *laser* são muito caros. O preço de um simples *laser* SICK é de dois dígitos a mais do que o de um sensor sonar Polaroid. Felizmente, o preço tende a diminuir ao longo do tempo, assim como seu tamanho. No entanto, a alta resolução do sensor a *laser* tem seu lado negativo. Enquanto o feixe estreito é ideal para detectar a distância de um ponto em particular, para cobrir uma área inteira, o *laser* tem de realizar a varredura ou escaneamento. O *laser* planar (2D) da SICK (mencionado anteriormente) varre horizontalmente ao longo de um intervalo de 180 graus, fornecendo uma fatia de leituras de distâncias de alta precisão. No entanto, se o robô tem de saber sobre distâncias fora do plano, mais *lasers* e/ou mais leituras são necessárias. Isso é muito factível, uma vez que os sensores a *laser* podem digitalizar rapidamente, embora isso requeira detecção e tempo

---

1 Porto de comunicação é de fato a tradução correta do inglês *communication port*, que por um erro acabou sendo traduzido no Brasil como "porta de comunicação" e gerando os termos "porta serial" e "porta paralela". Resgatamos aqui a tradução original. (N.T.)

Sonares, *lasers* e câmeras

de processamento adicionais. Também existem escâneres 3D a *laser*, mas eles são ainda maiores e mais caros. São ideais, no entanto, para identificar com precisão as distâncias dos objetos e, assim, mapear o espaço em torno do sensor (ou do robô usando o sensor).

Em robótica móvel, os sensores simples são geralmente os mais preferidos, e os *lasers*, mesmo na versão planar, não são suficientemente acessíveis ou portáteis para algumas aplicações. Você consegue imaginar quais? Por exemplo, qualquer uma que inclua pequenos robôs, ou robôs que interagem com crianças ou pessoas que possam olhar na direção do *laser*, cuja potência é muito alta para ser considerada completamente segura.

Vamos voltar à grade de *laser* usada na detecção de intrusos e ladrões. Projetar uma grade visível de *laser* no ambiente faz parte de outra abordagem para detecção. As distorções da grade representam as formas dos objetos no ambiente. Mas, para detectar o padrão e suas distorções, precisamos de outro sensor: uma câmera. Isso nos leva à modalidade sensorial mais complexa e versátil de todas: a visão.

9.3 Sensores visuais

Para enxergar, é preciso um sensor visual, algo semelhante a olhos biológicos. A câmera é a coisa mais próxima do olho natural que temos disponível entre os sensores artificiais. É desnecessário dizer que qualquer olho biológico é mais complexo do que qualquer câmera que temos atualmente. Mas, para lhe fazer justiça, o processo de ver não é feito apenas pelos olhos, mas principalmente pelo cérebro. Olhos fornecem as informações sobre os padrões de luz recebidos e o cérebro processa essas informações de forma complexa, a fim de responder a perguntas como "Onde estão as chaves do meu carro?" e tomar decisões como "Pare agora mesmo! Lá estão elas, entre as almofadas do sofá!".

Embora as câmeras e computadores sejam muito diferentes e muito menos complexos que olhos e cérebros biológicos, você verá que a informação dada pelas câmeras não é nem um pouco simples e que o processamento envolvido é um dos mais complexos em robótica. O campo de pesquisa que lida com a visão para as máquinas, incluindo robôs, é chamado, apropriadamente, *visão de máquina*. Robôs têm

VISÃO DE MÁQUINA

necessidades particulares de percepção, relacionadas a suas tarefas e ambientes. Desse modo, algumas partes da pesquisa em visão de máquina são pertinentes e úteis para a robótica, enquanto outras têm demonstrado não serem tanto assim, embora tenham muita utilidade em outras aplicações. Portanto, a visão de máquina e a robótica são dois campos de pesquisa separados, com alguma sobreposição de interesses, problemas e usos.

Tradicionalmente, a visão de máquina tem se preocupado em responder às perguntas "O que é isso?", "Quem é esse?" e "Onde fica isso?". Para respondê-las, a abordagem empregada tem sido a de reconstituir o mundo como ele estava quando a câmera capturou sua imagem, a fim de entendê-lo e, com isso, poder responder a essas questões. Já falamos sobre o uso da visão como meio de reconstituição no Capítulo 7.

Após décadas de pesquisa em visão de máquina, sabemos que a reconstituição visual é um problema extremamente difícil. Felizmente para a robótica, esse não é o problema que os robôs precisam realmente resolver. Em vez disso, os robôs estão geralmente preocupados em agir para alcançar seus objetivos ou, dizendo de forma mais simples, fazer a coisa certa. Ao invés de responder às perguntas de visão de máquina anteriores, eles precisam responder a questões relacionadas a ações, do tipo: "Devo ir adiante, voltar ou parar?", "Devo pegar ou largar?", "Onde devo virar?", e assim por diante. Normalmente não é necessário reconstituir o mundo para responder a essas perguntas. Para começar a entender como os robôs usam a visão, vamos primeiro visualizar (por assim dizer) como as câmeras e os sensores visuais básicos funcionam.

9.3.1 Câmeras

BIOMIMÉTICO

As câmeras são *biomiméticas*, o que significa que elas imitam a biologia, funcionando mais ou menos como os olhos. Mas, como de costume, os sensores de visão artificiais são muito diferentes dos naturais. Na Figura 9.4 pode-se ver uma comparação simples entre os principais componentes de cada sistema de visão (biológico e artificial).

CENA
ÍRIS
PLANO DA IMAGEM

Aqui estão os componentes. A luz, espalhada pelos objetos no ambiente (os quais são chamados coletivamente *cena*), passa através de uma abertura (a *íris*, que no caso mais simples é só um orifício, mas geralmente é uma lente) e atinge o plano da imagem. O *plano da imagem* corresponde à

Sonares, *lasers* e câmeras

FOTOSSENSÍVEL
PROCESSAMENTO
PRECOGNITIVO

VISÃO DE ALTO
NÍVEL

retina do olho biológico, a qual está ligada a inúmeros elementos sensíveis à luz (*fotossensíveis*), chamados cones e bastonetes. Estes, por sua vez, estão ligados aos nervos que executam o *processamento precognitivo*,[2] o primeiro estágio de processamento da imagem visual; em seguida, passam a informação a outras partes do cérebro, nas quais se executa o processamento de *visão de alto nível*, que compreende todas as outras coisas feitas com a informação visual. Como já mencionamos antes, uma parcela muito grande da atividade do cérebro humano (e de outros animais) é dedicada ao processamento visual, portanto, essa é uma tarefa altamente complexa. Em vez de cones e bastonetes, as câmeras tradicionais usam halogenetos de prata no filme fotográfico, enquanto as câmeras digitais usam circuitos de silício em dispositivos de carga acoplada (CCD, sigla do inglês *charged-coupled device*). Em todos esses casos, alguma informação sobre a luz incidente (por exemplo, sua intensidade ou cor) é detectada pelos elementos fotossensíveis no plano da imagem.

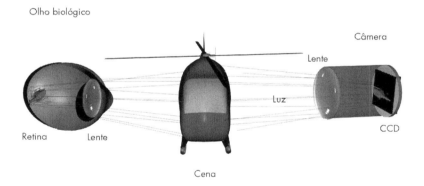

Figura 9.4 Componentes dos sistemas de visão biológico e sintético.

---

2 O processamento precognitivo (chamado *arly vision* em inglês, traduzido livremente como "visão antecipada") refere-se, no campo da visão computacional, ao estágio de processamento da imagem conforme recebida da câmera e sua interpretação para qualquer finalidade prática. Trata-se dos procedimentos de filtragem, segmentação, texturização, disparidade e correlação de pontos, entre vários outros. (N.T.)

Na visão de máquina, o computador precisa encontrar sentido nas informações obtidas do plano da imagem. Se a câmera é muito simples e usa um orifício minúsculo, então alguma computação é necessária para determinar a projeção dos objetos do ambiente sobre o plano de imagem (note que eles estarão invertidos). Se uma *lente* está envolvida (como nos olhos de vertebrados e nas câmeras reais), então mais luz pode entrar, com prejuízo do foco; apenas os objetos situados em determinado intervalo de distância da lente estarão no *foco*. Esta gama de distâncias é chamada *profundidade de campo* da câmera.

O plano da imagem é geralmente dividido em partes iguais, chamadas *pixels*, que são geralmente organizadas em uma grade retangular. Como vimos no Capítulo 7, em uma câmera comum existem 512×512 *pixels* no plano da imagem. Para efeitos de comparação, existem 6×10^6 cones e 120×10^6 bastonetes no olho humano.

A projeção da cena no plano da imagem é chamada, não surpreendentemente, *imagem*. O brilho de cada *pixel* da imagem é proporcional à quantidade de luz que foi refletida pela parte do objeto ou superfície que se projeta para esse *pixel*, chamado *seção de superfície* (*surface patch*).

Você já sabe que as propriedades de refletância variam, portanto, pode dizer que as propriedades de refletância específicas da seção de superfície, juntamente com o número e a posição das fontes de luz no ambiente e a quantidade de luz refletida por outros objetos da cena sobre a seção de superfície exercem um forte impacto na determinação do valor de brilho do *pixel*. Todas essas influências que afetam o brilho da seção podem ser agrupadas em dois tipos de reflexo: especular (para fora da superfície, como vimos antes) e difuso. A *reflexão difusa* consiste na luz que penetra o objeto, é absorvida e, então, volta para fora. Para modelar corretamente a reflexão da luz e reconstituir a cena, todas essas propriedades são necessárias. Não é de admirar que a reconstituição visual seja difícil de ser feita. É muito bom saber que os robôs geralmente não precisam fazê-la.

Agora, vamos dar um passo atrás por apenas um segundo e lembrarmos que a câmera, assim como o olho humano, observa o mundo continuamente. Isso significa que ela captura um vídeo, que é uma série de imagens ao longo do tempo. Processar as informações de qualquer *série temporal* ao longo do tempo é muito complicado. No

Sonares, *lasers* e câmeras

QUADRO

PLACA DE CAPTURA

IMAGEM DIGITAL

PROCESSAMENTO
DE IMAGEM

caso da visão de máquina, cada imagem instantânea individual no tempo é chamada *quadro*, e obter os quadros a partir de uma série temporal não é fácil. Na verdade, isso envolve o uso de um *hardware* especializado, chamado *placa de captura*, dispositivo que captura um único quadro do sinal de uma câmera de vídeo analógica e o armazena como uma *imagem digital*. Agora estamos prontos para prosseguir com a próxima etapa do processamento visual, chamado *processamento de imagem*.

9.3.2 Detecção de bordas

DETECÇÃO DE
BORDAS

Normalmente, o primeiro passo (processamento precognitivo) no processamento de imagem é realizar a *detecção de bordas*, a fim de encontrar todas as bordas/arestas da imagem.

> *Como nós reconhecemos as bordas? O que são bordas, afinal?*

BORDA

Na visão de máquina, a *borda* é definida como uma curva no plano da imagem, na qual ocorre uma mudança significativa no brilho. De forma mais intuitiva, localizar as bordas é o mesmo que encontrar mudanças bruscas de luminosidade nos *pixels*. Para encontrar essas mudanças matematicamente, usamos as derivadas. (Cálculo tem lá suas utilidades.) Portanto, uma abordagem simples para encontrar as bordas é diferenciar a imagem e procurar as áreas em que a magnitude da derivada é grande, o que indica que a diferença entre os valores de brilho locais também é grande, provavelmente em virtude de uma borda. Esse procedimento de fato encontra as bordas, mas também encontra todas as outras coisas que produzem grandes mudanças, como sombras e ruídos. Já que só procurar o brilho/intensidade do *pixel* na imagem não permite distinguir bordas "reais" daquelas resultantes de sombras, algum outro método deve ser usado para obter melhores resultados.

> *E como vamos lidar com os ruídos?*

Ao contrário das sombras, o ruído produz mudanças de intensidade repentinas e falsas que não têm nenhuma estrutura significativa.

Isso, na verdade, é uma coisa boa, pois o ruído aparece como picos de intensidades, e esses picos podem ser eliminados por um processo chamado "suavização".

Como a suavização é feita automaticamente?

Mais uma vez, a matemática vem nos socorrer. Para executar a *suavização*, aplicamos um procedimento matemático chamado convolução, que encontra e elimina os picos isolados. A *convolução* aplica um filtro na imagem; chamamos isso de convolução da imagem. Esse tipo de filtro matemático é realmente o mesmo, em princípio, que um filtro físico, de modo que a ideia é filtrar as coisas indesejáveis (nesse caso, os picos espúrios provenientes do ruído visual) e deixar passar o material bom (nesse caso, as bordas reais). O processo de encontrar as bordas reais envolve a convolução da imagem com muitos filtros de orientações diferentes. Pense no capítulo anterior, quando falamos sobre os filtros de luz polarizada. Aqueles eram filtros físicos. Aqui estamos falando de filtros matemáticos. Mas ambos têm a mesma função: separar uma parte específica do sinal. No caso dos filtros polarizados, estávamos buscando uma determinada frequência de luz; no caso de filtros de detecção de bordas, estamos buscando intensidades com orientações específicas.

A detecção de bordas costumava ser um problema difícil, muito abordado em visão de máquina. Muitos algoritmos foram escritos, testados e publicados para este fim. Finalmente, os pesquisadores desenvolveram os melhores algoritmos possíveis, e hoje a detecção de bordas não é mais considerada um problema interessante de pesquisa, embora ainda seja um problema prático muito real em visão de máquina. Sempre que alguém tem de fazer a detecção de borda, há um algoritmo "de prateleira" para ser usado e, em alguns casos, um *hardware* especializado, tais como os processadores de detecção de borda, que podem ser utilizados para acelerar o processamento visual.

Uma vez que temos as bordas, a próxima coisa a ser feita é tentar encontrar objetos entre todas essas bordas. A *segmentação* é o processo de dividir ou organizar a imagem em partes que correspondem a objetos contínuos. Na Figura 9.5 é mostrada uma imagem que foi processada por detecção de bordas e segmentada.

Mas como sabemos quais linhas correspondem a quais objetos? E o que compõe um objeto?

As próximas seções descrevem várias pistas e abordagens que podem ser usadas para detectar objetos.

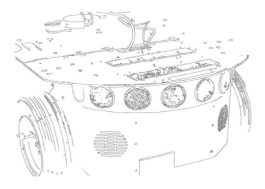

Figura 9.5 Imagem de câmera que foi processada por detecção de borda e, em seguida, por segmentação.

9.3.3 Visão baseada em modelo

Suponhamos que seu robô tenha diversos desenhos de cadeira em sua memória. Sempre que ele vê um objeto no ambiente, executa a detecção de bordas, que produz algo como um esboço muito ruim. Então, compara o resultado com os desenhos armazenados, para ver se algum deles corresponde ao que ele viu no ambiente, o que indicaria que viu uma cadeira.

Os desenhos armazenados são chamados *modelos*, e o processo é denominado *visão baseada em modelo*. É parte de uma filosofia sobre como o cérebro pode reconhecer objetos familiares ou como poderíamos permitir que os robôs o façam de forma eficaz. A visão baseada em modelo utiliza modelos de objetos e informações ou conhecimentos prévios sobre esses objetos, representados e armazenados de forma que possam ser usados para comparação e reconhecimento.

Os modelos podem ser armazenados de várias maneiras; desenho é apenas uma delas. Apesar de desenhos 2D serem relativamente simples e intuitivos, usar correspondência de modelos para reconhecê--los ainda é um processo complexo. Eis o porquê: somente comparar o que o robô vê (mesmo após a detecção de bordas) com o modelo armazenado não é suficiente. O robô pode estar olhando para o objeto de qualquer ângulo e de qualquer distância. Consequentemente, para comparar de forma eficaz o que ele vê com o modelo, o robô deve redimensionar (alterar o tamanho) adequadamente o modelo e girá-lo, para experimentar diferentes orientações. Além disso, já que qualquer borda da imagem pode corresponder a qualquer borda do modelo, todas essas combinações devem ser consideradas e avaliadas. Finalmente, já que o robô não sabe para o que está olhando, precisa considerar todos os modelos armazenados em sua memória, a menos que possa espertamente eliminar alguns deles como improváveis. Tudo isso envolve uma computação intensiva, que usa muita memória (para armazenar os modelos) e capacidade de processamento (para fazer o redimensionamento, a rotação e as comparações).

Os modelos podem variar de simples desenhos 2D a imagens matematicamente distorcidas e estranhamente processadas, que combinam todas as várias vistas do objeto a ser reconhecido. Por exemplo, alguns sistemas de reconhecimento facial muito bem-sucedidos usam apenas algumas vistas da face da pessoa e, então, realizam interessantes cálculos matemáticos para produzir um modelo que pode, finalmente, reconhecer aquela pessoa de muitos outros pontos de vista. O reconhecimento facial é um problema muito comum na visão de máquina, e abordagens baseadas em modelos parecem muito adequadas para isso, pois os rostos possuem características comuns, como dois olhos, um nariz e uma boca, com proporções de distâncias relativamente constantes entre essas características (para a maioria das pessoas, pelo menos). No entanto, ainda estamos longe de sermos capazes de reconhecer um "rosto na multidão" de forma confiável e eficiente usando visão de máquina, seja o rosto de sua mãe, que veio buscá-lo no aeroporto, ou de um criminoso conhecido tentando fugir do país.

O reconhecimento facial é uma das coisas mais importantes que seu cérebro executa de forma muito eficaz, e que foi, de fato, aperfeiçoado pela evolução para funcionar melhor. Isso se deve ao fato de que os seres humanos são *animais sociais*, para os quais é muito importante

Sonares, *lasers* e câmeras **151**

saber quem é quem, para estabelecer e manter a ordem social. Imagine se você não pudesse reconhecer rostos, como seria a sua vida? Existe um distúrbio neurológico que produz essa deficiência em algumas pessoas, que é chamado *prosopagnosia* (do grego *prosop*, que significa "face", e *agnosia*, que significa "não saber"). É um distúrbio raro e, até agora, incurável.

PROSOPAGNOSIA

É provável que o reconhecimento facial seja útil para a robótica, especialmente para robôs que vão interagir com as pessoas como seus companheiros, ajudantes, enfermeiros, técnicos, professores ou "animais" de estimação. Mas há muitas faces para analisar e reconhecer, de modo que esse continuará sendo um interessante desafio de pesquisa, não apenas para a visão de máquina, mas também para a área da robótica que lida com *interação humano-robô*, que será discutida no Capítulo 22.

INTERAÇÃO HUMANO-ROBÔ

9.3.4 Visão em movimento

Sistemas visuais estão muitas vezes – mas nem sempre – ligados a coisas que se movem (como pessoas e robôs, por exemplo). Nesses sistemas, o movimento do corpo e da câmera torna o processamento de visão mais difícil, e a *visão em movimento* refere-se a um conjunto de abordagens de visão de máquina que utilizam o movimento para facilitar o processamento visual.

VISÃO EM MOVIMENTO

Se o sistema de visão está tentando reconhecer objetos estáticos, pode tirar proveito de seu próprio movimento. Ao olhar para uma imagem em dois intervalos de tempo consecutivos e mover a câmera entre eles, os objetos sólidos contínuos (pelo menos aqueles que obedecem as leis da física que conhecemos) irão mover-se como um só e suas propriedades de brilho não serão alteradas. Portanto, se subtrairmos duas imagens consecutivas uma da outra, o que conseguiremos é o "movimento" entre ambas, enquanto os objetos permanecem os mesmos. Observe que isso depende de sabermos exatamente como movemos a câmera em relação à cena (a direção e distância do movimento) e de não haver nenhuma outra coisa se movendo na cena.

Conforme mencionado no Capítulo 7, ao empregar a percepção ativa, um robô pode usar o movimento para obter uma visão melhor de determinada coisa. No entanto, mover-se para ir aos lugares e mover-

-se para ver melhor não são, necessariamente, a mesma coisa e podem até estar em conflito em alguns casos. Portanto, um robô móvel que usa visão precisa tomar decisões inteligentes sobre como ele se move e precisa subtrair seu próprio movimento da imagem visual, a fim de verificar o que ele pode ver.

Se outros objetos também se movem no ambiente, como pessoas e outros robôs, o problema de visão se torna muito mais difícil. Não vamos entrar em mais detalhes sobre isso aqui, mas você pode continuar o estudo com as leituras sugeridas no final deste capítulo.

9.3.5 Visão estéreo

Tudo o que discutimos até agora sobre a visão supôs o uso de uma única câmera. No entanto, na natureza, as criaturas têm dois olhos, que lhes dão a *visão binocular*. A principal vantagem de ter dois olhos é a habilidade de ver *em estéreo*. A *visão estéreo*, formalmente chamada *estereopsia binocular*, é a habilidade de usar os pontos de vista combinados dos dois olhos ou câmeras para reconstituir objetos sólidos tridimensionais e perceber a profundidade. O termo *estéreo* vem do grego *stereos*, que significa "sólido", e por isso se aplica a qualquer processo de reconstituição do sólido a partir de múltiplos sinais.

Na visão estéreo, assim como na visão em movimento (mas sem ter de mover de verdade), temos duas imagens que podemos subtrair uma da outra, contanto que saibamos como as duas câmeras ou olhos estão posicionados relativamente entre si. O cérebro humano "sabe" como os olhos estão posicionados. Da mesma forma, como projetistas de robôs, também temos o controle sobre como as câmeras do robô estão posicionadas e podemos reconstituir a profundidade a partir das duas imagens. Então, se você pode comprar duas câmeras, pode obter a percepção de profundidade e reconstituir objetos sólidos.

É dessa forma que os óculos em 3D, que fazem as imagens dos filmes parecerem sólidas, funcionam. Em filmes normais, as imagens vêm de um único projetor e seus dois olhos veem a mesma imagem. Em filmes em 3D, no entanto, existem duas imagens diferentes, provenientes de dois projetores diferentes. É por isso que, quando você tenta assistir a um filme em 3D sem os óculos especiais, a imagem parece borrada. É que as duas imagens não se juntam, seja na tela, seja no seu cérebro. Porém, quando você coloca os óculos, as duas se juntam em seu cérebro e parecem em 3D. Como isso acontece? Os óculos especiais deixam passar apenas uma das imagens projetadas para cada um de seus olhos, e seu cérebro funde as imagens dos dois olhos, tal como ocorre com tudo o que você olha. Isso não funciona com filmes normais porque as imagens em seus dois olhos são as mesmas e, quando se fundem, ainda parecem a mesma. Mas, por usarem um *design* criativo, as imagens dos filmes em 3D são diferentes e, quando reunidas, parecem melhores.

Você pode se perguntar como é que aqueles simples óculos com lentes coloridas conseguem fazer apenas uma das imagens projetadas entrar em cada um de seus olhos. Isso é simples: uma das imagens projetadas é azul (ou verde) e a outra é vermelha. Os óculos deixam passar apenas uma cor por cada lente. Bem fácil e elegante, não é? O primeiro filme em 3D usando esse método foi feito em 1922, e você ainda pode ver essa mesma tecnologia sendo usada em TV, filmes e livros. Atualmente existem formas mais sofisticadas de alcançar o mesmo resultado, com melhor cor e nitidez. Essas formas envolvem o uso de algo que você já conhece: a luz polarizada, sobre a qual aprendemos no Capítulo 8. Os filmes são exibidos por dois projetores que utilizam uma polarização diferente, e os óculos 3D usam filtros polarizadores, em vez dos filtros de cor mais simples.

A capacidade de perceber em 3D usando visão estéreo é fundamental para a visão humana/animal realista, e por isso está envolvida em uma variedade de aplicações, desde *videogames* até cirurgias teleoperadas. Se você perder um de seus olhos, perderá a capacidade de ver a profundidade de objetos em 3D. Para ver o quão importante é a percepção de profundidade, tente pegar uma bola com um olho fechado. É difícil, mas não impossível. Você acaba conseguindo agarrar a bola porque seu cérebro compensa a perda de profundidade por um tempo. Se colocar um tapa-olho em apenas um olho por várias horas ou mais, começará a tropeçar e cair e alcançar incorretamente os objetos. Felizmente, assim que retirar o tapa-olho, seu cérebro se reajustará para ver em 3D. No entanto, ele não fará isso se você perder um olho permanentemente. Portanto, os olhos e as câmeras devem ser tratados com cuidado.

9.3.6 Textura, sombreamento e contornos

Que outras propriedades da imagem podemos encontrar e usar para ajudar na detecção de objetos?

Considere a textura. Uma lixa é um pouco diferente da pele, que é um pouco diferente das penas, que é um pouco diferente de um espelho liso, e assim por diante, porque todos refletem a luz de maneiras muito diferentes. Seções de superfície que possuem textura uniforme apresentam brilho consistente e quase idêntico na imagem; portanto, podemos supor que elas vêm do mesmo objeto. Ao extrair e combinar seções com texturas uniforme e consistente, podemos obter uma pista sobre quais partes da imagem podem pertencer a um mesmo objeto na cena.

De modo semelhante, o sombreamento, os contornos e a forma do objeto também podem ser usados para ajudar a simplificar a visão. Na verdade, qualquer coisa que possa ser confiavelmente extraída de uma imagem visual tem sido usada para ajudar a lidar com o problema do reconhecimento de objetos. Isso é verdade não só para as máquinas, mas também (e em primeiro lugar) para sistemas de visão biológicos, então vamos considerá-los agora.

9.3.7 Visão biológica

O cérebro faz um excelente trabalho ao extrair rapidamente da cena a informação de que precisamos. Usamos *visão baseada em modelo* no reconhecimento dos objetos e das pessoas que conhecemos. Sem ela, seria difícil reconhecer objetos totalmente inesperados ou novos, ou nos orientarmos, como no típico exemplo de acordar e não saber onde estamos. A visão baseada em modelos biológicos é, naturalmente, diferente da visão de máquina e ainda é pouco compreendida, mas funciona inquestionavelmente bem, conforme você mesmo pode concluir quando reconhece facilmente um rosto na multidão ou encontra um objeto perdido em uma pilha de outras coisas.

Nós usamos *visão em movimento* de diferentes maneiras para entender melhor o mundo à nossa volta, bem como para nos mover enquanto enxergamos, sem que a imagem resultante seja um gran-

Sonares, *lasers* e câmeras

155

REFLEXO VESTIBULO-
-OCULAR (RVO)

de borrão. Essa última habilidade é possível por meio do *reflexo vestibulo-ocular* (RVO), com o qual nossos olhos permanecem fixos para estabilizar a imagem, mesmo que nossa cabeça esteja em movimento. (Vá em frente e tente fazer isso, movendo a cabeça de um lado para o outro enquanto você lê o resto deste parágrafo.) Há uma grande quantidade de pesquisas em RVO nas áreas da neurociência e da visão de máquina e da robótica, uma vez que essa seria uma habilidade muito útil para os robôs, embora não muito simples de executar.

Temos uma sensibilidade inata ao movimento na periferia do nosso campo visual, assim como para objetos se aproximando, porque ambos indicam um perigo em potencial. Como todos os carnívoros, temos *visão estéreo* porque ela ajuda a encontrar e rastrear presas. Já os herbívoros possuem olhos nas laterais da cabeça que apontam para direções diferentes e que são eficazes para a detecção de predadores (carnívoros), mas cujas imagens não se sobrepõem ou se fundem, como na visão estéreo dos carnívoros.

Somos muito bons em reconhecer sombras, texturas, contornos e diversas outras formas. Em uma famosa experiência realizada por um cientista chamado Johansson, na década de 1970, alguns pontos de luz foram anexados às roupas das pessoas, que foram filmadas enquanto se moviam no escuro, de tal forma que apenas o movimento dos pontos era visível. Qualquer pessoa que assistia aos pontos se movendo podia dizer imediatamente que eles foram anexados a seres humanos em movimento, mesmo que apenas poucos pontos de luz fossem utilizados. Isso nos diz que nosso cérebro está conectado para reconhecer o movimento humano, mesmo com muito pouca informação. Aliás, isso depende de ver os pontos/pessoas de perfil. Se a vista for da parte superior, não seremos capazes de reconhecer facilmente a atividade. Isso acontece porque o nosso cérebro não está conectado para observar e reconhecer a partir de uma perspectiva de topo. Os cérebros dos pássaros provavelmente são, então alguém deveria fazer esse experimento.

Passamos da visão de máquina para a visão humana e daí para a visão dos pássaros; voltemos, então, agora para a visão do robô.

9.3.8 Visão de robôs

A visão robótica tem exigências mais rigorosas do que algumas outras aplicações de visão de máquina e é apenas um pouco menos exigente que a visão biológica. A visão robótica precisa informar o robô sobre coisas importantes: se ele está prestes a cair da escada, se há um ser humano por perto para ajudar, seguir ou evitar, se terminou o seu trabalho, e assim por diante. Como o processamento da visão pode ser um problema muito complexo, responder rapidamente às exigências do mundo real com base nas informações visuais é muito difícil. Não é apenas impraticável tentar executar todas as etapas de processamento da imagem descritas anteriormente antes que o robô seja atropelado por um caminhão ou role escada abaixo, mas, felizmente, esse processamento complexo pode ser desnecessário. Existem boas maneiras de simplificar o problema. Eis algumas delas:

1. Use as cores. Procure específica e exclusivamente objetos coloridos e reconheça-os dessa forma (como sinais de parada, pele humana etc.).

RASTREAMENTO DE BLOBS

SALIENTE

2. Use a combinação de cor e movimento. Isso é chamado *rastreamento de blobs* e é muito utilizado na robótica móvel. Ao marcar os objetos importantes (pessoas, outros robôs, portas etc.) com cores *salientes* (chamativas), ou pelo menos reconhecíveis, e usar o movimento para rastreá-los, os robôs podem efetivamente fazer o seu trabalho sem ter de reconhecer objetos.

3. Use um plano de imagem pequeno. Em vez de uma grade completa de 512×512 *pixels*, podemos reduzir nossa vista para muito menos, como, por exemplo, para apenas uma linha (da mesma forma que nas câmeras CCD lineares). É claro que há muito menos informações em uma imagem tão reduzida, mas, se formos espertos e soubermos o que esperar, podemos processar o que vemos rápida e eficazmente.

4. Combine outros sensores mais simples e mais rápidos com a visão. Por exemplo, as câmeras de infravermelho isolam as pessoas usando a temperatura do corpo, e depois disso a visão pode ser aplicada

Sonares, *lasers* e câmeras

para tentar reconhecê-las. As pinças nos permitem tocar e mover objetos para ajudar a câmera a obter melhor visão. As possibilidades são infinitas.

5. Use o conhecimento sobre o ambiente. Se o robô está dirigindo em uma estrada marcada com linhas brancas ou amarelas, ele pode procurar especificamente essas linhas nas regiões apropriadas da imagem. Isso não só simplifica muito percorrer uma estrada, mas também é como foi feito o primeiro (e ainda um dos mais rápidos) robô para dirigir em ruas e rodovias.

Essas e muitas outras técnicas inteligentes são usadas na visão robótica a fim de possibilitar que os robôs enxerguem o que precisam enxergar rápido o suficiente para cumprir a sua tarefa.

Considere a tarefa autônoma ou, pelo menos, a condução semiautônoma. Esse problema da robótica está ganhando notoriedade na indústria automobilística como um meio potencial de reduzir o número de acidentes. As montadoras ficariam felizes em ter carros que garantem que o motorista não sairá da estrada ou colidirá no tráfego. Porém, nesse ambiente de trabalho, todas as coisas estão se movendo rapidamente e não há tempo para o lento processamento da visão. Essa é de fato uma área muito interessante da pesquisa em visão de máquina e robótica. Em 2006, vários carros robóticos (carros e *vans* comuns com controle robótico da direção) conseguiram dirigir de forma completamente autônoma de Los Angeles a Las Vegas, uma viagem muito longa.[3] Esses carros usaram visão e detecção a *laser* a fim de obter as informações necessárias para executar a tarefa. O próximo desafio que está sendo perseguido é fazer algo semelhante em ambientes urbanos.

Sensores complexos implicam um processamento complexo, por isso eles devem ser usados de forma seletiva, para tarefas em que o sensoriamento complexo seja de fato necessário.

Para projetar um robô eficaz, é necessário ter uma boa combinação entre os sensores do robô, as tarefas e o ambiente.

---

3   Distância aproximada de São Paulo ao Rio de Janeiro. (N.T.)

Resumo

- A complexidade do sensor é baseada na quantidade de processamento de dados exigida. Sensores também podem ter mecanismos complexos, mas não é com isso que estamos tão preocupados na robótica.
- A detecção por ultrassom (sonar) usa o princípio de tempo de voo para medir a distância entre o transdutor e o(s) objeto(s) mais próximo(s).
- O sensoriamento por ultrassom usa potência relativamente alta e é sensível a reflexos especulares.
- O ultrassom é usado não apenas por robôs e outras máquinas (desde submarinos até equipamentos médicos de imagem), mas também por animais (golfinhos, baleias).
- As aplicações dos *lasers* são semelhantes às dos sonares; no entanto, os *lasers* são muito mais rápidos e precisos, e também muito mais caros.
- Visão é a modalidade sensorial mais complexa e sofisticada, tanto na biologia quanto na robótica. É ela que exige a maior parte do processamento e que proporciona a informação mais útil.
- A visão de máquina tradicionalmente se preocupa com questões de reconhecimento, tais como "Quem é esse?" e "O que é isso?", ao passo que a visão robótica se preocupa com questões relacionadas à ação, tais como "Para onde vou?" e "Posso pegar isso?".
- O reconhecimento de objetos é um problema complexo. Felizmente, ele pode, muitas vezes, ser evitado pela visão robótica.
- A visão em movimento, a visão estéreo, a visão baseada em modelo, a visão ativa e outras estratégias são utilizadas para simplificar o problema da visão.

Para refletir

- Qual é a velocidade do som em unidades métricas?
- A velocidade da luz é quantas vezes maior que a velocidade do som? O que isso lhe diz sobre os sensores que usam uma ou a outra?
- O que acontece quando vários robôs precisam trabalhar juntos e todos têm sonares? Como você pode lidar com a interferência entre estes sensores? No Capítulo 20, vamos aprender sobre coordenação de equipes de robôs.

Sonares, *lasers* e câmeras

- Além de usar o tempo de voo, outra maneira de usar sonares é empregar o efeito Doppler. Isso envolve a análise do deslocamento de frequência entre as ondas enviadas e refletidas do som. Ao examinar esse deslocamento, podemos estimar de forma muito precisa a velocidade de um objeto. Em aplicações médicas, os sonares são usados dessa forma, para medir o fluxo de sangue, entre outras coisas. Por que não usar isso na robótica?
- Uma vez que ter dois olhos é muito melhor do que ter um, ter três olhos é muito melhor ou pelo menos um pouco melhor do que ter dois?

Para saber mais

- Confira o livro *Directed Sonar Sensing for Mobile Robot Navigation* e outros trabalhos de Hugh Durrant-Whyte (Australian Center for Field Robotics) e John Leonard (MIT), a respeito de processamento complexo de sonar para a navegação no laboratório, ao ar livre e até mesmo debaixo d'água.
- Você pode aprender mais sobre óculos em 3D em: <http://science.howstuffworks.com/3-d-glasses2.htm>.
- Se você quer descobrir o cerne da questão matemática por trás da visão robótica, leia *Robot Vision*, de Berthold Klaus Paul Horn.
- Um bom livro sobre visão de máquina é *Computer Vision*, de Dana Ballard e Christopher Brown. Existem outros livros sobre visão de máquina, visão robótica e visão computacional, então faça uma pesquisa na internet e explore.

10 Mantenha o controle!
Controle por realimentação

Até aqui falamos a respeito dos corpos dos robôs, incluindo seus sensores e efetuadores. Agora é hora de falar do cérebro do robô e dos controladores, que tomam decisões e comandam suas ações.

Você se lembra, lá do Capítulo 2, de que a teoria de controle foi uma das áreas fundadoras da robótica e que o controle por realimentação é um componente básico de cada robô real. Neste capítulo, aprenderemos os princípios do controle por realimentação e um pouco da matemática que é usada para operar controladores por realimentação em qualquer sistema, desde um motor a vapor até um robô moderno.

10.1 Controle por realimentação ou em malha fechada

CONTROLE POR REALIMENTAÇÃO

PONTO DE AJUSTE

O *controle por realimentação* ou controle por *feedback* é uma forma pela qual um sistema (um robô) atinge e mantém um estado desejado, geralmente chamado ponto de ajuste (*setpoint*), comparando continuamente o seu estado atual ao desejado.

REALIMENTAÇÃO

Realimentação (*feedback*) refere-se à informação que é enviada de volta, literalmente "retroalimentada", ao controlador do sistema.

O exemplo mais conhecido de um sistema de controle é o termostato. É até um desafio descrever conceitos em teoria de controle sem recorrer aos termostatos, mas vamos tentar, pois já sabemos que os termostatos não são robôs.

ESTADO DESEJADO

ESTADO-OBJETIVO

O *estado desejado* do sistema, também chamado *estado-objetivo*, é o estado ao qual o sistema deve chegar. Não é nenhuma surpresa que a noção de estado-objetivo seja fundamental para os sistemas orienta-

161

dos por objetivos. Por isso, é muito usada tanto na teoria de controle quanto na inteligência artificial (IA), dois campos muito diferentes, como vimos no Capítulo 2. Em IA, os objetivos são divididos em dois tipos: de realização e de manutenção.

Objetivos de realização são os estados que o sistema tenta alcançar, tal como uma localização particular (por exemplo, a saída de um labirinto). Quando o sistema chega lá, atinge o seu objetivo e não precisa realizar mais nenhuma tarefa. A inteligência artificial tem se preocupado tradicionalmente (mas não exclusivamente) com os objetivos de realização.

Objetivos de manutenção, por outro lado, requerem a realização contínua de tarefas por parte do sistema. Manter um robô bípede equilibrado e caminhando, por exemplo, é um objetivo de manutenção. Se o robô para, cai, de modo que não é mais mantido o seu objetivo de andar e ao mesmo tempo se equilibrar. Analogamente, seguir uma parede é um objetivo de manutenção. Se o robô para, não está mais mantendo seu objetivo de seguir a parede. A teoria de controle tem se preocupado tradicionalmente (mas não exclusivamente) com os objetivos de manutenção.

O estado desejado de um sistema pode estar relacionado com seu estado interno ou externo, ou com uma combinação de ambos. Por exemplo, o objetivo interno do robô pode ser o de manter o nível de energia da bateria em uma faixa desejada de valores e recarregá-la sempre que o nível atingir um valor muito baixo. Já o estado-objetivo externo do robô pode ser o de chegar a um destino particular, tal como a cozinha. Alguns estados objetivo são combinações de ambos, como aquele que requer que o robô mantenha o seu braço estendido e equilibre um bastão. O estado do braço é interno (embora externamente observável) e o estado do bastão é externo. O estado-objetivo pode ser arbitrariamente complexo e consiste em uma variedade de requisitos e restrições. Tudo que um robô é capaz de obter e manter pode ser considerado um objetivo. Mesmo aquilo que não é factível para um robô pode ser usado como um objetivo, embora inacessível. O robô pode continuar tentando e nunca chegar lá. É bom persistir!

Assim, se os estados atual e desejado do sistema são os mesmos, então o sistema não precisa fazer mais nada. Mas, se não são iguais, que é o caso na maioria das vezes, como é que o sistema decide o que fazer? É aí que entra o projeto do controlador.

_{Objetivos de realização}

_{Objetivos de manutenção}

10.2 As diversas faces do erro

Erro

A diferença entre os estados atual e desejado de um sistema é chamada *erro*, e o objetivo de qualquer sistema de controle é minimizar esse erro. O controle por realimentação calcula o erro e o informa explicitamente ao sistema, a fim de ajudá-lo a alcançar seu objetivo. Quando o erro é zero (ou suficientemente pequeno), o estado-objetivo é atingido. A Figura 10.1 mostra um esquema típico de um sistema de controle por realimentação.

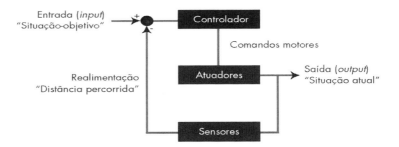

Figura 10.1 Diagrama típico de um controlador por realimentação.

Como exemplo de erro e realimentação no mundo real, vamos considerar o jogo que, às vezes, é chamado "quente e frio", no qual você tem de encontrar ou adivinhar onde está certo objeto escondido enquanto seus amigos o ajudam, dizendo coisas como: "Você está ficando mais quente, mais quente", "Agora mais frio, congelando", e assim por diante. (OK, agora estamos falando de temperatura, mas ainda não estamos falando de termostatos.) O que seus amigos realmente fazem é calcular o erro e dar uma realimentação sobre isso.

Imagine uma versão cruel do mesmo jogo, em que seus amigos somente dizem: "Você está lá, ganhou!" ou "Não, você não está lá". Nesse caso, o que eles estão dizendo é apenas se o erro é zero ou não, se você está no estado-objetivo ou não. Isso não é muita informação, uma vez que não o ajuda a descobrir qual o caminho a percorrer para chegar mais perto do objetivo, minimizando o erro.

Saber se o erro é zero ou não é melhor do que não saber nada, mas não é muita coisa. Na versão normal do jogo, quando se diz "quente" ou "frio", está sendo fornecida a *direção do erro*, o que permite minimizá-lo e se aproximar do objetivo.

DIREÇÃO DO ERRO

A propósito disso, no Capítulo 21, vamos aprender como a noção de realimentação ou *feedback* está relacionada com os princípios básicos da aprendizagem por reforço. Substitua o "quente" por "bom robô" e "frio" por "mau robô". Então, você vai começar a ter uma ideia de como algumas formas de aprendizagem funcionam. Mas temos alguns capítulos a percorrer antes de chegar lá.

MAGNITUDE DO ERRO

Quando o sistema sabe quão longe está do objetivo, ele sabe a *magnitude do erro*, a distância até o estado-objetivo. No jogo do "quente e frio", as gradações de congelado, gelado, fresco, quente etc. são usadas para indicar a distância (ou proximidade) do estado-objetivo.

Nós podemos fazer melhor ainda dizendo mais do que apenas a magnitude do erro. Se forem dadas ao sistema a direção precisa e a magnitude do erro, é o mesmo que dizer exatamente o que fazer para chegar ao objetivo. No "quente e frio", se você dissesse à pessoa que estava adivinhando "OK, dirija-se para a porta, vá para a cozinha, abra o *freezer* e procure embaixo da forma de gelo", isso não seria um jogo. Para os robôs, por outro lado, conseguir todas essas informações ainda não torna o controle e a aprendizagem triviais, apenas mais fáceis.

Como você pode ver, o controle é facilitado se forem dadas ao robô muitas informações de realimentação sobre o seu erro e se essas informações forem fornecidas de maneira precisa e frequente. Vamos resolver isso por meio do exemplo de um robô seguidor de parede.

10.3 Exemplo de um robô com controle por realimentação

Como você projetaria o controlador de um robô para seguir uma parede usando o controle por realimentação?

O primeiro passo seria considerar o objetivo da tarefa. Para seguir uma parede, o estado-objetivo é estar a determinada distância ou dentro de um intervalo de distâncias de uma parede. Esse é um objetivo de manutenção, uma vez que seguir a parede envolve manter uma distância específica ao longo do tempo.

Dado o objetivo, fica simples determinar o erro. No caso de seguir uma parede, o erro é a diferença entre a distância desejada da parede e a distância real, em qualquer instante de tempo. Sempre que o robô estiver na distância desejada (ou dentro da faixa de distâncias), ele estará no estado-objetivo. Caso contrário, terá se afastado deste estado.

Agora estamos preparados para projetar o controlador. Porém, antes de fazermos isso, devemos considerar os sensores, uma vez que eles é que terão de fornecer a informação tanto do estado quanto do erro que será computado.

Qual(is) sensor(es) você usaria em um robô seguidor de parede e que informações ele(s) ofereceria(m)?

Será que eles fornecem a magnitude e a direção do erro, apenas a magnitude, ou nenhuma das duas? Por exemplo, um sensor de colisão deve fornecer informação mínima (afinal, é um sensor simples). Esse sensor apenas diria ao robô que ele atingiu uma parede; o robô poderia detectar a parede somente pelo contato, e não à distância. Um sensor de infravermelho poderia fornecer informações de que existe uma parede, mas não poderia dar a distância exata até ela. Um sonar proporcionaria a distância, como faria um *laser*. Um sistema de visão estéreo também pode propiciar a distância e até mesmo permitir saber mais sobre a parede, mas seria definitivamente um exagero para a tarefa. Como você pode ver, os sensores determinam que tipo de realimentação está disponível para o robô.

Qualquer que seja o sensor usado, supõe-se que ele vai fornecer informação suficiente para saber a distância até a parede. O objetivo do robô é manter um determinado valor de distância da parede, ou, mais realisticamente, em um determinado intervalo de valores (digamos que aproximadamente entre 0,5 e 1 metro). Agora podemos projetar o controlador por realimentação do robô na forma de sentenças condicionais do tipo "se-então-senão", como é utilizado nas linguagens de programação:

```
Se a _ distância _ da _ parede está no intervalo certo,
  então continuar.
Se a distância _ da _ parede é maior do que o desejado,
  então virar para a parede,
  senão, afastar-se da parede.
```

Dado esse algoritmo de controle, como será o comportamento do robô? Ele vai continuar se movendo e ziguezagueando de um lado para outro enquanto se locomove beirando a parede. Quantos ziguezagues ele fará? Isso depende de dois parâmetros: quantas vezes o erro é calculado e quantas correções (viradas) serão feitas.

Considere o seguinte controlador:

```
Se a distância _ da _ parede é exatamente como a de-
sejada,
  então siga em frente.
Se a distância _ da _ parede é maior do que a desejada,
  então, vire 45 graus para a parede,
  senão, vire 45 graus na direção oposta à parede.
```

Esse controlador não é lá muito inteligente. Por quê? Para visualizá--lo, desenhe uma parede e um robô. Siga as regras sugeridas do controlador e observe o comportamento do robô, após algumas repetições, para identificar o caminho percorrido. Ele oscila muito e raramente (ou nunca) atinge a distância desejada antes de chegar muito perto ou muito longe da parede.

Em geral, o comportamento de qualquer sistema simples de realimentação oscila em torno do estado desejado (sim, mesmo no caso de termostatos). Por conseguinte, o robô oscila em torno da distância desejada da parede e, na maior parte do tempo, ou está muito perto ou muito longe dela.

Como podemos diminuir essa oscilação?

Há algumas coisas que podemos fazer. A primeira delas é fazer a análise do erro com maior frequência, de modo que o robô possa virar muitas vezes, em vez de raramente. Outra é ajustar o ângulo do giro, de

Mantenha o controle! **167**

modo que o robô gire ângulos pequenos, em vez de grandes. Uma outra coisa é simplesmente encontrar um intervalo de distâncias que definam o objetivo do robô. Decidir quantas vezes analisar o erro, quão grande deve ser o ângulo de giro e como definir a faixa de distâncias depende dos parâmetros específicos do sistema do robô, ou seja, da velocidade de movimento do robô, do alcance do(s) sensor(es) e da taxa com que a nova distância da parede é detectada e avaliada, chamada *taxa de amostragem*.

TAXA DE AMOSTRAGEM

> *A calibração dos parâmetros de controle é uma parte necessária, muito importante e demorada na concepção dos controladores do robô.*

A teoria de controle fornece um arcabouço formal de como usar corretamente os parâmetros para fazer controladores eficazes. Vamos aprender como!

10.4 Tipos de controle por realimentação

Os três tipos mais usados de controle por realimentação são o controle proporcional (P), o controle proporcional derivativo (PD) e o controle proporcional integral derivativo (PID). Eles são comumente mencionados como controle *P, PD* e *PID*. Vamos aprender sobre cada um deles e usar no nosso robô seguidor de parede como exemplo.

10.4.1 Controle proporcional

CONTROLE PROPORCIONAL

A ideia básica do *controle proporcional* é ter uma resposta do sistema que seja proporcional ao erro, utilizando tanto o sentido quanto a magnitude. Um controlador proporcional produz uma saída o (*output*) proporcional à sua entrada i (*input*), formalmente escrita como:

$$o = K_p i$$

Nessa fórmula, K_p é uma constante de proporcionalidade, que faz as coisas funcionarem e que é específica para um sistema de controle particular. Tais parâmetros são comuns no controle e, normalmente, você tem de determiná-los por tentativa e erro ou por calibração.

Como seria o controlador proporcional do nosso robô seguidor de parede?

Ele usaria a distância da parede como um parâmetro para determinar o ângulo e a distância e/ou velocidade com que o robô viraria. Quanto maior for o erro, maior será o ângulo de giro e a velocidade e/ou distância; quanto menor for o erro, menor será o ângulo de giro e a velocidade e/ou distância.

GANHO

Na teoria de controle, os parâmetros que determinam a magnitude da resposta do sistema são chamados *ganhos*. Determinar os ganhos certos costuma ser muito difícil e requer tentativa e erro, ou testar e calibrar o sistema repetidamente. Em alguns casos, se o sistema é muito bem entendido, os ganhos podem ser calculados matematicamente, mas isso é raro.

GANHO PROPORCIONAL

Se o valor de um ganho em particular é proporcional ao erro, ele é chamado *ganho proporcional*. Como vimos no caso do nosso robô seguidor de parede, valores de ganho incorretos levam o sistema além ou aquém do estado desejado. Os valores de ganho determinam se o robô continuará oscilante ou acabará estabelecendo o estado desejado.

AMORTECIMENTO

Amortecimento refere-se ao processo de reduzir sistematicamente as oscilações. Um sistema está devidamente *amortecido* se não oscilar fora de controle; ou seja, suas oscilações são completamente evitadas (o que é muito raro) ou, mais concretamente, as oscilações diminuem gradualmente em direção ao estado desejado dentro de um período de tempo razoável. Os ganhos têm de ser ajustados de modo a tornar um sistema adequadamente amortecido. Esse é um processo de ajuste que é específico para um sistema de controle particular (robótico ou outro qualquer).

Quando for ajustar os ganhos, tenha em mente tanto as propriedades físicas quanto computacionais do sistema. Por exemplo, de que forma um motor que responde a comandos de velocidade desempenha um papel-chave no controle, assim como fazem a folga e o atrito nas engrenagens (lembra-se do Capítulo 4?), e assim por diante. As propriedades físicas

INCERTEZA DO ATUADOR

do robô influenciam os valores exatos dos ganhos, porque limitam o que o sistema faz em resposta a um comando. A *incerteza do atuador* torna impossível para um robô (ou um ser humano) saber o resultado exato de uma ação antes do tempo, mesmo para uma simples ação, como "avance um metro". Enquanto a incerteza do atuador nos impede de prever o resultado exato de ações, podemos usar a probabilidade para fazer uma boa estimativa, supondo que sabemos o suficiente sobre o sistema para configurar corretamente as probabilidades. Para uma leitura mais detalhada sobre robótica probabilística, veja a seção "Para saber mais", no fim do capítulo.

10.4.2 Controle derivativo

Como vimos, a determinação dos ganhos é difícil. Simplesmente aumentar o ganho proporcional não elimina problemas oscilatórios de um sistema de controle. Embora isso possa funcionar para ganhos pequenos (denominados ganhos baixos; ganho é denominado alto ou baixo), à medida que se aumenta o ganho, aumentam as oscilações do sistema junto com ele. O problema básico tem a ver com a distância em relação ao *setpoint*/estado desejado: *quando o sistema está próximo do estado desejado, ele precisa ser controlado de forma diferente do que quando está longe*. Caso contrário, o *momentum* gerado pela resposta do controlador ao erro, sua própria correção, leva o sistema para além do estado desejado e provoca oscilações. Uma solução para esse problema é corrigir o *momentum* do sistema quando se aproxima do estado desejado.

Primeiro, vamos lembrar que:

$$Momentum = massa \times velocidade$$

Como o *momentum* e a velocidade são diretamente proporcionais (quanto mais rápido você se move e/ou quanto maior o seu tamanho, mais força você tem), então podemos controlar o *momentum* controlando a velocidade do sistema. À medida que o sistema se aproxima do estado desejado, subtraímos uma quantidade proporcional à velocidade:

$$- (ganho \times velocidade)$$

TERMO DERIVADO

Esse é chamado *termo derivado* porque a velocidade é a derivada (a taxa de variação) da posição. Assim, um controlador que tem um termo derivado é chamado controlador D.

Um controlador derivativo produz uma saída o (*output*) proporcional à derivada da sua entrada i (*input*):

$$o = K_d \frac{di}{dt}$$

Como antes, K_d é uma constante de proporcionalidade, só que dessa vez com um nome diferente, por isso não pense que você pode usar o mesmo número em ambas as equações.

A intuição por trás do controle derivativo é que o controlador corrige o *momentum* do sistema quando este se aproxima do estado desejado. Vamos aplicar essa ideia ao robô que segue a parede. Um controlador derivativo reduziria a velocidade e o ângulo de giro à medida que a distância da parede ficasse mais próxima do estado desejado, a distância ótima até a parede.

10.4.3 Controle integral

TERMO INTEGRAL

ERRO DE ESTADO ESTACIONÁRIO

Existe também uma outra melhoria que pode ser feita em um sistema de controle: é a introdução do assim chamado *termo integral*, ou *I*. A ideia é que o sistema mantenha um registo de seus próprios erros, especialmente dos erros fixos que se repetem, chamados *erros de estado estacionário*. O sistema integra (soma) esses erros incrementais ao longo do tempo e, quando atingem um limite predeterminado (uma vez que o erro cumulativo se torna grande o suficiente), faz algo para compensá-lo ou corrigi-lo.

Um controlador integral produz uma saída o proporcional à integral da sua entrada *i*:

$$o = K_f \int i(t) dt$$

Nessa equação, K_f é uma constante de proporcionalidade. Você percebeu o padrão?

Como podemos aplicar o controle integral ao nosso robô seguidor de parede?

Na verdade, não é muito fácil, porque nesse caso não existe uma maneira de permitir um aumento do erro de estado estacionário no controlador simples desse exemplo. Essa é uma coisa boa sobre o nosso controlador, portanto, podemos nos dar tapinhas nas costas e passar para outro exemplo. Considere um robô aparador de grama, que percorre o gramado completa e cuidadosamente, indo de um lado para o outro, movendo-se um pouco de cada vez para cobrir a próxima faixa de grama do quintal. Agora, suponha que o robô tem algum erro consistente em seu mecanismo de giro e, por isso, sempre que tenta executar um ângulo de 90 graus a fim de passar para a próxima faixa na grama, na verdade faz um ângulo menor. Consequentemente, o robô não percorre o quintal completamente, e, quanto mais tempo trabalha, pior fica a sua cobertura do quintal. Mas, se houver uma forma de medir o seu erro, ainda que só uma vez, quando ele se tornar grande o suficiente (por exemplo, sendo capaz de detectar que está se movendo em áreas de grama já cortada do lote), é possível aplicar o controle integral para recalibrá-lo.

Agora você sabe sobre P, I e D, os tipos básicos de controle por realimentação. A maioria dos sistemas do mundo real usa, na verdade, combinações desses três tipos básicos; os controladores PD e PID são os mais predominantes e os mais comumente usados em aplicações industriais. Vamos ver como eles são.

10.4.4 Controle PD e PID

O controle PD é uma combinação (na verdade, simplesmente uma soma) dos termos correspondentes ao controle proporcional (P) e ao controle derivativo (D):

$$o = K_p i + K_d \frac{id}{td}$$

O controle PD é extremamente útil e aplicado na maioria das instalações industriais para o controle de processos.

O controle PID é uma combinação (sim, novamente uma soma) dos termos de controle proporcional P, integral I e derivativo D:

$$o = K_p i + K_f \int i(t)td + K_d \frac{id}{td}$$

Na Figura 10.2 há exemplos de trajetórias que seriam produzidas pelo nosso robô seguidor de parede se fosse controlado por controladores em malha fechada P, PD e PID.

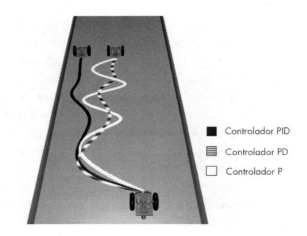

Figura 10.2 Trajetórias diferentes produzidas por controlador via realimentação P, PD e PID.

Você pode aprender muito mais sobre controle por realimentação e outros tópicos da teoria de controle lendo as referências no final deste capítulo. É um grande campo estudado em engenharia elétrica e mecânica.

Antes de prosseguirmos, devemos colocar a teoria de controle no devido lugar em relação à robótica. Como você está vendo e verá muito mais no próximo capítulo, obter robôs para fazer algo útil requer muitos componentes. O controle por realimentação desempenha um papel de baixo nível, por exemplo, no controle das rodas ou de outros atuadores continuamente em movimento. Mas, para outros aspectos do controle do robô, particularmente para atingir objetivos de mais alto nível (navegação, coordenação, interação, colaboração, interação humano-robô), outras abordagens, que são mais adequadas para representar e lidar com tais desafios, devem entrar em jogo. Esses níveis de controle de robôs usam técnicas oriundas do campo da inteligência artificial, mas que já avançaram muito em relação ao que a IA costumava ser em seus primeiros dias, como aprendemos no Capítulo 2. Vamos chegar lá! Aguente firme!

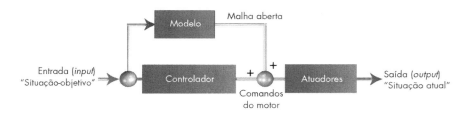

Figura 10.3 Diagrama típico de um controlador em malha aberta.

10.5 Controle em malha aberta

Controle em malha fechada

O controle por realimentação é também chamado *controle em malha fechada*, porque fecha o circuito entre a entrada (*input*) e a saída (*output*) e fornece ao sistema o erro como realimentação.

Qual é uma alternativa ao controle em malha fechada?

Controle em malha aberta

Você adivinhou (ou leu o título da seção): a alternativa para a realimentação ou controle em malha fechada é chamada controle em malha aberta (*feedforward*). Como o próprio nome indica, o *controle em malha aberta* não usa a realimentação sensorial, de modo que o estado não é realimentado pelo sistema. Assim, o circuito entre a entrada e a saída está aberto e não é realmente de todo uma malha (laço). No controle em malha aberta, o sistema executa o comando que é dado com base no que foi previsto, em vez de olhar para o estado do sistema e atualizá-lo enquanto atua, como no controle por realimentação.

Para decidir previamente como agir, o controlador determina os *setpoints* ou submetas previamente estipulados. Isso requer olhar para o futuro (ou olhar para a frente) e prever o estado do sistema, razão pela qual a abordagem é chamada *feedforward*, em inglês. A Figura 10.3 mostra um diagrama esquemático de um controlador de circuito em malha aberta.

Os circuitos abertos ou sistemas de controle em malha aberta podem operar de forma eficaz se bem calibrados e se estiverem em um ambiente previsível. Portanto, são adequados para tarefas repetitivas e independentes de estado. Como você provavelmente já adivinhou, essas tarefas não são muito comuns na área de robótica móvel.

Resumo

- O controle em malha (laço) fechada ou por realimentação (*feedback*) e o controle em malha aberta ou de *feedforward* são aspectos importantes da robótica.
- O controle por realimentação (*feedback*) tem como objetivo minimizar o erro de sistema, ou seja, corrigir a diferença entre o estado atual e o estado desejado.
- O estado desejado ou estado-objetivo é um conceito utilizado em IA, bem como em teoria de controle, e pode vir na forma de objetivo de realização ou manutenção.
- O erro é um conceito complexo, com direção e magnitude. Possui também propriedades cumulativas.
- Os controles derivativo, proporcional e integral são as formas básicas de controle por realimentação, normalmente utilizadas em combinação, em sistemas de controle do mundo real (robótica e outros).

Para refletir

- O que acontece quando você tem um erro de sensor em seu sistema? E se o sensor diz, incorretamente, que o robô está longe de uma parede, mas na verdade não está? E quando ocorre o contrário? Como você poderia resolver essas questões?

- O que você pode fazer usando controle em malha aberta em seu robô? Quando ela poderia ser útil?

Para saber mais

- Os exercícios deste capítulo de *Introdução à robótica* estão disponíveis em: <http://roboticsprimer.sourceforge.net/workbook/Feedback_Control>.
- Se você quiser aprender (muito) mais, aqui estão alguns livros sobre teoria de controle:
  - *Signals and Systems*, de Simon Haykin e Barry Van Veen.
  - *Intelligent Control Systems: Theory and Applications*, editado por Madan M. Gupta e Naresh K. Sinha.
  - *Linear Control System Analysis and Design: Conventional and Modern*, de J. J. D'Azzo e C. Houpis.
  - *Automatic Control Systems*, de B. C. Kuo.

11 Os blocos construtivos do controle
Arquiteturas de controle

O trabalho do controlador é dar "miolos" ao robô, permitindo-lhe autonomia para a realização das tarefas. Vimos que o controle por realimentação em malha fechada (*feedback control*) é uma forma muito boa de escrever controladores que fazem um robô executar um comportamento único, como seguir uma parede, evitar obstáculos, e assim por diante. No entanto, esses comportamentos não requerem muito processamento. A maioria dos robôs tem muito mais coisas para fazer do que apenas seguir uma parede ou evitar obstáculos – tais como sua mera sobrevivência (não bater nas coisas ou ficar sem energia) ou a realização de tarefas complexas (não importa quais sejam). Fazer várias coisas ao mesmo tempo e decidir o que fazer a qualquer hora não é simples nem mesmo para as pessoas, quanto mais para os robôs. Portanto, combinar os controladores que farão o robô produzir o comportamento desejado não é simples, mas é realmente disso que se trata o controle de um robô.

> *Então, como é que você juntaria os vários controladores por realimentação? E se você precisar de mais do que apenas controle por realimentação? Como você decidiria o que é necessário? Que parte do sistema de controle você usaria em uma determinada situação e por quanto tempo? Por fim, que prioridade atribuir a ela?*

Esperamos que você não tenha respostas na ponta da língua para essas perguntas, porque não existe, em geral, uma resposta. Esses são alguns dos maiores desafios no controle de robôs. Aprenderemos a lidar com eles neste e nos próximos capítulos.

11.1 Quem precisa de arquiteturas de controle?

Simplesmente juntar regras ou programas não resulta em robôs bem-comportados, embora possa ser muito divertido, contanto que sejam pequenos e não ofereçam perigo. Embora haja muitas maneiras diferentes de programar um controlador robótico (e há um número infinito de possíveis programas de controle de robôs), a maioria delas é muito ruim, variando desde as completamente incorretas até as que são meramente ineficientes. Para encontrar uma boa (correta, eficiente ou até mesmo ideal) maneira de controlar um determinado robô para uma determinada tarefa, precisamos conhecer alguns princípios norteadores do controle de robôs e as maneiras fundamentalmente diferentes pelas quais os robôs podem ser programados. Tudo isso está compreendido nas arquiteturas de controle do robô.

ARQUITETURA DE CONTROLE

Uma *arquitetura de controle* fornece princípios norteadores e limitações para organizar o sistema de controle de um robô (seu cérebro). Ela ajuda o projetista a programar o robô de uma forma que produzirá o comportamento de saída desejado.

O termo *arquitetura* é usado aqui da mesma forma que em "arquiteturas de computadores", ou seja, representa um conjunto de princípios de projeto computacional baseado em uma coleção de blocos construtivos bem conhecidos. De forma semelhante, nas arquiteturas de robôs, existe um conjunto de blocos construtivos ou ferramentas à sua disposição para tornar mais fácil a tarefa do projeto de controle do robô. As arquiteturas de robôs, assim como as arquiteturas de computadores e, claro, as arquiteturas de prédios "reais", de onde o termo originalmente vem, lidam com estilos, ferramentas, limitações e regras específicas.

Honestamente, você não precisa saber nada sobre arquiteturas de controle para fazer um robô funcionar. Então, por que deveríamos nos importar com este e com os próximos capítulos sobre arquiteturas? Porque há mais coisas na robótica do que fazer robôs simples fazerem coisas simples. Se você está interessado em como conseguir que um robô complexo (ou uma equipe de robôs) faça algo útil e robusto em um ambiente complexo, é necessário saber sobre arquiteturas de controle para ajudá-lo a chegar lá. Tentativa e erro e intuição não vão muito longe, e gostaríamos de levar a robótica para muito longe, muito além disso.

Os blocos construtivos do controle

Você pode estar se perguntando o que queremos dizer exatamente com controle de robôs, já que até agora vimos que ele envolve *hardware*, processamento de sinal e computação. Em geral, isso é verdade: o "cérebro" do robô pode ser implantado com um programa convencional, rodando em um microprocessador, ou pode ser embarcado no *hardware*, ou ainda uma combinação dos dois. O controlador do robô não precisa ser um único programa em um único processador. Na maioria dos robôs, isso está longe de ser verdade, uma vez que, como vimos, há muita coisa acontecendo dentro de um robô. Os sensores, os atuadores e as decisões têm de interagir de forma eficaz a fim de conseguirem que um robô faça o seu trabalho, mas em geral não há uma boa razão para controlar todos esses elementos com um programa único e centralizado – pelo contrário, há muitas razões para não fazê-lo.

Você consegue imaginar algumas dessas razões?

Robustez contra a falha, por exemplo; se o robô é controlado de modo centralizado, a falha em seu único processador faz o robô inteiro parar de funcionar. Mas, antes de pensarmos em como espalhar as diferentes partes do cérebro do robô, vamos voltar à concepção de programas de controle de robôs, não importando onde serão executados.

> *O controle de robôs pode ser executado em* hardware *e em* software; *porém, quanto mais complexo o controlador, é mais provável que ele seja implantado em* software. *Por quê?*

O *hardware* é bom para aplicações rápidas e especializadas, e o *software* é bom para programas flexíveis, mais genéricos. Isso significa que os complicados cérebros dos robôs normalmente envolvem a presença de programas de computador de um tipo ou de outro em execução no robô em tempo real. O cérebro deve estar fisicamente no robô, mas isso pode ser apenas um preconceito baseado em modelos biológicos. Se uma comunicação de rádio é suficientemente confiável, parte do ou todo o processamento pode ocorrer fora do robô. O problema é que a comunicação nunca é perfeitamente confiável, por isso é muito mais seguro manter o seu cérebro com você o tempo todo (não perca a cabeça!). Isso vale tanto para os robôs quanto para as pessoas.

Os cérebros – robóticos ou naturais – usam seus programas para resolver os problemas que atrapalham a realização de seus objetivos e a execução de suas tarefas. A resolução de um problema utilizando um procedimento finito (não interminável) e passo a passo é chamado *algoritmo*, em homenagem ao matemático iraniano Al-Khawarizmi (não parece semelhante, pode ser porque não pronunciamos seu nome corretamente). O campo da ciência da computação dedica grande parte de sua pesquisa ao desenvolvimento e análise de algoritmos para todos os tipos de usos, desde ordenar números até a criação, gerenciamento e manutenção da internet. A robótica também se preocupa com o desenvolvimento e análise de algoritmos (entre muitas outras coisas, como vamos aprender) para usos que sejam relevantes para os robôs, como a navegação (veja o Capítulo 19), manipulação (veja o Capítulo 6), aprendizagem (veja o Capítulo 21) e muitos outros (veja o Capítulo 22). Você pode pensar nos algoritmos como estruturas nas quais programas de computador são baseados.

Algoritmo

11.2 Linguagens de programação para robôs

Então, os cérebros dos robôs são programas de computador e são escritos em linguagens de programação. Você pode se perguntar qual é a melhor linguagem de programação de robôs. Não desperdice o seu tempo: não existe a "melhor" linguagem. Os programadores de robôs usam uma variedade de linguagens que dependem da tarefa do robô, daquilo que estão acostumados a usar, do *hardware* do robô, e assim por diante. O importante é que os controladores dos robôs podem ser implementados em várias linguagens.

Qualquer linguagem de programação que se preze é chamada "máquina de Turing universal", o que significa que, pelo menos em teoria, ela pode ser usada para escrever qualquer programa. Esse nome foi dado em homenagem a Alan Turing, famoso cientista da computação da Inglaterra, responsável por grande parte do trabalho fundamental da ciência da computação durante seus primórdios, na época da Segunda Guerra Mundial. Para ser uma máquina de Turing universal, uma linguagem de programação deve ter as seguintes capacidades: sequenciamento (*a* depois *b* depois *c*), ramificação condicional (se *a* então *b* senão *c*) e iteração (para *a* = 1 até 10 faça algo). Surpreendentemente,

Os blocos construtivos do controle

com apenas essas capacidades, qualquer linguagem pode computar qualquer coisa que seja computável. E provar isso e explicar o que significa ser computável requer uma teoria muito boa e suficientemente formal da ciência da computação. Você poderá aprender sobre ela com as referências sugeridas no fim deste capítulo.

A boa notícia de toda essa teoria é que as linguagens de programação são apenas ferramentas. Você pode usá-las para programar várias coisas, desde calculadoras até agendamento de voos ou comportamentos de robôs. Você pode usar qualquer linguagem de programação para escrever qualquer programa, pelo menos em teoria. Na prática, é claro, você deve ser esperto e exigente e escolher a linguagem mais adequada à tarefa de programação. (Com certeza, você deve ter notado esse assunto repetitivo de encontrar projetos adequados para os sensores, corpos e controladores de robôs, bem como linguagens adequadas para programar os robôs, e assim por diante. É um princípio básico da boa engenharia.)

Se você já fez algum tipo de programação, mesmo que só um pouquinho, sabe que as linguagens de programação existem em uma grande variedade e são, usualmente, específicas para certos usos. Algumas são boas para programar páginas da internet, outras para jogos e há, ainda, outras para robôs, que é o que realmente importa neste livro. Assim, embora não exista a melhor linguagem de programação para robôs, algumas são melhores do que outras. Como a robótica está crescendo e amadurecendo como campo de pesquisa, existem cada vez mais e mais linguagens de programação e ferramentas especializadas.

Várias linguagens de programação têm sido utilizadas para o controle de robôs, variando desde aquelas de uso geral até aquelas que foram especialmente projetadas para isso. Algumas linguagens foram projetadas especificamente para facilitar o trabalho de programação de arquiteturas de controle de robôs em particular. Lembre-se, as arquiteturas existem para fornecer princípios norteadores a um bom projeto de controle de robôs, por isso é particularmente conveniente que a linguagem de programação possa tornar esses princípios fáceis de serem seguidos e difíceis de falhar ao serem seguidos.

A Figura 11.1 mostra uma maneira de compreender as relações entre arquiteturas de controle, controladores de robôs e linguagens de programação. São coisas basicamente diferentes entre si, mas necessárias para conseguir que um robô execute a tarefa programada.

Figura 11.1 Esquema mostrando uma forma de visualizar a relação entre arquiteturas de controle, controladores e linguagens de programação.

11.3 E as arquiteturas são...

Seja qual for a linguagem usada para programar um robô, o que importa é a arquitetura de controle utilizada para implementar o controlador, porque nem todas as arquiteturas são iguais. Pelo contrário, como você verá, as arquiteturas impõem fortes regras e restrições sobre como os programas de robôs são estruturados, e o *software* de controle resultante acaba parecendo muito diferente.

Já concordamos que existem várias maneiras de programar um robô e uma quantidade menor (mas ainda assim grande) de maneiras de programar bem um robô. Todos esses programas eficazes de robôs se encaixam adequadamente em um dos tipos conhecidos de arquiteturas de controle. Melhor ainda: há muito poucos tipos de controle (que conhecemos até agora). Eles são:

1. controle deliberativo;
2. controle reativo;
3. controle híbrido;
4. controle baseado em comportamentos.

Nos próximos capítulos, vamos estudar detalhadamente cada uma dessas arquiteturas; assim, você saberá quais as vantagens e desvantagens de cada uma e qual delas escolher para um determinado robô ou tarefa.

Como a robótica é um campo próximo tanto da engenharia quanto da ciência, há uma grande quantidade de pesquisas em andamento que estão trazendo novos resultados e descobertas. Nas conferências de robótica, há apresentações cheias de desenhos de quadros e flechas

Os blocos construtivos do controle

que descrevem arquiteturas particularmente adequadas para algum problema relacionado ao controle de robôs. Isso está longe de acabar, já que existem muitas coisas que os robôs podem fazer, e muito ainda a ser descoberto. Mas, mesmo que as pessoas continuem desenvolvendo novas arquiteturas, todas as arquiteturas e todos os programas de robôs pertencem a alguma das categorias mencionadas anteriormente, mesmo que o programador não perceba.

Na maioria dos casos, é impossível dizer, apenas observando o comportamento de um robô, qual arquitetura de controle está em uso. Isso ocorre porque várias arquiteturas podem fazer o mesmo trabalho, especialmente em robôs simples. Como já dissemos antes, quando se trata de robôs mais complexos, a arquitetura de controle se torna muito importante.

Antes de mergulharmos em detalhes sobre os diferentes tipos de arquiteturas de controle e sua aplicação mais adequada, vamos ver quais são as questões importantes a serem consideradas e que ajudam a decidir qual arquitetura usar. Para qualquer tipo de robô, tarefa e ambiente, muitas coisas precisam ser levadas em conta, incluindo:

- Existe muito ruído de sensor?
- O ambiente se modifica ou permanece estático?
- O robô pode sentir todas as informações de que necessita? Se não, quanto pode sentir?
- Com que rapidez o robô sente?
- Com que rapidez o robô age?
- Existe muito ruído do atuador?
- O robô precisa se lembrar do passado para fazer seu trabalho?
- O robô precisa pensar no futuro e prever as coisas para fazer seu trabalho?
- O robô precisa melhorar o seu comportamento ao longo do tempo e ser capaz de aprender coisas novas?

As arquiteturas de controle diferem fundamentalmente no modo de tratar as questões a seguir:

- Tempo: qual a rapidez com que as coisas acontecem? Todos os componentes do controlador são executados com a mesma velocidade?

- Modularidade: quais são os componentes do sistema de controle? Qual pode se comunicar com qual?

- Representação: o que o robô sabe e mantém em seu cérebro?

Agora, vamos falar sobre cada uma delas brevemente. Gastaremos mais tempo para entendê-las detalhadamente nos capítulos a seguir.

11.3.1 Tempo

ESCALA DE TEMPO

Tempo, geralmente chamado *escala de tempo*, refere-se à rapidez com que o robô deve responder ao ambiente, comparada à rapidez com que ele pode sentir e pensar. Esse é um aspecto importante do controle e, portanto, tem grande influência na escolha da arquitetura a ser usada.

CONTROLE DELIBERATIVO

CONTROLE REATIVO

Os quatro tipos básicos de arquitetura diferem significativamente na forma como elas tratam o tempo. O *controle deliberativo* olha para o futuro, por isso funciona em uma longa escala de tempo (quanto tempo leva depende de quão longe olha no futuro). Por outro lado, o *controle reativo* responde às demandas imediatas, em tempo real, do ambiente, sem olhar para o passado ou para o futuro, por isso funciona em uma curta escala de tempo. O *controle híbrido* combina a longa escala de tempo do controle deliberativo e a curta escala de tempo do controle reativo, com alguma inteligência entre ambas. Finalmente, o *controle baseado em comportamentos* trabalha para associar todas as escalas de tempo. Tudo isso fará mais sentido à medida que gastamos tempo para conhecer cada tipo de controle e as arquiteturas associadas.

CONTROLE HÍBRIDO

CONTROLE BASEADO EM COMPORTAMENTO

11.3.2 Modularidade

MODULARIDADE

Modularidade refere-se à maneira como o sistema de controle (o programa do robô) é quebrado em pedaços ou componentes, chamados módulos, e como esses módulos interagem entre si para produzir o comportamento geral do robô.

No *controle deliberativo*, o sistema de controle consiste em vários módulos, incluindo sensoriamento (percepção), planejamento e atuação, e esses módulos fazem seu trabalho em sequência, com a saída de um servindo de entrada para o próximo. As coisas acontecem uma de

Os blocos construtivos do controle

cada vez, e não ao mesmo tempo, conforme veremos no Capítulo 13. Já no *controle reativo*, as coisas acontecem ao mesmo tempo, e não uma de cada vez. Todos os múltiplos módulos estão ativos em paralelo e podem enviar mensagens uns aos outros de várias maneiras, como aprenderemos no Capítulo 14. No *controle híbrido*, por sua vez, existem três módulos principais no sistema: a parte deliberativa, a parte reativa e a parte de interação entre elas. As três trabalham em paralelo, ao mesmo tempo, e também se comunicam entre si, como aprenderemos no Capítulo 15. No *controle baseado em comportamentos*, geralmente há mais de três módulos principais, que também trabalham em paralelo e conversam entre si, porém de maneira diferente daquela usada em sistemas híbridos, como abordaremos no Capítulo 16. Então, como você pode ver, quantos módulos existem, o que está em cada módulo, se eles trabalham sequencialmente ou em paralelo e quais podem falar entre si são características distintivas das arquiteturas de controle.

11.3.3 Representação

Finalmente, a *representação*. Essa é uma questão difícil de resumir, por isso justiça seja feita: dedicaremos a ela o capítulo a seguir inteiro.

> *Então, como vamos saber qual arquitetura usar para programar o controlador de um robô em particular?*

Vamos aprender mais sobre as diferentes arquiteturas para que possamos responder a essa pergunta. Depois de falar sobre a representação, nos próximos capítulos, estudaremos cada um dos quatro tipos básicos de arquitetura: deliberativa, reativa, híbrida e baseada em comportamentos.

Resumo

- O controle de um robô pode ser feito por *hardware* e/ou por *software*. Quanto mais complexos forem o robô e sua tarefa, mais controle por *software* é necessário.

- As arquiteturas de controle fornecem princípios norteadores para a concepção de programas e algoritmos de controle de robôs.
- Não existe a melhor linguagem de programação para robôs. Os robôs podem ser programados com uma variedade de linguagens, que vão desde as de propósito geral até as de propósito específico.
- As linguagens de programação de propósito específico podem ser escritas para facilitar a programação de robôs em uma determinada arquitetura de controle.
- As arquiteturas de controle de robôs diferem substancialmente na forma como lidam com o tempo, a modularidade e a representação.
- As principais arquiteturas de controle de robôs são: deliberativa (não utilizada), reativa, híbrida e baseada em comportamentos.

Para refletir

- Qual a importância da linguagem de programação? Ela pode construir ou quebrar um determinado aparelho, dispositivo ou robô?
- Com o constante desenvolvimento de novas tecnologias que usam computação, você acha que haverá cada vez mais ou cada vez menos linguagens de programação?

Para saber mais

- *Introdução à teoria da computação*, escrito por Michael Sipser, é um excelente livro para aprender sobre os tópicos muito abstratos, porém encantadores, apenas tocados de leve neste capítulo.
- Um dos livros mais utilizados para aprender sobre linguagens de programação é *Structure and Interpretation of Computer Programs*, escrito por Harold Abelson e Gerald Jay Sussman.[1] Ele é, na verdade, divertido de ler, embora não seja necessariamente fácil de entender.

---

1   Esse livro não tem edição em português, mas pode ser baixado gratuitamente, em língua inglesa, no *site* da MIT Press no endereço: <http://mitpress.mit.edu/sicp>. (N.T.)

12 O que se passa em sua cabeça?
Representação

Em muitas tarefas e ambientes, o robô pode perceber imediatamente tudo o que precisa saber. Às vezes, no entanto, é útil lembrar o que aconteceu no passado ou tentar prever o que vai acontecer no futuro. Por vezes, também é útil armazenar mapas do ambiente, imagens de pessoas, lugares e várias outras informações que servirão para realizar tarefas.

REPRESENTAÇÃO

A *representação* é a forma pela qual a informação é armazenada ou codificada no robô.

MEMÓRIA

Representação é mais do que memória. Em ciência da computação e na robótica, pensamos em *memória* como um dispositivo de armazenamento utilizado para manter informações. Mas referir-se simplesmente à memória não diz nada sobre o que é armazenado ou como está codificado: se é na forma de números, de nomes, de probabilidades, de localidades x, y, de distâncias, de cores. Representação é o que codifica essas características importantes do que está contido na memória.

"O que é" e "como é" representado tem um grande impacto sobre o controle de robôs. Isso não é surpresa. Na verdade, é o mesmo que dizer: "O que está em seu cérebro influencia o que você pode fazer". Neste capítulo, vamos aprender sobre o que é representação e por que desempenha um papel tão importante no controle de robôs.

> *Como o estado interno – a informação que um sistema robótico mantém (lembre-se do Capítulo 3) – está relacionado com a representação? Seriam a mesma coisa? Se não for, então o que é?*

Em princípio, qualquer estado interno é uma forma de representação. Na prática, o que importa é a forma e a função dessa representação, como é armazenada e como é usada. *Estado interno* normalmente se refere ao *status* do próprio sistema, enquanto a *representação* se refere a informações arbitrárias sobre o mundo que são armazenadas nos robôs.

12.1   As diversas maneiras de se fazer um mapa

Modelo de mundo

Uma representação do mundo é normalmente chamada *modelo de mundo*. Um mapa (como aqueles que são usados na navegação; ver Capítulo 19) é o exemplo mais comumente usado de um modelo de mundo. Para dar um exemplo de como a representação de um mundo particular, o seu mapa, pode variar em forma, vamos considerar o problema de explorar um labirinto.

O que um robô pode armazenar/lembrar para ajudá-lo a percorrer um labirinto?

- O robô pode se lembrar do caminho exato que percorreu até chegar ao final do labirinto (por exemplo, "ir em frente 3,4 cm, virar à esquerda 90 graus, seguir em frente 12 centímetros, virar à direita 90 graus"). O caminho lembrado é um tipo de mapa para chegar ao final do labirinto. É chamado caminho odométrico.

- O robô pode lembrar da sequência de movimentos que fez em determinados pontos de referência identificados no ambiente (por exemplo, "vire à esquerda no primeiro cruzamento, à direita no segundo cruzamento, em linha reta no terceiro"). Essa é outra maneira de armazenar um caminho labiríntico. Esse é um caminho baseado em pontos de referência.

- O robô pode se lembrar do que fazer em pontos de referência característicos do labirinto (por exemplo, "no cruzamento verde ou vermelho, vire à esquerda; no cruzamento vermelho ou azul, vire à direita; no cruzamento azul ou laranja siga em frente"). Esse

O que se passa em sua cabeça?

MAPA TOPOLÓGICO

é um mapa baseado em pontos de referência; é mais do que um caminho, uma vez que ele diz ao robô o que fazer em cada cruzamento, não importando em que ordem o robô o atinge. Uma série de pontos de referência conectados é chamada mapa topológico, pois descreve a topologia, as ligações entre os pontos de referência. Mapas topológicos são muito úteis. (Não os confunda com mapas topográficos, que é algo completamente diferente, relacionado com a representação dos níveis de elevação do terreno.)

- O robô pode se lembrar de um mapa do labirinto por tê-lo desenhado, usando comprimentos exatos de corredores e as distâncias entre as paredes que ele vê. Esse é um mapa métrico do labirinto e é, igualmente, muito útil.

Essas descrições não representam nem de longe todas as maneiras pelas quais o robô pode construir e armazenar um modelo do labirinto. No entanto, esses quatro tipos de modelo já mostram algumas diferenças importantes na maneira como as representações podem ser usadas. O primeiro modelo, o caminho odométrico, é muito específico e detalhado. Ele é útil somente se o labirinto nunca for modificado – se não houver cruzamentos bloqueados ou novos cruzamentos – e apenas se o robô for capaz de manter o controle de distâncias e virar com muita precisão. A segunda abordagem também depende de o mapa não se alterar, mas não exige que o robô seja muito específico sobre as medições, porque se baseia na identificação de pontos de referência (nesse caso, cruzamentos). O terceiro modelo é semelhante ao segundo, mas liga os vários caminhos em um mapa baseado em pontos de referência – uma rede desses pontos de referência armazenados. Finalmente, a quarta abordagem é a mais complicada, porque o robô tem de efetuar muito mais medições no ambiente e armazenar muito mais informações. Por outro lado, é também a mais útil, uma vez que, com ela, o robô pode usar o seu mapa e pensar acerca de outros caminhos possíveis no caso de alguns cruzamentos estarem bloqueados.

A Figura 12.1 ilustra mais algumas das possíveis representações que podem ser usadas por um robô que navega em um labirinto: nenhuma representação, um mapa típico em 2D, uma imagem visual do ambiente e um gráfico da estrutura do labirinto.

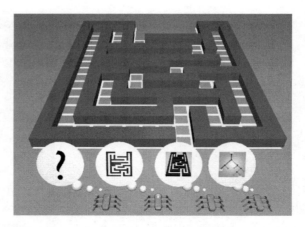

Figura 12.1 Opções de representação possíveis para um robô que navega em um labirinto.

12.2 O que os robôs podem representar?

Os mapas são apenas uma das muitas coisas que um robô pode querer representar, armazenar ou modelar em seu "cérebro". Por exemplo, o robô pode querer recordar quanto tempo as baterias duram e se lembrar de recarregá-las antes que seja tarde demais. Esse é um tipo de automodelo. Além disso, o robô pode querer lembrar que o tráfego é intenso em determinados momentos do dia ou em lugares específicos do ambiente e evitar transitar nesses lugares nos momentos críticos. Pode ainda armazenar dados sobre outros robôs, tais como aqueles que tendem a ser lentos ou rápidos, e assim por diante.

Há numerosos aspectos do mundo que um robô pode representar e modelar, bem como inúmeras formas de fazê-lo. O robô pode representar informações sobre:

- si mesmo: propriocepção (a consciência do próprio corpo), autolimitações, objetivos, intenções e planos;
- ambiente: espaços navegáveis, estruturas;
- objetos, pessoas e outros robôs: coisas detectáveis do mundo;
- ações: resultados de ações específicas no ambiente;
- tarefas: o que precisa ser feito, onde, em que ordem, com que rapidez etc.

O que se passa em sua cabeça?

Como você pode ver, tudo isso pode requerer sensoriamento, computação e memória para adquirir e armazenar alguns tipos de modelo de mundo. Além disso, não é suficiente obter e armazenar um modelo de mundo; também é necessário mantê-lo preciso e atualizado. Caso contrário, se torna de pouca utilidade ou, pior ainda, torna-se enganoso para o robô. Portanto, manter um modelo atualizado requer sensores, computação e memória.

Alguns modelos são muito elaborados, levam muito tempo para serem construídos e são, portanto, mantidos durante toda a vida útil da missão do robô. Mapas métricos detalhados são exemplos desses modelos. Por outro lado, existem modelos que podem ser construídos com relativa rapidez, utilizados por pouco tempo e depois descartados. Um panorama do ambiente que cerca o robô, que mostra o caminho para fora da porta mais próxima e os desvios dos vários obstáculos, é um exemplo de modelo de curto prazo.

12.3 Custos de uma representação

Além de construir e atualizar uma representação, usar essa representação não sai de graça no que diz respeito a custo computacional e de memória. Vamos considerar novamente os mapas: para achar um caminho de um determinado ponto até um local de destino, o robô deve planejar esse caminho. Como veremos com mais detalhes no Capítulo 19, esse processo envolve encontrar todo espaço livre navegável no mapa e, então, fazer uma busca para encontrar um caminho que leve até o destino.

Como consequência do processamento dos requisitos envolvidos na construção, manutenção e uso de uma representação, arquiteturas diferentes têm propriedades muito diferentes, dependendo de como a representação é tratada. Algumas arquiteturas não facilitam o uso de modelos (ou simplesmente não seguem nenhum tipo de modelo, como as reativas), outras utilizam vários tipos de modelo (as híbridas), outras ainda impõem restrições no tempo e no espaço permitidos aos modelos utilizados (as baseadas em comportamentos).

Que tipo de representação um robô deve usar, e por quanto tempo, depende da tarefa, dos seus sensores e do seu ambiente. Ao aprendermos mais sobre as arquiteturas de controle de robôs, veremos que a maneira como uma representação é manipulada, e quanto tempo se gastará nessa manipulação, é uma característica essencial para escolher a arquitetura adequada a um dado robô e tarefa. Portanto, como você pode imaginar, o que está na cabeça do robô tem uma influência muito grande sobre o que o robô pode fazer.

Resumo

- Uma representação é a forma como a informação é armazenada no robô.
- A representação do mundo ao redor do robô é chamada modelo de mundo.
- Uma representação pode assumir uma grande variedade de formas e pode ser usada de diversas maneiras por um robô.
- Um robô pode representar informações sobre si mesmo, sobre outros robôs, objetos, pessoas, o ambiente, tarefas e ações.
- Representações exigem construção e atualização, e isso tem um custo computacional e de memória para o robô.
- Diferentes arquiteturas tratam de modo muito diverso a representação, desde arquiteturas que não admitem nenhuma representação até as que admitem modelos centralizados ou distribuídos do mundo.

Para refletir

- Você acha que os animais usam modelos internos? E os insetos?
- Por que você não desejaria armazenar e utilizar modelos internos?

13 Pense muito, aja depois
Controle deliberativo

A deliberação está relacionada com pensar muito – que é definido como "refletir cuidadosamente na decisão e na ação". O controle deliberativo ampliou-se com o desenvolvimento do campo da inteligência artificial (IA). Como você se lembra da breve história da robótica (Capítulo 2), naqueles dias, a IA foi uma das principais influências na forma como a robótica foi concebida.

Na IA, os sistemas deliberativos foram (e algumas vezes ainda são) usados para resolver problemas, tais como jogar xadrez, em que o pensar muito é exatamente a coisa certa a fazer. Nos jogos e em algumas situações reais, ter tempo para considerar todos os possíveis resultados de várias ações é tanto viável (há tempo para fazê-las) quanto necessário (sem estratégia, as coisas vão mal). Nas décadas de 1960 e 1970, os pesquisadores de IA gostavam tanto desse tipo de raciocínio que criaram uma teoria para afirmar que o cérebro humano funciona dessa maneira, logo, o controle do robô deveria ser assim também. Como você se lembra do Capítulo 2, na década de 1960 os primeiros robôs baseados em IA frequentemente usavam sensores de visão, que requerem uma grande quantidade de processamento, e por isso compensava fazer o robô pensar muito sobre como agir, já que havia tempo (bastante tempo naquela época, que só dispunha daqueles processadores lentos) enquanto este tentava compreender o que era visto no ambiente. O robô Shakey, um precursor de muitos projetos de robótica inspirada em IA, usou o melhor conhecimento em visão de máquina daquela época como entrada de um planejador a fim de decidir o que fazer a seguir, como e para onde ir.

13.1 O que é planejamento?

Então, o que é planejamento?

PLANEJAMENTO
: *Planejamento* é o processo de antecipar possíveis resultados das ações e procurar a sequência de ações que atingirá a meta desejada.

BUSCA
: A *busca* é uma parte inerente do planejamento. Isso envolve examinar a representação disponível [mapa] "procurando um caminho" até o estado-objetivo. Às vezes, é necessário buscar um caminho ótimo (o que pode ser muito demorado, dependendo do tamanho da representação), enquanto outras vezes apenas uma busca parcial é suficiente para chegar à primeira solução possível.

Por exemplo, se um robô tem um mapa de um labirinto e sabe onde ele está e aonde quer chegar (digamos, uma estação de recarga no final do labirinto), ele pode então planejar um caminho a partir de sua posição atual para o objetivo (Figura 13.2). O processo de busca através do labirinto acontece na cabeça do robô, na representação do labirinto, e não no labirinto em si (Figura 13.1). O robô pode fazer uma busca para trás, a partir do objetivo, ou para frente, a partir de onde ele está. Ou pode até mesmo buscar em ambos os sentidos, em paralelo. Essa é a parte boa em utilizar modelos internos ou representações: você pode fazer coisas que não seriam possíveis de ser feitas no mundo real. Considere o labirinto da Figura 13.1, em que o robô é indicado por um círculo preto e o objetivo é indicado como um carregador de bateria. Note que, em cada confluência no labirinto, o robô tem de decidir para onde virar.

O planejamento pressupõe que o robô tente diferentes caminhos em cada intersecção, até que um caminho o leve à saída. Nesse labirinto, em especial, há mais de um caminho para o objetivo, partindo do ponto incial; ao buscar por todo o labirinto (na cabeça dele, claro), o robô pode encontrar os dois caminhos possíveis e, então, selecionar o que parecer melhor. Normalmente, o caminho mais curto é considerado o melhor, já que assim o robô utiliza o menor tempo e menos carga de bateria para alcançá-lo. Em outros casos, os critérios utilizados podem ser "o mais seguro" ou "o menos congestionado". O processo de aprimorar a solução

OTIMIZAÇÃO
: de um problema para alcançar a melhor solução é chamado *otimização*. Como no exemplo do labirinto, diversos valores ou propriedades do problema determinado podem ser otimizados, tal como o comprimento

Pense muito, aja depois

CRITÉRIOS DE OTIMIZAÇÃO

BUSCA DE OTIMIZAÇÃO

de um caminho. Esses valores são chamados *critérios de otimização*. Geralmente, alguns critérios de otimização são conflitantes (por exemplo, o caminho mais curto pode também ser o mais congestionado), portanto, decidir o que e como otimizar não é tão simples. A *busca de otimização* leva em conta mais de uma solução (caminhos, no caso do labirinto); em alguns casos, considera todos os caminhos possíveis.

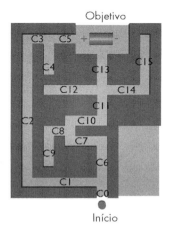

Figura 13.1 Vista de um labirinto onde o robô (indicado com um círculo preto) precisa navegar.

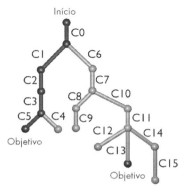

Figura 13.2 Grafo do labirinto informando os dois caminhos possíveis até a saída. Dos dois caminhos, um é o mais curto/melhor.

Em geral, para utilizar a busca e planejar uma solução para um problema particular, é necessário representar o mundo como um conjunto de estados. No exemplo do labirinto, os estados são os corredores, as confluências, o início (onde a busca é iniciada), o estado atual (qualquer lugar em que o robô esteja em um determinado momento) e o objetivo (aonde o robô deve chegar). Em seguida, é realizada a busca para encontrar um caminho que possa levar o robô do estado atual para o estado-objetivo. Se o robô quer encontrar o melhor caminho, o caminho ótimo, ele tem de procurar todos os caminhos possíveis e escolher o ideal com base no critério de otimização escolhido (ou critérios, se mais de um for usado).

13.2 Custos do planejamento

Em labirintos pequenos como o mostrado aqui, o planejamento é fácil, porque o espaço de estados é pequeno. Mas, à medida que o número de estados possíveis se torna maior (como no xadrez, por exemplo), o planejamento se torna mais lento. Quanto mais tempo leva o planejamento, maior a demora em resolver o problema. Na robótica, isso é particularmente importante, uma vez que um robô deve ser capaz de evitar um perigo imediato, como colisões com objetos. Portanto, se o planejamento de caminho leva muito tempo, o robô tem de parar e esperar pelo término do planejamento antes de seguir em frente, ou pode arriscar-se a ter colisões ou chocar-se contra bloqueios no caminho, caso siga em frente sem o plano ter terminado. Esse não é apenas um problema da robótica, é claro; *sempre que há um grande espaço de estados envolvido, o planejamento é difícil.* Para lidar com esse problema fundamental, os pesquisadores de IA encontraram várias maneiras de acelerar as coisas. Uma abordagem muito conhecida é a utilização de hierarquias de estados, nas quais, em princípio, apenas um pequeno número de estados "grandes", "grosseiros" ou "abstratos" é considerado; depois disso, estados mais refinados e detalhados são usados nas partes do espaço de estados que realmente importam. O grafo do labirinto, mostrado na Figura 13.2, é um exemplo de como fazer exatamente isso, ou seja, agrupar todos os estados de um corredor do labirinto e os considerar um único estado de corredor. Existem vários outros métodos inteligentes que podem acelerar a pesquisa e planejamento, além desse apresentado. Todos esses métodos citados são métodos de otimização para o planejamento. Eles sempre envolvem algum tipo de compromisso.

Desde o surgimento da IA, a capacidade de processamento tem evoluído muito e continua a se desenvolver (conforme a lei de Moore; veja o final do capítulo para mais informações sobre ela). Isso significa que espaços de estado maiores podem ser pesquisados muito mais rapidamente do que antes. No entanto, ainda há um limite para o que pode ser feito em *tempo real*, o tempo em que um robô físico se move livremente em um ambiente dinâmico.

> *Em geral, um robô real não pode se dar ao luxo de apenas sentar-se e deliberar. Por que razão?*

Arquiteturas deliberativas, baseadas em planejamento, envolvem três etapas que precisam ser executadas em sequência:

1. sentir (S);
2. planejar (P);
3. agir (A), executar o plano.

Por essa razão, arquiteturas deliberativas, que também são chamadas *Arquiteturas SPA (sentir-planejar-agir)*, como a mostrada na Figura 13.3, têm sérias desvantagens para a robótica. Vejamos quais são elas.

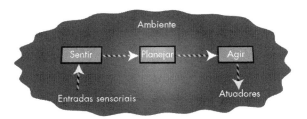

Figura 13.3 Diagrama de uma arquitetura deliberativa clássica, mostrando a sequência dos componentes sentir-planejar-agir (SPA).

Desvantagem 1: Escala de Tempo

Como dissemos, pode levar muito tempo fazer uma busca em grandes espaços de estados. Robôs normalmente têm conjuntos de sensores: alguns sensores digitais simples (interruptores, IRs), alguns mais complexos (sonares, *lasers*, câmeras), alguns sensores analógicos (codificadores, medidores). As entradas desses sensores, quando combinadas, constituem em si um grande espaço de estados. Quando combinadas com modelos internos ou representações (mapas, imagens de locais, caminhos anteriores etc.), o resultado é um espaço de estados grande em que a busca será lenta.

Se o processo de planejamento é lento em comparação com a velocidade de deslocamento do robô, ele tem de parar e esperar que o plano seja terminado, para que ele seja seguro. Então, para progredir, é melhor planejar o menos possível e mover-se o máximo possível entre os planos. Isso incentiva o controle em malha aberta (veja o Capítulo 10), que sabemos que é uma má ideia em ambientes dinâmicos. Se o planejamento é rápido, então a execução não precisa ser em malha aberta, uma vez que o replanejamento pode ser feito em cada etapa; infelizmente, isso é quase sempre impossível quando se trata de problemas do mundo real e de robôs.

Gerar um plano para um ambiente real pode ser muito lento.

Desvantagem 2: Espaço

Representar e manipular o espaço de estados do robô pode requerer uma grande capacidade de armazenamento (ou seja, de memória). A representação deve conter todas as informações necessárias para o planejamento e otimização, como distâncias, ângulos, fotos de pontos de referência, vistas, e assim por diante. A memória de computador é relativamente barata, de modo que o espaço não é um problema tão grande quanto o tempo; entretanto, toda memória é finita, e alguns algoritmos podem usá-la integralmente.

Gerar um plano para um ambiente real pode usar muito intensivamente a memória.

Desvantagem 3: Informação

O planejador supõe que a representação do espaço de estados é precisa e atualizada. Essa é uma suposição razoável porque, se a representação não é correta e atualizada, o plano resultante é inútil. Por exemplo, se um ponto de confluência no labirinto estiver bloqueado e o mapa interno do robô não mostrá-lo como bloqueado, o caminho planejado poderá passar por essa confluência e poderá, portanto, ser inválido, porém o robô não descobrirá isso até chegar fisicamente à confluência. Em seguida, ele terá de recuar e buscar um novo caminho. A representação utilizada pelo planejador deve ser atualizada e revista com a frequência necessária, a fim de mantê-la suficientemente precisa para a tarefa. Assim, quanto mais informação, melhor.

> *Gerar um plano para um ambiente real requer a atualização do modelo do mundo, o que leva tempo.*

Desvantagem 4: Uso de Planos

Além do que já discutimos, todo plano preciso é útil apenas se:

- o ambiente não for alterado durante a execução do plano de forma que o afete;
- o tempo todo o robô sabe qual é o estado do mundo e em qual estado do plano ele se encontra;
- os efetuadores do robô são suficientemente precisos para executar cada etapa do plano a fim de tornar possível o próximo passo.

> *A execução de um plano, mesmo que seja praticável, não é um processo trivial.*

Todos os desafios anteriores do controle deliberativo, SPA, tornaram-se evidentes para os primeiros roboticistas nos anos 1960 e 1970. Eles foram ficando cada vez mais insatisfeitos, até que (como vimos no Capítulo 2), no início dos anos 1980, propuseram alternativas: controles reativo, híbrido e baseado em comportamentos, que estão em uso até hoje.

O que aconteceu com os sistemas puramente deliberativos?

Como resultado do trabalho em robótica desde a década de 1980, arquiteturas puramente deliberativas não são mais usadas na maioria dos robôs físicos, porque a combinação de sensores, efetuadores e desafios da escala de tempo no mundo real, descritos anteriormente, as tornam impraticáveis. No entanto, existem exceções. Algumas aplicações exigem uma grande carga de planejamento e não sofrem a pressão do tempo, enquanto apresentam um ambiente estático e de baixo grau de incerteza na execução. Tais domínios de aplicação são extremamente raros, mas eles existem. A cirurgia robótica é uma dessas aplicações. Um plano perfeito é calculado para que o robô siga (por exemplo, a perfuração do crânio do paciente ou do osso do quadril), e o ambiente é mantido perfeitamente estático ("parafusando", literalmente, parte do corpo do paciente a ser operado à mesa de operações), de forma que o plano se mantenha acurado e sua execução seja precisa.

A deliberação pura está viva, e bem, em outros usos fora da robótica, como na IA aplicada a jogos (xadrez, *go*[1] etc.). Em geral, sempre que o mundo for estático, com tempo suficiente para planejar e sem incerteza de estado, a deliberação pura é uma coisa boa de se usar.

E os problemas da robótica que requerem planejamento?

A abordagem SPA não foi abandonada na área de robótica. Ao contrário, sofreu uma ampliação. Dados os problemas fundamentais com abordagens puramente deliberativas, as seguintes melhorias foram feitas:

- a busca/planejamento é lenta, então devemos salvar/armazenar na memória cache decisões importantes e/ou urgentes;
- a execução do plano em malha aberta é ruim, então devemos usar a realimentação em malha fechada e estar prontos para responder ou replanejar quando o plano falhar.

---

1   *Go* é um jogo de tabuleiro oriental (e antigo) considerado equivalente em termos de estratégia ao xadrez. (N.T.)

No Capítulo 15, vamos ver como o modelo SPA foi incorporado de maneira vantajosa aos robôs modernos.

Resumo

- As arquiteturas deliberativas são também chamadas arquiteturas SPA, de sentir-planejar-agir.
- Elas decompõem o controle em módulos funcionais, cada qual desempenhando funções diferentes e independentes (por exemplo, sentir-mundo; gerar-plano; traduzir-plano-em-ação).
- Elas executam os módulos funcionais sequencialmente, usando as saídas de um como entradas do próximo.
- Elas usam representação e raciocínio centralizados.
- Elas podem exigir raciocínio computacional intenso e, portanto, lento.
- Elas incentivam a execução dos planos gerados em malha aberta.

Para refletir

- Pode-se usar o controle deliberativo sem se ter alguma representação interna?
- Os animais podem planejar? Quais deles, e o que eles planejam?
- Se você tivesse memória perfeita, ainda assim precisaria planejar?

Para saber mais

- Os exercícios deste capítulo estão disponíveis em: <http://roboticsprimer. sourceforge.net/workbook/Deliberative_Control>.
- Em 1965, Gordon Moore, um dos cofundadores da Intel, fez uma importante observação: o número de transistores por polegada quadrada em circuitos integrados tem dobrado a cada ano, desde quando o circuito integrado foi inventado. Moore previu que essa tendência continuaria no futuro próximo. Nos anos seguintes, o

ritmo diminuiu um pouco, para cada dezoito meses aproximadamente. Assim, a lei de Moore prevê que o número de transistores por polegada quadrada em circuitos integrados dobrará a cada dezoito meses, até pelo menos o ano 2020. Essa lei tem um impacto importante na indústria de computadores, na robótica e até mesmo na economia global.

14 Não pense, reaja!
Controle reativo

O controle reativo é um dos métodos mais utilizados no controle de robôs. Ele se baseia em uma forte ligação entre os sensores e os efetuadores. Os *sistemas* puramente *reativos* não usam nenhuma representação interna do ambiente nem olham para o futuro a fim de antever os possíveis resultados de suas ações: eles operam em uma curta escala de tempo e reagem à informação sensorial atual.

SISTEMAS REATIVOS

Os sistemas reativos usam um mapeamento direto entre sensores e efetuadores, além de informações mínimas (se houver) sobre o estado. Esses sistemas consistem em conjuntos de regras que combinam situações específicas a ações específicas (Figura 14.1). Você pode pensar em regras reativas como algo semelhante a *reflexos*, ou seja, respostas inatas que não envolvem nenhum pensamento, como afastar a sua mão depois de tocar um forno quente. Os reflexos são controlados pelas fibras nervosas da medula espinhal, e não pelo cérebro. Isso ocorre para permitir maior rapidez. O tempo necessário para que um sinal neural chegue do dedo potencialmente queimado que tocou o forno quente até o cérebro e volte, bem como a computação para decidir o que fazer entre a ida e a volta, é muito longo. Para garantir uma reação rápida, os reflexos não percorrem todo o caminho até o cérebro, mas até a medula espinhal, que está muito mais próxima do restante do corpo. Os sistemas reativos são baseados exatamente no mesmo princípio: a computação complexa é inteiramente removida a fim de promover repostas rápidas, armazenadas e pré-computadas.

Os sistemas reativos consistem em um conjunto de situações (estímulos, também chamados condições) e um conjunto de ações (respostas, também chamadas ações ou comportamentos). As situações podem ser baseadas nas entradas sensoriais ou no estado interno. Por exemplo, um robô pode virar seja para evitar um obstáculo que é detectado, seja porque um temporizador interno indicou que era hora de mudar de rumo e ir para outra área. Esses exemplos são muito simples; regras reativas podem ser muito mais complexas, envolvendo combinações arbitrárias entre as entradas externas e o estado interno.

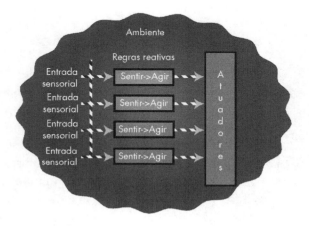

Figura 14.1 Diagrama de uma arquitetura reativa, mostrando os módulos paralelos, concorrentes e capazes de realizar tarefas.

A melhor maneira de manter um sistema reativo simples e direto é possibilitar que cada situação única (estado) seja detectada pelos sensores do robô, disparando apenas uma única ação. Nesse projeto, as condições são ditas *mutuamente exclusivas*, o que significa que elas excluem umas as outras. Somente uma delas pode ser verdadeira em cada momento.

CONDIÇÕES MUTUAMENTE EXCLUSIVAS

Contudo, geralmente é muito difícil separar todas as situações possíveis (estados do mundo) dessa forma. Isso pode exigir uma codificação desnecessária. Para garantir condições mutuamente exclusivas, o controlador deve codificar regras para todas as possíveis combinações de entradas sensoriais. Lembre-se (Capítulo 3) de que todas essas combinações, quando colocadas juntas, definem o espaço sensorial do robô. Para um robô com um 1-*bit*, tal qual um interruptor, esse total é de duas possibilidades (ligado e desligado); para um robô com dois interruptores, o total é de quatro possibilidades, e assim por diante. Conforme os sensores crescem em número e complexidade, o espaço combinatório de todas as possíveis entradas sensoriais, ou seja, o espaço sensorial, rapidamente se torna impossível de manejar. Na ciência da computação, na IA e na robótica, o termo formal para "impossível de manejar" é *intratável*. Codificar e armazenar esse grande espaço sensorial exigiria uma tabela de consultas rápidas gigantesca, e a busca por meio de toda essa imensa tabela seria lenta, a menos que alguma técnica inteligente de busca paralela seja usada.

INTRATÁVEL

Assim, para fazer um sistema reativo completo, o espaço de estado total do robô (todos os possíveis estados internos e externos) deve ser unicamente acoplado ou mapeado às ações adequadas, resultando no espaço de controle completo.

O projeto do sistema reativo está tomando forma por meio desse conjunto completo de regras. Isso é feito em "tempo de projeto", e não em "tempo de execução", quando o robô está ativo. Isso significa que ele requer que o projetista pense um bocado (que é o que todo projetista deve fazer), mas não requer que o robô pense (diferentemente do controle deliberativo, no qual o sistema tem de pensar um bocado).

Em geral, o mapeamento completo entre todo o espaço de estado e todas as respostas possíveis não é usado em sistemas reativos concebidos manualmente. Em vez disso, o programador/projetista identifica as situações importantes e escreve regras para cada uma delas. As demais são tratadas com respostas-padrão. Vamos ver como isso é feito.

Suponha que você tenha sido convidado a escrever um controlador reativo que permitirá a um robô se movimentar evitando obstáculos. O robô tem dois bigodes simples, um à esquerda e um à direita. Cada bigode retorna um *bit*, "ligado" ou "desligado"; "ligado" indica o contato com uma superfície (ou seja, o bigode está curvado). Um controlador reativo simples que utiliza esses sensores para seguir paredes ficaria assim:

```
Se o bigode esquerdo está curvado, vire à direita.
Se o bigode direito está curvado, vire à esquerda.
Se ambos os bigodes estão curvados, volte e vire para
a esquerda.
Caso contrário, continue se movendo.
```

Nesse exemplo, há apenas quatro entradas sensoriais possíveis, abrangendo todas as possibilidades. Por isso, o espaço sensorial do robô é quatro, e, sendo assim, existem quatro regras reativas. A última regra é um padrão, embora abranja apenas um caso restante possível.

Um robô que usa o controlador mencionado anteriormente poderia oscilar, caso fosse a um canto em que os dois bigodes se alternam em tocar nas paredes. Como você pode contornar esse problema muito comum?

Há dois modos mais usados:

1. *Use um pouco de aleatoriedade.* Ao virar, escolha um ângulo aleatório em vez de um fixo; isso introduz variação no controlador e o impede de ficar preso permanentemente a uma oscilação. Em geral, a adição de um pouco de aleatoriedade evita qualquer situação em que se fique permanentemente preso. No entanto, ainda assim, poderia levar um longo tempo para sair de um canto.

2. *Grave um breve histórico.* Lembre-se da direção em que o robô virou na etapa anterior (1 *bit* de memória) e vire na mesma direção novamente, caso essa situação ocorra de novo em um curto intervalo de tempo. Isso mantém o robô virando em uma única direção e, finalmente, o leva para fora do canto, em vez de fazê-lo oscilar. No entanto, existem ambientes em que isso pode não funcionar. Agora, suponha que, em vez de apenas dois bigodes, o robô tenha um anel de sonares (12 deles, para cobrir um ângulo de 360 graus, como você aprendeu no Capítulo 9). Os sonares são rotulados de 1 a 12. Os sonares 11, 12, 1 e 2 estão na parte da frente do robô; os sonares 3 e 4 estão no lado direito do robô; os sonares 6 e 7 estão na parte de trás, e os sonares 9 e 10 estão à esquerda; os sonares 5 e 8 também serão usados, não se preocupe. A Figura 14.2 mostra a localização dos sonares no corpo do robô. Isso fornece muito mais entradas sensoriais que os dois bigodes, o que permite criar um robô mais inteligente, pois você pode escrever outras regras reativas.

Não pense, reaja!

Mas quantas regras você precisa ter? Quais delas são as corretas?

Você poderia considerar cada sonar individualmente, mas, então, você teria muitas combinações de sonares com que se preocupar, além de muitos valores possíveis (de 0 a 9,6 metros, lembrando-se do alcance dos sonares Polaroid do Capítulo 9). Na realidade, o robô não se importa com o retorno de cada um dos sonares individualmente. É mais importante se concentrar em quaisquer valores de sonar que sejam realmente curtos (o que indica que um obstáculo está próximo) e em áreas específicas ao redor do robô (por exemplo, a frente, os lados etc.)

Figura 14.2 Configuração em anel de sonares e as zonas de navegação de um robô móvel.

Vamos começar pela definição de apenas duas áreas de distância em torno do robô:

1. Zona perigosa: leituras curtas, indicando que as coisas estão muito perto.

2. Zona segura: leituras razoáveis, boas para seguir as bordas dos objetos, mas não para coisas muito distantes.

Agora vamos usar essas duas zonas e escrever um controlador reativo para o robô que considera grupos de sonares, em vez de sonares individuais:

```
(caso
  (se (mínimo (sonares 11 12 1 2)) <= zona perigosa
       e
     (não parado)
   então
       pare)
   (se ((mínimo (sonares 11 12 1 2)) <= zona perigosa
         e
       parado)
   então
     mova-se para trás)
   (caso contrário
     mova-se para frente))
```

Esse controlador consiste em duas regras reativas. Conforme já aprendemos, normalmente é preciso mais do que uma única regra para fazer algo.

O controlador freia o robô se houver um objeto muito próximo à sua frente, detectado quando a menor leitura dos quatro sonares frontais estiver dentro da zona perigosa. Se o robô já estiver parado e o objeto estiver muito próximo (na zona perigosa), o robô recuará. O resultado geral é um movimento seguro para frente.

No entanto, o controlador não verifica as laterais e a parte traseira do robô. Se supusermos que o ambiente do robô é estático (com móveis, paredes) ou que contenha pessoas atentas, sem colisões laterais ou na parte posterior do robô, esse controlador vai se sair muito bem. Mas, se o ambiente inclui crianças, outros robôs ou pessoas apressadas, então é de fato necessário verificar todos os sonares, e não apenas os quatro frontais.

Seguir em frente e parar ao encontrar obstáculos não é tudo o que queremos do nosso robô. Vamos adicionar outro controlador, que podemos considerar como outra camada ou módulo em uma arquitetura reativa, para torná-lo mais capaz de se mover livremente em seu ambiente:

```
(caso
  (se ((sonar 11 ou 12) <= zona segura
       e
     (sonar 1 ou 2) <= zona segura)
   então
```

```
    vire à esquerda)
(se (sonar 3 ou 4) <= zona segura
então
    vire à direita))
```

Esse controlador faz o robô desviar de obstáculos detectados. Já que a zona segura é maior que a zona perigosa, o controlador permite que o robô se afaste gradualmente antes de ficar muito perto de um obstáculo e ser forçado a parar, como no controlador anterior. Caso os obstáculos sejam detectados em ambos os lados, o robô virará coerentemente para a esquerda, a fim de evitar oscilações.

Ao combinar os dois controladores, temos um comportamento perambulante, que evita os obstáculos a uma distância segura, enquanto se move suavemente por entre eles, e também evita colisões com obstáculos imprevistos próximos, parando e retornando.

14.1   Seleção da ação

Os controladores descritos anteriormente usam condições (e padrões) específicas e mutuamente excludentes, de modo que as suas saídas nunca estão em conflito, porque uma única situação/condição pode ser detectada por vez. Se as regras não são disparadas por condições mutuamente excludentes, mais de uma regra pode ser disparada pela mesma situação, resultando em dois ou mais comandos de ações diferentes sendo enviados para o(s) efetuador(es).

SELEÇÃO DA AÇÃO

A *seleção da ação* é o processo de decidir entre as múltiplas ações ou comportamentos possíveis. Ela pode selecionar apenas uma ação de saída ou pode combinar as ações para produzir um resultado. Essas duas abordagens são chamadas arbitragem e fusão.

ARBITRAGEM DE COMANDO

A *arbitragem de comando* é o processo de selecionar uma ação ou comportamento entre vários candidatos.

FUSÃO DE COMANDO

A *fusão de comando* é o processo de combinar múltiplas ações ou comportamentos de candidatos em uma ação/comportamento única de saída para o robô.

As duas alternativas são mostradas na Figura 14.3, como parte do sistema reativo genérico.

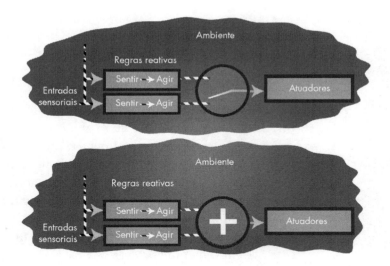

Figura 14.3 Dois tipos básicos de seleção de ação: arbitragem (acima) e fusão (abaixo).

No entanto, a seleção da ação é um dos grandes problemas da robótica, além dos sistemas reativos. Existe uma grande quantidade de trabalhos (teóricos e práticos) sobre diferentes métodos de arbitragem e fusão de comandos. Vamos aprender muito mais sobre esse interessante problema no Capítulo 17.

Apesar de um sistema reativo poder utilizar a arbitragem para decidir qual ação executar e, por conseguinte, executar apenas uma ação de cada vez, ele ainda precisa monitorar suas regras em paralelo, concorrentemente, para que esteja preparado para responder a uma ou mais condições.

Utilizando o exemplo do robô seguidor de parede, seus dois bigodes têm de ser monitorados o tempo todo ou todos os sonares têm de ser monitorados o tempo todo, pois um obstáculo pode aparecer em qualquer lugar e a qualquer momento. No exemplo do seguidor de parede, existem poucas regras (pelo menos no caso dos "bigodes"), portanto, dado um processador rápido, essas regras podem ser verificadas sequencialmente e nenhum tempo de resposta seria realmente perdido. Mas algumas regras podem levar algum tempo para ser executadas. Considere o seguinte controlador:

Não pense, reaja!

```
Se não houver nenhum obstáculo à frente, avance.
Se houver um obstáculo à frente, pare e vire-se.
Inicie um contador. Após 30 segundos, escolha aleato-
riamente entre a esquerda e a direita e vire 30 graus.
```

Que tipo de comportamento esse controlador produz? Ele produz um perambular aleatório que evita obstáculos (e não é muito bom em evitá-los). Note que as condições das três regras anteriores requerem diferentes quantidades de tempo para ser computadas. As duas primeiras checam as entradas sensoriais, enquanto a terceira usa um temporizador. Se o controlador executar as regras sequencialmente, ele terá de esperar 30 segundos na terceira regra antes de poder verificar a primeira regra novamente. Durante esse tempo, o robô poderia colidir com algum obstáculo.

Os sistemas reativos devem ser capazes de suportar o paralelismo, que é a capacidade de controlar e executar várias regras de uma só vez. Em termos práticos, isso significa que a linguagem de programação subjacente deve ter a capacidade de *multitarefa*, para executar vários processos/regras/comandos em paralelo. A capacidade de multitarefa é crítica em sistemas reativos. Se um sistema não puder monitorar seus sensores em paralelo e, em vez disso, os verificar em sequência, ele poderá perder um evento, ou pelo menos o início de um evento, e consequentemente deixará de reagir em tempo hábil.

MULTITAREFA

Você já pode notar que a concepção de um sistema reativo para um robô pode ser muito complicada, já que várias regras (potencialmente, um grande número delas) devem ser reunidas de uma maneira que produza um comportamento efetivo, confiável e orientado para o objetivo.

> *Como é que podemos organizar um controlador reativo seguindo princípios? Usando arquiteturas que foram especificamente concebidas para esse propósito.*

A melhor arquitetura de controle reativo é a *arquitetura de subsunção*, apresentada pelo professor Rodney Brooks, do MIT, em 1985. Atualmente, já é bem velhinha, mas ainda é boa e encontra o seu lugar entre um grande número de sistemas reativos, híbridos e baseados em comportamento.

14.2 Arquitetura de subsunção

A ideia básica da arquitetura de subsunção é construir sistemas de forma incremental, partindo das partes simples para as mais complexas, usando sempre os componentes já existentes, tanto quanto possível, no novo dispositivo que está sendo construído. Vejamos como funciona.

Sistemas de subsunção consistem em um conjunto de módulos ou camadas, no qual cada uma delas executa uma tarefa. Essas camadas podem ser "mover-se livremente", "evitar obstáculos", "encontrar portas", "visitar salas" e "recolher latas de refrigerante", entre outros objetivos. Todas as camadas executoras de tarefas trabalham ao mesmo tempo, ao invés de sequencialmente. Isso significa que as regras de cada uma delas estão prontas para serem executadas a qualquer momento, sempre que certa situação acontece. Como você se lembra, essa é a premissa dos sistemas reativos.

Os módulos ou camadas são projetados e adicionados ao robô incrementalmente. Se numerarmos as camadas de 0 para cima, vamos primeiro projetar, implantar e depurar a camada 0. Vamos supor que a camada 0 é "mover-se livremente", a qual mantém o robô em movimento. Em seguida, adicionamos a camada 1, "evitar obstáculos", que para e vira ou se afasta sempre que um obstáculo é detectado. Essa camada já pode se aproveitar da camada 0 existente, que movimenta o robô, para que as camadas 0 e 1, juntas, resultem no robô se movendo sem colisões. Em seguida, adicionamos a camada 2, que pode ser "encontrar portas", que procura por portas enquanto o robô perambula seguramente. E assim por diante, até que todas as tarefas desejadas possam ser alcançadas pelo robô por meio da combinação das camadas.

Mas há uma sacada! As camadas mais elevadas também podem desativar temporariamente uma ou mais camadas abaixo delas. Por exemplo, evitar obstáculos pode impedir que o robô se mova. O resultado é um robô que fica parado, mas pode virar e se afastar caso alguém se aproxime dele. Em geral, desativar o módulo de evitar obstáculos é algo perigoso de se fazer e, por essa razão, isso quase nunca é feito em um sistema de robô real; no entanto, ter camadas superiores capazes de desabilitar seletivamente as camadas mais baixas, em um sistema reativo, é um dos princípios da arquitetura de subsunção. Essa manipulação é feita em apenas uma das duas formas mostradas na Figura 14.4:

1. As entradas de uma camada/módulo podem ser suprimidas. Dessa forma, o módulo não recebe informações sensoriais e, portanto, não computa nenhuma reação nem envia sinais de saída aos efetuadores ou a outros módulos.

2. As saídas de uma camada/módulo podem ser inibidas. Dessa forma, o módulo recebe entradas sensoriais e executa a sua computação, mas não pode controlar nenhum dos efetuadores ou outros módulos.

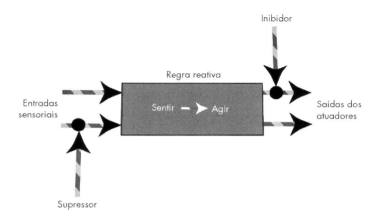

Figura 14.4 Métodos de subsunção para a interação entre camadas/módulos: supressão das entradas (à esquerda) e inibição das saídas (à direita).

O nome arquitetura de subsunção vem da ideia de que as camadas mais altas supõem que as camadas inferiores existem e perseguem seus objetivos, de modo que as camadas mais altas possam, assim, usar as inferiores para ajudá-las a alcançar seus próprios objetivos, seja usando-as enquanto estão em funcionamento, seja inibindo-as seletivamente. Dessa forma, as camadas superiores "subsomem" as camadas mais baixas.

Há vários benefícios em organizar sistemas reativos com a arquitetura de subsunção. Primeiro, ao projetar e depurar o sistema de forma incremental, evitamos ficar sobrecarregados com a complexidade da tarefa global do robô. Segundo, se quaisquer camadas ou módulos de nível superior de um robô usando subsunção falharem, as camadas de nível inferior continuarão funcionando sem serem afetadas.

DE BAIXO PARA CIMA

O projeto de controladores de subsunção é baseado no paradigma *"bottom-up"* (*de baixo para cima*), porque progride do mais simples para o mais complexo, já que as camadas são adicionadas gradualmente. Essa é uma boa prática de engenharia, mas a inspiração original do inventor veio da biologia. Brooks inspirou-se no processo evolutivo, que introduz novas habilidades com base nas já existentes. Os genes funcionam utilizando o processo de mistura (cruzamento cromossômico) e de mudança (mutação) do código genético existente. Então, criaturas completas não são jogadas fora e criaturas novas não são criadas a partir do zero. Em vez disso, as coisas boas que funcionam são guardadas e utilizadas como base para o acréscimo de mais coisas boas. Assim, a complexidade aumenta com o passar do tempo. A Figura 14.5 mostra um exemplo de sistema de controle de subsunção. Está construído "de baixo para cima", adicionando cada camada de forma incremental.

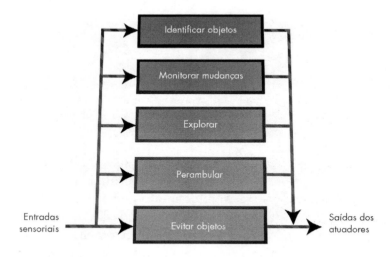

Figura 14.5 Sistema de controle de robô baseado em subsunção.

Construir de modo incremental contribui para o processo de projetar e depurar, e o uso de camadas é útil para modularizar o controlador do robô. Isso também é uma boa prática de engenharia. Caso contrário, se tudo estivesse aglomerado, seria mais difícil de projetar, de depurar, de mudar e de melhorar posteriormente.

A eficácia da modularidade também depende de não se permitir que todos os módulos estejam acoplados uns aos outros, pois isso elimina o propósito de dividi-los. Portanto, na arquitetura de subsunção, o objetivo é ter poucas conexões entre as diferentes camadas. As únicas ligações permitidas para uso são de inibição e supressão. Dentro das camadas, é claro, há uma abundância de conexões, pois várias regras são postas em conjunto a fim de produzir um comportamento voltado para a realização de tarefas. Claramente, é preciso mais do que uma regra para fazer o robô evitar obstáculos, encontrar portas, e assim por diante. Mas, ao manter separadas as regras de cada tarefa singular, o sistema se torna mais gerenciável para se projetar e manter.

Portanto, na arquitetura de subsunção, usamos conexões *fortemente acopladas* dentro das camadas e conexões *fracamente acopladas* entre as camadas.

> *Como é que decidimos o que constitui uma camada da arquitetura de subsunção? Qual deve ir para cima ou para baixo?*

Infelizmente, não há respostas prontas para questões de projeto mais difíceis. Tudo depende das especificidades do robô, do ambiente e da tarefa. Não existe uma receita rígida, mas algumas soluções são melhores do que outras. A maior parte da habilidade dos projetistas de robôs é adquirida por meio de tentativa e erro, basicamente pela prática.

14.3 Herbert, ou como sequenciar comportamentos através do mundo

> *Como você faria um robô reativo executar uma sequência de comportamentos? Por exemplo, considere a seguinte tarefa: buscar latas de refrigerante, encontrar as vazias, pegá-las e trazê-las de volta ao ponto de partida.*

Se você está pensando que pode fazer uma camada/módulo ativar outro em sequência, você está certo; porém, esse não é o melhor caminho. O acoplamento entre as regras reativas, ou camadas de subsunção, não precisa ser feito pelo sistema em si, ou seja, por meio de uma comunicação explícita, mas sim pelo próprio ambiente.

Um robô bem conhecido, chamado Herbert, que usava a arquitetura de subsunção, criado por Jonathan Connell (um aluno de doutorado de Brooks) no final de 1980, usou essa ideia para realizar a tarefa de recolher latas de refrigerante. Eis aqui como ele o fez.

Herbert tinha uma camada que o movia livremente sem colidir com obstáculos. (Como você vai descobrir, cada robô móvel tem essa camada/capacidade/comportamento, e ela geralmente é reativa, pela razão óbvia de que uma navegação livre de colisões exige a capacidade de responder rapidamente.) A camada de navegação do Herbert utilizava sensores de infravermelho. Ele também tinha uma camada que usava um feixe de *laser* e uma câmera para detectar as latas de refrigerante (encontrando a correspondência entre a largura particular detectada em uma imagem visual e a largura da lata, um truque muito inteligente). Herbert também tinha um braço e uma camada de controle que podia estender o braço, sentir se havia algo em sua garra, fechá-la e recolher o braço. Inteligentemente, todas essas ações do braço estavam separadas e não eram ativadas internamente em sequência. Em vez disso, eram ativadas pela detecção do ambiente e do robô diretamente, desta forma:

```
Se você enxergar algo que se parece com uma lata de
refrigerante,
    Aproxime-se do objeto
Se ele ainda parece uma lata de refrigerante de perto,
    estenda o braço
    senão, vire e vá embora

Sempre que o braço estiver estendido,
    verifique se há algo entre as pinças

Sempre que os sensores da pinça (quebra de feixe por
IV) detectam algo,
    feche a pinça
```

```
Sempre que a pinça estiver fechada e o braço estendido,
   recolha o braço

Sempre que o braço estiver recolhido e a pinça fechada,
   volte e jogue fora a lata
```

Herbert possuía um controlador muito inteligente. Veja o seu diagrama na Figura 14.6. Ele nunca usou nenhum sequenciamento "explícito", mas, ao invés disso, verificava as diferentes situações no mundo (o ambiente e o robô juntos) e reagia de forma adequada. Note, por exemplo, que era seguro que Herbert fechasse sua garra sempre que sentisse alguma coisa nela, porque a única maneira de ele sentir algo na garra era depois de já ter encontrado as latas e estendido o braço para alcançar algumas delas. Da mesma forma, era seguro que Herbert puxasse o braço para trás quando a garra fechasse, pois ela só se fechava quando estava segurando uma lata. E assim por diante.

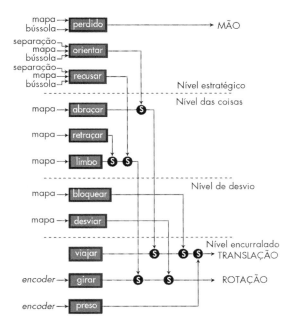

Figura 14.6 Arquitetura de controle do robô Herbert.

A propósito, caso você esteja se perguntando como ele sabia se as latas estavam vazias ou cheias, ele usava um simples medidor de força para medir o peso da lata que estava segurando. Ele pegava apenas as latas leves.

Herbert não possuía comunicação interna entre as camadas e as regras que permitiam "encontrar a lata", "agarrá-la", "recolher o braço" e "mover-se livremente" e, ainda assim, executava tudo na sequência correta todas as vezes, sendo capaz de executar a sua tarefa de "recolher latas". A grande ideia aqui é que Herbert usava as entradas sensoriais como um meio de fazer suas regras e camadas interagirem. Brooks chamou isso "interação através do mundo".

Outro lema, também de Brooks, recomenda "usar o mundo como seu próprio modelo". Esse é um princípio fundamental da arquitetura de subsunção e dos sistemas reativos em geral: se o mundo pode dar informações diretamente (por meio de sensoriamento), é melhor que o robô as receba dessa forma do que armazená-las internamente em uma representação (que pode ser grande, lenta, cara e desatualizada).

A seguir, você encontrará os princípios norteadores da arquitetura de subsunção:

- sistemas são construídos "de baixo para cima";
- os componentes são ações/comportamentos que realizam tarefas (e não módulos funcionais);
- os componentes podem ser executados em paralelo (multitarefa);
- os componentes estão organizados em camadas;
- as camadas mais baixas lidam com as tarefas mais básicas;
- componentes e camadas recém-adicionados aproveitam-se dos já existentes, e cada componente fornece um forte acoplamento entre sentir e agir, que não pode ser interrompido;
- não existem modelos internos, "o mundo é seu próprio modelo".

A arquitetura de subsunção não é o único método de estruturação de sistemas reativos, mas é um método muito conhecido, por causa de sua simplicidade e robustez. Ela tem sido amplamente utilizada em vários robôs que interagem com ambientes dinamicamente variáveis e incertos, de forma bem-sucedida.

Não pense, reaja!

Quantas regras são necessárias para montar um sistema reativo?

Agora, você sabe que a resposta é "Isso depende da tarefa, do ambiente e dos sensores do robô". Mas é importante lembrar que, para qualquer tipo de robô, tarefa e ambiente especificado *previamente*, pode-se definir um sistema reativo completo que permita ao robô atingir seus objetivos. No entanto, esse sistema pode ser proibitivamente grande, pois pode ter um grande número de regras. Por exemplo, é teoricamente possível escrever um sistema reativo para jogar xadrez, se codificarmos tudo em uma tabela de consulta rápida gigantesca, que fornece o movimento ótimo para cada posição possível no tabuleiro. É claro que o número total de todas as posições possíveis do tabuleiro, bem como todas as jogadas possíveis a partir de todas essas posições, é demasiadamente grande para um ser humano se lembrar, ou até mesmo para uma máquina computar e armazenar. Mas, para problemas menores, como jogo da velha e gamão, essa abordagem funciona muito bem. Para jogar xadrez, outra abordagem é necessária: usar o controle deliberativo, como aprendemos no Capítulo 13.

Resumo

- O controle reativo usa acoplamentos fortes entre a percepção (sensoriamento) e a ação para produzir respostas robóticas rapidamente, em mundos dinâmicos e não estruturados (pense nisso como "resposta ao estímulo").
- A arquitetura de subsunção é a arquitetura reativa mais conhecida, mas certamente não é a única.
- O controle reativo usa a decomposição orientada para tarefas. O sistema de controle consiste em camadas/módulos paralelos (simultaneamente executados) que realizam tarefas específicas (evitar obstáculos, seguir paredes etc.).
- O controle reativo é parte de outros tipos de controle, especificamente o controle híbrido e o controle baseado em comportamentos.

- O controle reativo é um método poderoso; muitos animais são em grande parte reativos.
- O controle reativo tem limitações:
  - número mínimo de estado (se houver algum);
  - sem memória;
  - sem aprendizagem;
  - sem modelos/representações internos do mundo.

Para refletir

- Você pode mudar o objetivo de um sistema reativo? Se sim, como? Se não, por que não? Você vai aprender em breve como outros métodos de controle lidam com esse problema e quais são as vantagens e desvantagens.
- Você sempre pode evitar o uso de qualquer representação/modelo do mundo? Se sim, como? Se não, por que não e o que você pode fazer ao invés disso?
- Um robô reativo pode aprender a sair de um labirinto?

Para saber mais

- Os exercícios deste capítulo estão disponíveis em: <http://roboticsprimer.sourceforge.net/workbook/Reactive_Control>.
- Genghis, o robô de seis patas mencionado no Capítulo 5, também foi programado com a arquitetura de subsunção. Você pode aprender sobre como seu sistema de controle foi montado, quantas regras foram aplicadas e como melhorou gradualmente sua caminhada em terrenos acidentados, conforme mais camadas de subsunção eram adicionadas, no livro *Cambrian Intelligence*, de Rodney Brooks.

15 Pense e aja separadamente, em paralelo
Controle híbrido

Como vimos em capítulos anteriores, o controle reativo é rápido, mas inflexível, ao passo que o controle deliberativo é inteligente, mas lento. A ideia básica do controle híbrido é obter o melhor dos dois mundos: a velocidade do controle reativo e o cérebro do controle deliberativo. Uma ideia óbvia, mas não fácil de ser realizada.

CONTROLE HÍBRIDO

O *controle híbrido* envolve a combinação dos controles reativo e deliberativo em um único sistema de controle do robô. Essa combinação significa que os controladores, as escalas de tempo (curta para o reativo, longa para deliberativo) e as representações (nenhuma para o reativo, modelos de mundo explícitos e elaborados para o deliberativo), fundamentalmente diferentes entre si, devem ser construídos para trabalhar juntos de forma eficaz. E isso, como veremos, é uma tarefa difícil.

Para alcançar o melhor dos dois mundos, um sistema híbrido deve consistir em três componentes, que podemos chamar camadas ou módulos (embora não sejam o mesmo que, e não devem ser confundidos com, as camadas/módulos usados em sistemas reativos). Esse sistema é composto por:

- uma camada reativa;
- um planejador;
- uma camada que combina as duas anteriores.

Como resultado, as arquiteturas híbridas são frequentemente chamadas *arquiteturas em três camadas*, e os sistemas híbridos, *sistemas em três camadas*. Na Figura 15.1 há um diagrama de uma arquitetura híbrida e suas camadas.

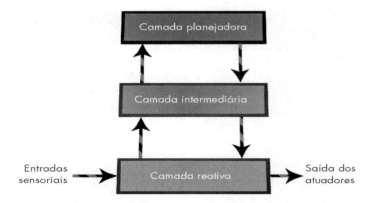

Figura 15.1 Diagrama de uma arquitetura híbrida, mostrando as três camadas.

Já sabemos sobre a deliberação por meio de planejadores e sobre a ação nos sistemas reativos. O que precisamos aprender agora é o real desafio e o "valor agregado" dos sistemas híbridos: a "mágica intermediária". A camada intermediária tem um trabalho difícil, porque ela deve:

- compensar as limitações tanto do planejador quanto do sistema reativo;
- conciliar suas diferentes escalas de tempo;
- trabalhar com suas diferentes representações;
- conciliar quaisquer comandos contraditórios que possam ser enviados ao robô.

Portanto, o principal desafio do controle híbrido é alcançar o compromisso certo entre as partes deliberativa e reativa do sistema.

Vamos trabalhar com um exemplo para ver o que isso significa na prática. Suponhamos um robô cujo trabalho é entregar correspondências e documentos a vários escritórios dentro de um prédio o dia todo. Essa era uma aplicação para robôs móveis na qual os pesquisadores gostavam de pensar nos anos 1970, 1980 e 1990 – até o correio eletrônico (*e-mail*) se tornar o principal meio de comunicação. Os prédios de escritórios, no entanto, ainda têm um grande

Pense e aja separadamente, em paralelo

número de tarefas que exigem "fazer visitas" ou realizar entregas. Além disso, podemos usar esse mesmo controlador para entregar medicamentos aos pacientes em um hospital. Sendo assim, vamos considerar esse exemplo.

Para andar em ambientes movimentados de um escritório ou hospital, o robô precisa ser capaz de evitar obstáculos inesperados (pessoas, macas, carrinhos de servir almoço etc.) que se movem rapidamente. Essa tarefa pode ser realizada por um controlador reativo robusto.

Para achar escritórios/salas de maneira eficiente, o robô precisará de um mapa e planejar caminhos curtos para atingir o seu destino e realizar as entregas. Para isso, será necessário ter um modelo interno e algum tipo de planejador.

E aí está! Uma situação perfeita para (usar) um sistema híbrido. Já sabemos como fazer os dois componentes do sistema (navegação reativa livre de colisão e planejamento deliberativo de caminhos); então, quais são as dificuldades de colocar os dois juntos?

Eis a seguir a problemática do sistema híbrido:

- O que vai acontecer se o robô precisar entregar um medicamento a um paciente o mais rápido possível, mas não tiver um plano do caminho mais curto para o quarto desse paciente? Ele deve esperar o plano ser elaborado, ou deve seguir pelo corredor (em que direção?) enquanto ainda está planejando em sua cabeça?
- O que vai acontecer se o robô estiver percorrendo o caminho mais curto, mas de repente um grupo de médicos com um paciente em uma maca começar a se dirigir em sua direção? O robô deve parar e sair do caminho em qualquer direção e esperar não importa quanto tempo, ou deve começar o replanejamento de um caminho alternativo?
- O que vai acontecer se o caminho que o robô elaborou estiver bloqueado porque o mapa usado está desatualizado?
- O que vai acontecer se o paciente for transferido para outro quarto sem o robô saber?
- O que vai acontecer se o robô tiver de realizar um novo planejamento a cada vez que for a um determinado quarto?
- E se, e se, e se...

Os métodos para tratar cada uma dessas situações (e várias outras) são geralmente executados pela camada "mágica intermediária" de um sistema híbrido. Projetar a camada intermediária e as suas interações com as outras duas camadas (como mostrado na Figura 15.2) são os principais desafios do controle híbrido. Eis, a seguir, alguns métodos e abordagens comumente utilizados.

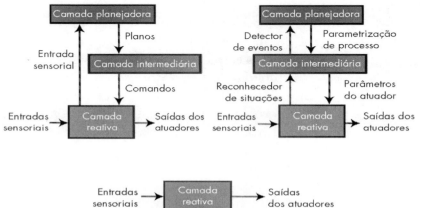

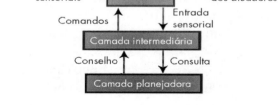

Figura 15.2 Algumas formas de gerir a interação das camadas em controladores híbridos de robôs.

15.1 Lidando com mudanças no mundo/mapa/tarefa

Quando o sistema reativo descobre que não pode fazer o seu trabalho (por exemplo, não pode prosseguir por causa de um obstáculo, uma porta fechada ou qualquer outro empecilho), ele pode informar à camada deliberativa sobre esse novo acontecimento. A camada deliberativa pode usar essa informação para atualizar sua representação do mundo, de modo que agora, e no futuro, ela possa gerar planos mais precisos e úteis.

Essa é uma boa ideia não apenas por ser necessária para atualizar o modelo interno quando as coisas mudam, mas também porque já sabemos que a atualização de modelos internos e a geração de planos demandam tempo e computação, e que, portanto, não vale a pena apelar para isso a todo momento. A entrada advinda da camada reativa indica um momento oportuno para tal atualização.

15.2 Planejamento e replanejamento

Sempre que a camada reativa descobre que não pode prosseguir, isso pode ser usado como um sinal para que a camada deliberativa pense um pouco mais, a fim de gerar um novo plano. Isso é chamado *replanejamento dinâmico*.

Mas nem todas as informações fluem de baixo para cima, da camada reativa para a deliberativa. Na verdade, a camada deliberativa, que fornece o caminho para o objetivo (ou seja, o quarto aonde ir), dá ao robô as direções, as curvas e a distância a percorrer. Se o planejador está computando enquanto o robô se move, ele pode enviar uma mensagem à camada de navegação reativa para parar, virar-se e seguir em uma direção diferente, porque um caminho melhor foi encontrado no mapa.

Em geral, um plano completo, quando finalizado, tem a melhor resposta que o planejador pode gerar. Mas, às vezes, não há tempo suficiente para esperar por essa resposta completa e ótima (como quando o paciente precisa realmente de ajuda imediata). Nesses casos, muitas vezes é melhor manter o robô seguindo na direção geralmente certa (por exemplo, em direção à ala correta do hospital) e, enquanto isso, continuar gerando um plano mais preciso e detalhado e atualizar a camada de navegação conforme o necessário.

É claro que o tempo desses dois processos, o de navegação reativa (correndo por aí) e de planejamento deliberativo (pensando muito), não está sincronizado. Então, pode ser que o robô chegue à ala certa do hospital e não saiba para onde ir e, portanto, tenha de parar e esperar que o planejador elabore o seu próximo passo. Ou, então, o planejador pode ter de esperar que o robô se mova, ou saia de uma área congestionada, a fim de descobrir exatamente onde está[1] para que possa gerar um plano útil. Vamos aprender mais sobre os vários desafios de navegação no Capítulo 19.

15.3 Evitando o replanejamento

Uma ideia útil que os pesquisadores em planejamento tiveram há um bom tempo foi lembrar/salvar/armazenar os planos para que não seja necessário gerá-los novamente no futuro. Naturalmente, cada plano é específico para um estado inicial e um estado-objetivo em particular, mas, se for provável que esses estados voltem a ocorrer, valerá a pena armazenar o plano para uso futuro.

Essa solução é muito usada em situações que acontecem com frequência e que precisam de uma decisão rápida. No nosso exemplo anterior, tais situações incluem lidar com cruzamentos de corredores movimentados ou com obstáculos dinâmicos, que interferem em uma determinada direção de deslocamento. Ao invés de "pensar" em como lidar com isso a todo momento, os projetistas do controlador, muitas vezes, pré-programam muitas dessas respostas antecipadamente. Contudo, como essas regras não são muito reativas (pois envolvem várias etapas), e ainda não são exatamente planos (pois não envolvem muitos passos), elas ficam bem alojadas na camada intermediária do sistema de três camadas.

Tal solução (de armazenar e reutilizar miniplanos para situações repetidas) tem sido usada em "tabelas de contingência", ou seja, tabelas de consulta rápida que dizem ao robô o que fazer (como em um sistema reativo), dando um pequeno plano como resposta (como em um sistema deliberativo). Essa mesma ideia apareceu na forma de termos pomposos, como "ações de nível intermediário" e "macro--operadores". Em todos os casos, significam a mesma coisa: planos que

---

1 O robô até pode "saber onde está", mas como tem de sair do congestionamento este não seria um "estado inicial" verdadeiro. O robô pode precisar ir justamente para longe dele para poder sair do congestionamento. (N.T.)

Pense e aja separadamente, em paralelo

são computados (*off-line* ou durante a vida do robô) e armazenados para pesquisa rápida no futuro.

> *Então, quem tem prioridade máxima: a camada deliberativa ou a camada reativa?*

Para variar, a resposta é: "depende". Pode depender do tipo de ambiente, da tarefa, do sensoriamento, do tempo e das exigências de reação, e assim por diante. Alguns sistemas híbridos utilizam uma estrutura hierárquica, de modo que um dos sistemas está sempre no comando. Em outros, o plano da camada deliberativa é "a lei" para o sistema, ao passo que em outros ainda o sistema reativo apenas considera o plano como um conselho que pode ser ignorado. Nos sistemas mais eficazes, a interação entre pensamento e ação está integrada, de modo que cada um possa informar e interromper o outro. Mas, para saber quem deve assumir o controle e quando, é necessário considerar os diferentes modos do sistema e especificar quem recebe este privilégio. Por exemplo, o planejador pode interromper a camada reativa se ele tem um caminho melhor que o atual em execução, mas deve fazê-lo apenas se o novo plano for suficientemente melhor para este incômodo valer a pena. Por outro lado, a camada reativa pode interromper o planejador se ela encontra um caminho bloqueado e não pode continuar, mas deve fazê-lo apenas após ter tentado contornar este bloqueio por um tempo.

15.4 Planejamento *on-line* e planejamento *off-line*

De tudo o que falamos até agora, supomos que a deliberação e a reação estão acontecendo enquanto o robô se movimenta. Mas, conforme vimos quando discutimos o papel da camada intermediária, é útil armazenar os planos assim que são gerados. Dessa forma, a próxima boa ideia é pré-planejar todas as situações que possam surgir e armazenar esses planos antecipadamente. Esse *planejamento off-line* ocorre enquanto o robô está sendo desenvolvido e não tem muito com que se preocupar, ao contrário do *planejamento on-line*, que ocorre quando um robô em atividade tem que planejar enquanto tenta realizar sua missão e alcançar seus objetivos.

PLANEJAMENTO
OFF-LINE

PLANEJAMENTO
ON-LINE

Se podemos pré-planejar, por que não geramos todos os possíveis planos antecipadamente, armazenamos todos eles, e depois só identificamos o plano a ser usado, sem nunca precisar fazer uma busca e deliberar sobre os planos em tempo de execução, enquanto o robô tenta ser rápido e eficiente?

Essa é a ideia dos planos universais.

PLANO UNIVERSAL

Um *plano universal* é o conjunto de todos os planos possíveis para todos os estados iniciais e todos os estados-objetivo dentro do espaço de estados de um sistema particular.

Se, para cada situação, o robô tiver um plano ótimo preexistente, ele só precisa consultá-lo e, em seguida, poderá reagir sempre de modo ótimo, portanto, possui tanto capacidades reativas quanto deliberativas, sem precisar deliberar de verdade. Esse robô é reativo, uma vez que o planejamento é feito *off-line*, e não no tempo de execução.

Outra boa característica desses planos pré-compilados é que a informação pode ser colocada no sistema de forma limpa e com princípios. Essas informações sobre o robô, a tarefa e o ambiente são chamadas

CONHECIMENTO DE DOMÍNIO

conhecimento de domínio. Como ele é compilado em um controlador reativo, a informação não precisa ser pensada (ou planejada) *on-line*, em tempo real, mas se torna um conjunto de regras reativas que pode ser consultado rapidamente (em tempo real).

Essa solução foi tão bem-aceita que os pesquisadores até desenvolveram uma forma de gerar esses planos pré-compilados automaticamente, usando uma linguagem de programação especial e um compilador. Os programas de robôs escritos nessa linguagem produziam uma espécie de plano universal. Para fazer isso, o programa usava como entrada uma especificação matemática do mundo e dos objetivos do robô e produzia um circuito de controle (um diagrama do que está ligado a quê) para uma máquina reativa.

AUTÔMATOS "SITUADOS"

Essas máquinas foram chamadas *autômatos "situados"*.[2] Não eram máquinas reais, físicas, mas sim máquinas formais (idealizadas)

---

2 O texto original se refere a *situated automata*, como é mais conhecido academicamente. (N.T.)

cujas entradas eram conectadas a sensores abstratos (idealizados, e não reais) e cujas saídas eram conectadas a efetuadores também abstratos. Ser *situado* significa existir em um mundo complexo e interagir com ele. Portanto, *autômatos* são máquinas computacionais com propriedades matemáticas.

Infelizmente, isso é bom demais para ser verdade quando se trata de robôs no mundo real. Eis aqui o porquê:

- O espaço de estado é grande demais para boa parte dos problemas reais, por isso gerar ou armazenar um plano universal é simplesmente impossível.
- O mundo não deve se alterar. Se isso ocorrer, novos planos precisariam ser gerados para o ambiente alterado.
- Os objetivos não devem mudar. É o mesmo que acontece com sistemas reativos: se os objetivos mudarem, pelo menos algumas das regras também precisariam mudar.

Autômatos "situados" não podem estar situados no mundo real, físico, afinal. Os robôs existem no mundo real, mas não é fácil escrever as especificações matemáticas que descrevem completamente esse mundo, que é o que a abordagem dos autômatos situados requereria.

Assim, voltamos a precisar de deliberação e reação em tempo real. Os sistemas híbridos são uma boa maneira de fazer isso. Naturalmente, eles têm os seus próprios inconvenientes, incluindo:

- A camada do meio é de difícil concepção e implantação e tende a ser de propósito específico, concebida especificamente para o robô e para a tarefa; por isso, ela precisa ser reinventada para quase todo novo robô e tarefa.
- O melhor de dois mundos pode acabar sendo o pior de dois mundos. Se mal gerenciado, um sistema híbrido pode degenerar e resultar em um planejador que deixa o sistema reativo lento e em um sistema reativo que ignora totalmente o planejador, minimizando a eficácia de ambos.
- Um sistema híbrido eficaz não é fácil de projetar ou depurar, mas isso é verdade para qualquer sistema robótico.

Apesar das desvantagens dos sistemas híbridos, eles são a escolha mais indicada para muitos problemas na área da robótica, especialmente aqueles envolvendo um único robô para realizar uma ou mais tarefas que exigem algum tipo de pensamento (como entregar documentos e mapeamento, entre outras diversas tarefas), bem como para reagir a um ambiente dinâmico.

Resumo

- O controle híbrido reúne os melhores aspectos do controle reativo e do controle deliberativo, permitindo que o robô planeje e reaja.
- O controle híbrido envolve controle reativo em tempo real em uma parte do sistema (geralmente o nível baixo) e um controle deliberativo, que gasta mais tempo, em outra parte do sistema (normalmente o nível alto), com um nível intermediário entre os dois.
- As arquiteturas híbridas também são chamadas arquiteturas em três camadas, por causa das três camadas ou componentes distintos do sistema de controle.
- O principal desafio dos sistemas híbridos reside em reunir os componentes reativos e deliberativos de uma forma que resulte em um comportamento consistente, responsivo e, acima de tudo, robusto.
- Os sistemas híbridos, ao contrário de sistemas reativos, são capazes de armazenar representação, planejamento e aprendizado.

Para refletir

Existe uma alternativa para os sistemas híbridos ou eles são tudo o que existe em termos de comportamento inteligente em tempo real para um robô? Você pode pensar em alguma outra maneira pela qual um robô possa ser capaz tanto de pensar quanto de reagir? Depois de chegar a uma resposta, confira o próximo capítulo.

Pense e aja separadamente, em paralelo

Para saber mais

- Os exercícios deste capítulo estão disponíveis em: <http://robotics primer.sourceforge.net/workbook/Hybrid_Control>.
- O controle híbrido é uma importante área de pesquisa em teoria de controle, um campo geralmente estudado em engenharia elétrica, que descrevemos no Capítulo 2. (Lembre-se de que a teoria de controle abrange o controle por realimentação, que estudamos no Capítulo 10.) Na teoria de controle, a questão do controle híbrido lida com a interação geral entre sinais (contínuos e discretos) e representações e o sistema de controle que os contém. Eis aqui dois livros bem conhecidos sobre a teoria de controle: *Sinais e sistemas*, de Alan V. Oppenheim, Alan S. Willsky e Syed Hamid Nawab; e *Sistemas de controle modernos*, de Richard C. Dorf e Robert H. Bishop.

16 Pense na sua maneira de agir
Controle baseado em comportamentos

Como vimos, o controle reativo e o controle deliberativo têm as suas limitações, e o controle híbrido – uma tentativa de combinar os melhores componentes de cada um – também tem seus próprios desafios. Neste capítulo, vamos aprender um pouco mais sobre o *controle baseado em comportamentos*, outra maneira bem conhecida de controlar robôs, que também incorpora o melhor dos sistemas reativos, mas não requer uma solução híbrida.

O Controle Baseado em Comportamentos (CBC) originou-se do controle reativo e foi igualmente inspirado nos sistemas biológicos. Na verdade, pensando melhor sobre isso, todas as abordagens de controle (reativa, deliberativa, híbrida e baseada em comportamentos) foram inspiradas na biologia, de uma forma ou de outra. Isso apenas mostra que os sistemas biológicos são tão complexos que podem servir de inspiração para uma série de métodos diferentes de controle. De fato, esses métodos biológicos ainda são mais complicados e eficazes do que qualquer coisa artificial que tenha sido feita até agora. Quando você começa a se sentir satisfeito com os sistemas artificiais, basta sair e olhar para alguns insetos[1] e ver o quão longe temos de ir.

Mas, voltando aos sistemas baseados em comportamentos, sua principal inspiração vem dos seguintes desafios:

- sistemas reativos são muito pouco flexíveis, incapazes de representar, adaptar ou aprender;

---

1 A autora, nesta frase, faz um trocadilho usando o termo "*bug*", que pode significar tanto inseto quanto uma falha de *software*. (N.T.)

- sistemas deliberativos são muito lentos e pesados;
- sistemas híbridos requerem mecanismos de interação muito complexos entre os componentes;
- a biologia parece ter desenvolvido sua complexidade a partir de componentes simples e consistentes.

Se imaginarmos as diferentes metodologias de controle posicionadas ao longo de uma linha, veremos que o CBC está mais próxima do controle reativo que do controle híbrido e mais distante do controle deliberativo. Na verdade, como você verá, os sistemas baseados em comportamentos têm componentes reativos, assim como os sistemas híbridos, mas não têm componentes deliberativos clássicos. A Figura 16.1 mostra um diagrama de uma arquitetura genérica de controle baseado em comportamentos.

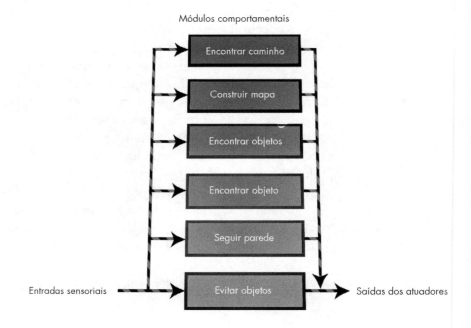

Figura 16.1 Diagrama de uma arquitetura baseada em comportamento, mostrando a organização de comportamentos.

Mas o que é um controle baseado em comportamentos?

CONTROLE
BASEADO EM
COMPORTAMENTOS

Controle baseado em comportamentos (CBC) envolve o uso de "comportamentos" como módulos de controle. Assim, os controladores CBC são implantados como um conjunto de comportamentos. A primeira propriedade do controle baseado em comportamentos é que tudo é baseado em comportamentos. Isso remete a uma pergunta óbvia:

O que é um comportamento?

Existe uma resposta direta para essa pergunta, e, de fato, um dos pontos fortes do CBC vem das diferentes maneiras como as pessoas têm codificado e implantado comportamentos, algumas vezes chamados *módulos que implantam comportamentos*. Mas não pense que vale tudo e que qualquer pedaço de código pode ser um comportamento. Felizmente, existem algumas regras sobre comportamentos e restrições na forma de projetá-los e o que se deve evitar na sua implantação:

- Comportamentos atingem ou mantêm objetivos específicos. Um comportamento reiniciador tem como objetivo levar o robô para o seu ponto de partida (posição inicial). Um comportamento de seguir parede mantém o objetivo de seguir uma parede.
- Comportamentos se estendem no tempo, não são instantâneos. Isso significa que levará algum tempo para atingir e/ou manter seus objetivos. Afinal, demora um tempo para voltar à posição inicial ou seguir uma parede.
- Comportamentos podem ter como entradas os sinais de sensores e também outros comportamentos e podem enviar sinais de saída para efetuadores e para outros comportamentos. Isso significa que podemos criar redes de comportamentos que se "comunicam" uns com os outros.
- Comportamentos são mais complexos do que as ações. Enquanto um sistema reativo pode usar ações simples, como parar e virar à direita, um CBC usa comportamentos estendidos no tempo, como aqueles vistos anteriormente e outros, como "achar objeto", "seguir um alvo", "recarregar baterias" (eletronicamente), "esconder-se da luz, juntar-se à equipe", "encontrar um parceiro" etc.

Como você pôde notar nessa breve lista, os comportamentos podem ser projetados em uma variedade de níveis de detalhe ou de descrição. Isso é chamado *nível de abstração* dos comportamentos, porque para *abstrair* é necessário subtrair os detalhes e tornar as coisas menos específicas. Comportamentos podem requerer diferentes quantidades de tempo e/ou diferentes quantidades de processamento computacional. Em suma, eles são muito flexíveis, o que é uma das principais vantagens do CBC.

NÍVEL DE ABSTRAÇÃO

O poder e a flexibilidade do CBC não vêm apenas de comportamentos, mas também da organização desses comportamentos e da maneira como são alocados em um sistema de controle. Aqui estão alguns princípios para um bom projeto de CBC:

- Comportamentos são normalmente executados de forma paralela/concorrente, como nos sistemas reativos, para permitir que o controlador responda imediatamente quando necessário.
- Redes de comportamentos são usadas para armazenar estados e para construir modelos/representações do mundo. Quando colocados em representações distribuídas, os comportamentos podem ser usados para armazenar a história e antecipar o futuro.
- Comportamentos são projetados para operar em escalas de tempo compatíveis. Isso significa que um bom projeto de CBC não deve ter alguns comportamentos muito rápidos convivendo com outros muito lentos. Por que não? Porque isso tornaria o sistema híbrido em termos de escala de tempo, e, como já vimos (no Capítulo 15), a interação entre diferentes escalas de tempo é um problema desafiador.

Por causa das propriedades dos comportamentos e suas combinações, o CBC não tem as mesmas limitações dos sistemas reativos. Ao mesmo tempo, não empregam uma estrutura híbrida, como os sistemas híbridos fazem. Em vez disso, os sistemas baseados em comportamentos têm as seguintes propriedades importantes:

1. a capacidade de reagir em tempo real;
2. a capacidade de usar representações para gerar um comportamento eficiente (e não apenas reativo);
3. a capacidade de utilizar estrutura e representação uniformes em todo o sistema (sem níveis intermediários).

Pense na sua maneira de agir 237

Antes de passar para as outras vantagens do CBC, vamos esclarecer alguns pontos. Você pode estar se perguntando sobre a diferença entre os comportamentos internos tanto do robô quanto de um controlador baseado em comportamentos (que não podem ser observados externamente) e os comportamentos que o robô apresenta e que podem ser observados do exterior. Se você ainda não está fazendo essas perguntas, deveria começar a fazê-las. Veja por quê.

Em alguns sistemas baseados em comportamentos, a estrutura de comportamentos interna corresponde exatamente aos comportamentos manifestados externamente. Isso significa que, se o robô executa o comportamento de "seguir a parede", então deve existir um elemento do programa de controle que podemos chamar "seguir a parede" que atinge esse comportamento observável. No entanto, isso nem sempre é válido, especialmente para comportamentos mais complexos, tanto que a maioria dos controladores não é projetada dessa maneira.

Por que não? Afinal de contas, ter uma correspondência direta e intuitiva entre o programa de controle interno e o comportamento observável externamente parece muito claro e fácil de entender. Infelizmente, isso na realidade é impraticável.

Comportamentos observáveis mais interessantes são resultado não apenas do programa de controle do robô, mas também da interação dos comportamentos internos entre si e com o ambiente externo em que o robô está inserido. Essa é basicamente a mesma ideia usada nos sistemas reativos (lembre-se do Capítulo 14): regras reativas simples podem interagir para produzir um comportamento observável interessante do robô. O mesmo acontece com os comportamentos internos de controle.

Considere o comportamento de *agrupamento coletivo*, em que um grupo de robôs se move em conjunto (em grupo). Um robô que se agrupa a outros não precisa necessariamente ter um comportamento interno de agrupamento coletivo. Na verdade, o agrupamento pode ser executado de uma forma muito elegante e completamente distribuída. Para saber mais sobre isso, consulte o Capítulo 18.

Essa é uma das filosofias dos sistemas baseados em comportamentos. Tais sistemas são geralmente concebidos de tal modo que apenas os efeitos dos comportamentos interagem com o ambiente, em vez de internamente por meio do sistema, a fim de tirar vantagem da *interação dinâmica*. Nesse contexto, essas dinâmicas referem-se aos padrões e ao histórico

INTERAÇÃO
DINÂMICA

da interação e da mudança. A ideia de que as regras ou comportamentos podem interagir para produzir resultados mais complexos é chamada *comportamento emergente*. Vamos dedicar todo o Capítulo 18 a ele, pois é um pouco confuso, mas interessante e importante.

Em geral, na concepção de um sistema baseado em comportamentos, o projetista começa listando os comportamentos observáveis desejáveis (que se manifestam externamente). Em seguida, o projetista encontra a melhor maneira de programar tais comportamentos a partir dos comportamentos internos. Esses comportamentos internos, como vimos, podem ou não atingir diretamente os objetivos observáveis. Para facilitar esse processo, vários compiladores e linguagens de programação têm sido desenvolvidos.

Agora sabemos que sistemas baseados em comportamentos são estruturados como conjuntos de comportamentos internos, os quais, quando agem sobre um ambiente, produzem um conjunto de comportamentos externos, e os dois conjuntos não são necessariamente os mesmos. E está tudo bem, desde que os comportamentos observáveis do robô atinjam seus objetivos.

> *Vamos considerar o seguinte problema de exemplo: queremos que o robô se mova em torno de um edifício e regue as plantas que estiverem secas.*

Você pode imaginar que o robô precisará dos seguintes comportamentos: "evitar colisões", "encontrar planta" e "verificar umidade", "regar", "abastecer reservatório de água", "recarregar baterias". Para programar um robô como esse, você programaria esses exatos seis comportamentos e pronto? Possivelmente, mas talvez alguns deles, especialmente os mais complicados (como "encontrar planta", por exemplo), podem consistir em comportamentos internos, como "navegar", "detectar verde", "aproximar-se do verde", e assim por diante. Mas não pense que isso significa que os sistemas baseados em comportamentos são simplesmente hierárquicos, com cada comportamento sendo constituído por elementos comportamentais próprios. Alguns sistemas são hierárquicos, mas geralmente múltiplos comportamentos usam e compartilham os mesmos elementos comportamentais subjacentes. No nosso exemplo, o comportamento de "abastecer reservatório de água" também pode usar o comportamento "navegar", a fim de voltar à fonte de abastecimento de água e encher seu reservatório.

> *Em geral, os controladores baseados em comportamentos são redes de comportamentos internos que interagem (enviam mensagens de uns para os outros), a fim de produzir o comportamento externo observável desejado, manifestado pelo robô.*

Como expusemos anteriormente, as principais diferenças entre os vários métodos de controle estão na forma como cada um deles trata modularidade, tempo e representação.

No caso do CBC, a abordagem para modularidade é utilizar um conjunto de comportamentos, de modo que esses comportamentos sejam relativamente semelhantes em termos de tempo de execução. Isso significa que ter um comportamento que contém um modelo de mundo centralizado e que raciocina sobre ele, como nos sistemas deliberativos ou híbridos, não se encaixaria na filosofia baseada em comportamentos e não nos levaria a construir um bom controlador.

Uma vez que o CBC se baseia na filosofia dos sistemas reativos (mas não se limita a ela), isso também determina que comportamentos sejam incrementalmente adicionados ao sistema, e que estes possam ser executados simultaneamente, em paralelo, e não sequencialmente, um de cada vez. Comportamentos são ativados em resposta a condições externas e/ou internas, entradas sensoriais, estado interno ou mensagens vindas de outros comportamentos. A dinâmica de interação surge tanto dentro do próprio sistema (a partir da interação entre os comportamentos) quanto no ambiente (a partir da interação dos comportamentos com o mundo externo). Isso é similar aos princípios e efeitos de sistemas reativos, mas também pode ser explorado de forma mais rica e mais interessante, porque:

> *Comportamentos são mais expressivos (é possível fazer mais com eles) do que com regras simplesmente reativas.*

Lembre-se de que sistemas baseados em comportamentos podem ter componentes reativos. Na verdade, muitos desses sistemas não usam representações complexas. A representação interna não é adequada para todos os problemas, portanto, deve ser evitada por alguns. Isso não quer dizer que o controlador resultante seja reativo, contanto que ele seja estruturado usando comportamentos, na forma descrita anteriormente. Um sistema de CBC é criado, com todas as vantagens que acompanham a abordagem, mesmo sem o uso de uma representação.

Como são mais complexos e mais flexíveis do que as regras dos sistemas reativos, os comportamentos podem ser usados para programar robôs de maneira mais inteligente. Esses comportamentos podem ser utilizados para armazenar uma representação por meio da interação de uns com os outros dentro do robô. Assim, podem servir de base para a aprendizagem e previsão – isso significa que os sistemas baseados em comportamentos podem conseguir as mesmas coisas que os sistemas híbridos, porém de uma forma diferente. Uma das principais diferenças está na forma como a representação é usada.

16.1 Representação distribuída

A filosofia dos sistemas baseados em comportamentos exige que a informação usada como representação interna não seja centralizada ou manipulada de forma centralizada. Isso está em oposição aos sistemas deliberativos e híbridos, que normalmente usam uma representação centralizada (como um mapa global) e um mecanismo de raciocínio centralizado (como um planejador que utiliza o mapa global para encontrar um caminho). Qual seria uma alternativa para essa abordagem e por que seria uma coisa boa? A resposta você vai saber a seguir.

O principal desafio no uso de uma representação em CBC está na forma como essa representação (qualquer modelo do mundo) pode ser efetivamente distribuída por toda a estrutura de comportamento. Para evitar as desvantagens do controle deliberativo, a representação deve ser capaz de agir em uma escala de tempo próxima (se não a mesma) dos componentes de tempo real do sistema. De modo similar, para evitar os desafios da camada intermediária no controle híbrido, a representação precisa utilizar a mesma estrutura subjacente de comportamentos do resto do sistema.

Pense na sua maneira de agir

16.2 Um exemplo: mapeamento distribuído

Vamos voltar ao nosso robô "regador de plantas". Suponhamos que você tenha de melhorar o robô para que ele não só se mova aleatoriamente, procure por plantas e regue-as, mas também possa fazer um mapa de seu ambiente enquanto navega e, então, possa usá-lo para encontrar o caminho mais curto para determinadas plantas ou para outros locais no ambiente.

Navegação e mapeamento são as tarefas mais comuns dos robôs móveis, como aprenderemos no Capítulo 19. Então, vamos ver como podemos constituir (ou aprender) um mapa em CBC. Já sabemos que não pode ser um mapa tradicional, centralizado, do tipo que um sistema híbrido deliberativo usaria.

> *Em vez disso, de alguma forma, temos de distribuir eficientemente as informações do ambiente entre os diferentes comportamentos. Como podemos fazer isso?*

Veja como: podemos distribuir as partes de um mapa entre os vários comportamentos. Então, podemos conectar as partes do mapa que são adjacentes no ambiente (como uma parede que está ao lado de um corredor), ligando os comportamentos que as representam na cabeça/controlador do robô. Dessa forma, vamos construir uma rede de comportamentos que representa uma rede de locais no ambiente. O que está ligado no mapa está ligado no ambiente, e vice-versa. Uma maneira mais sofisticada e formal de dizer isso é que a topologia do mapa é isomorfa (tem a mesma forma) em relação à topologia dos pontos de referência específicos no ambiente.

16.2.1 O robô Toto

Era uma vez um robô chamado Toto (Figura 16.2), que usou uma dessas representações para aprender o mapa do ambiente de um escritório no MIT, a fim de que pudesse acompanhar os alunos e ajudar alguém[2] a

---

2   OK, vou dizer quem era: era a autora deste livro.

obter o doutorado em robótica. Vamos ver como Toto aprendeu sobre o ambiente e conseguiu realizar sua tarefa. Honestamente, Toto de fato não regava nenhuma planta, uma vez que água e robôs móveis raramente se misturam.

Figura 16.2 O robô Toto. (Foto: cortesia da autora.)

16.2.2 Navegação do robô Toto

Toto era um sistema baseado em comportamentos (você pode ver o seu diagrama de controle na Figura 16.3). Ele foi equipado com um anel simples de 12 sonares Polaroid (se você não se lembrar por que 12 sonares, volte ao Capítulo 14) e uma bússola de baixa resolução (2 *bits*). Toto ganhou "vida" por volta de 1990, nos "velhos tempos", bem antes da popularização dos escâneres a *laser*. Como em qualquer bom CBC, o controlador do Toto consistia em um conjunto de comportamentos. Os níveis mais baixos do sistema eram responsáveis por Toto navegar em segurança (sem colisões). No nível seguinte, Toto tinha um comportamento que o mantinha perto das paredes e de outros objetos, com base na distância percebida por seus sonares. Como você aprendeu no Capítulo 14, para navegar, Toto utilizava um

Pense na sua maneira de agir

conjunto de regiões de detecção por sonar (Figura 16.4). A navegação de baixo nível, por sua vez, era de fato um sistema reativo. Na verdade, o controlador de navegação do Toto utilizava alguns dos programas que você viu no Capítulo 14.

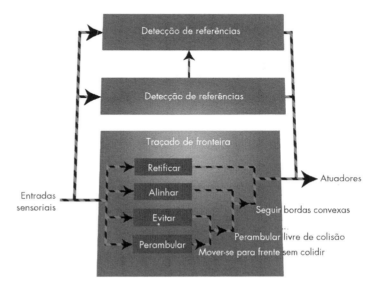

Figura 16.3 Controlador baseado em comportamento, utilizado no robô Toto.

Figura 16.4 Regiões de navegação baseada em sonar, utilizada no robô Toto.

Seguir os contornos dos objetos era uma boa ideia para Toto. Lembra-se por quê? Se não, veja o Capítulo 9 e lembre-se de que os sonares têm mais probabilidade de serem precisos a curtas e médias distâncias dos objetos. Portanto, vale a pena obter dados precisos de sensoriamento para construir mapas e visitar lugares, então o Toto fazia isso, ficando perto de objetos sempre que possível. Acontece que os ratos e camundongos também gostam de ficar perto de objetos, talvez por outras razões (protegendo-se das pessoas?), mas ninguém teria confundido Toto com um rato, pelo menos com base na sua aparência. Veremos mais tarde que o cérebro de Toto, em especial pelo uso de representação distribuída, também era semelhante ao rato.

Para resumir, a camada de navegação de Toto apresentava os seguintes comportamentos:

1. o comportamento de mais baixo nível, que o mantinha navegando no ambiente de forma segura, sem colidir com obstáculos estáticos ou pessoas em movimento;
2. o comportamento do nível seguinte, que o mantinha perto de paredes e de outros objetos no ambiente.

16.2.3 Detecção de pontos de referência no robô Toto

A próxima coisa que Toto fez foi prestar atenção ao que era possível captar com os sensores e ao modo como estava se movendo. Essa é geralmente uma boa coisa a fazer, pois permite perceber se a orientação da trajetória do robô está em linha reta e na mesma direção por um tempo ou se está vagando sem rumo. Mover-se em linha reta indicava que ele podia estar próximo de uma parede ou em um corredor. Então, Toto era capaz de detectar paredes e corredores. Por sua vez, vagar sem rumo era indício de que estava em uma área cheia de obstáculos dispostos desordenadamente e, então, Toto podia perceber isso também. Assim, enquanto Toto se movia, um dos seus comportamentos era prestar atenção ao que seus sonares "percebiam" e, dessa forma, detectar e reconhecer pontos de referência. Se o robô se movesse ao longo de uma direção consistente indicada pela bússola (em uma linha quase reta) e se mantivesse próximo de um lado da parede (digamos à esquerda), ele deveria detectar e reconhecer a parede à esquerda (PE). Se a parede estivesse do outro lado, seria detectada a parede à direita (PD); e se houvesse parede de ambos os lados, seria reconhecido um corredor (C). E, finalmente, se nada fosse detectado durante certo tempo (sem parede de nenhum lado), levando o robô a vagar sem rumo, era indício de que estava em uma área difusa (AD). Na mente de Toto, PE, PD, C e AD foram elementos especiais, porque ele poderia observá-los facilmente a partir de seus sensores e de seu próprio comportamento. Portanto, formaram bons *pontos de referência* para o seu mapa.

A camada de detecção de pontos de referência de Toto também observava a direção da bússola, para cada uma dos pontos de referência detectados. Sua bússola de 2 *bits* (que não é um demérito, apenas uma descrição minuciosa) indicava o norte por 0, leste por 4, sul por 8, oeste por 12, e assim por diante, como mostrado na Figura 16.5. Além da direção da bússola associada ao ponto de referência, Toto também observava o comprimento aproximado desse ponto.

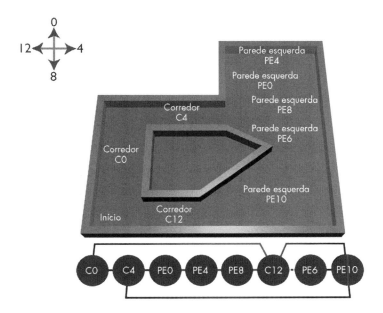

Figura 16.5 Exemplo de um ambiente interno no qual Toto navegava e de um mapa que ele construiu desse ambiente.

Para resumir, a camada de detecção de referências de Toto tinha o seguinte comportamento:

1. mantinha-se rastreando a consistência entre as leituras do sonar e da bússola, e, com essa informação, fazia o reconhecimento dos tipos de ponto de referência (PE, PD, C, AD);

2. para cada tipo de ponto de referência, detectava também a direção da bússola e o comprimento desse ponto.

16.2.4 Comportamentos de mapeamento no robô Toto

Para conseguir armazenar os pontos de referência, Toto construía um mapa, como mostrado na Figura 16.5. Aqui, chegamos aos aspectos que realmente interessam a respeito de Toto: sua representação distribuída do mapa. Cada um dos pontos de referência descobertos por Toto era armazenado em seu próprio comportamento. Quando sua camada de detecção de pontos de referência descobria um corredor (C) ao norte (0) de aproximadamente 2 metros, ele criava um comportamento que era mais ou menos o seguinte:

```
meu tipo de comportamento: C
minha direção da bússola: 0
minha localização aproximada: (x, y)
meu comprimento aproximado: 6,5
quando receber (entrada)
   se entrada (tipo de comportamento) = meu tipo de
   comportamento
      e
   entrada (direção da bússola) = minha direção de
   bússola
   então
      ativo <- verdadeiro
```

O que você acabou de ver é um pseudocódigo, e não o código real de Toto; é algo próximo, porém mais fácil de compreender. O código anterior simplesmente diz que o comportamento representa um corredor (C) ao norte (0), de modo que, sempre que a entrada naquele comportamento corresponde à descrição (ou seja, quando a entrada é C e 0, e o comprimento aproximado e a localização estão corretos), os

Pense na sua maneira de agir

pontos de referência coincidem, e o robô está de fato naquele corredor em particular.

Os pontos de referência de Toto eram criativos, pois não dependiam de como ele percorria um corredor ou seguia uma parede. Uma referência C0 corresponderia a uma referência C8 – isso porque poderia estar associada a um corredor que vai de norte a sul, de modo que Toto poderia estar no mesmo corredor, mas na direção oposta. C4 poderia corresponder a C12; nesse caso, o corredor seria no sentido leste-oeste. A mesma regra poderia também ser aplicada a paredes: a parede esquerda indo para o norte (PE, 0) corresponderia à parede direita indo para o sul (PD, 8).

Sempre que a camada de detecção de pontos de referência detectava um ponto de referência, sua descrição (tipo e direção da bússola) era enviada simultaneamente a *todos* os comportamentos do mapa (em paralelo). Se qualquer comportamento no mapa correspondesse ao de entrada, ele tornava-se *ativo* (como descrito anteriormente), significando que Toto sabia onde estava no seu mapa – isso é chamado *localização*, e é uma parte muito importante do problema da navegação. Ainda vamos falar sobre isso no Capítulo 19.

Então, até agora sabemos que Toto pode se mover em segurança, detectar pontos de referência e comunicá-los aos mapas de comportamento. Quando identifica um comportamento correspondente, Toto reconhece que está em um local em que já esteve antes.

> *O que acontece se nenhum comportamento no mapa corresponde ao ponto de referência que Toto está detectando?*

Significa que Toto descobriu um novo local/ponto de referência que tem de ser adicionado ao mapa. Suponha que Toto esteja vendo um corredor (C) indo para leste (4) que tem aproximadamente 1,5 metros de comprimento. Veja como ele acrescentaria novos pontos de referência/ comportamentos ao seu mapa: ele pega um novo e vazio "invólucro" (em inglês, *shell*) de comportamento e lhe atribui a informação do ponto de referência recém-encontrado, tornando-se:

```
meu tipo de comportamento: C
minha direção de bússola: 4 ou 12
minha localização aproximada: (x, y)
```

```
meu comprimento aproximado: 5,0
quando receber (entrada)
  se a entrada (tipo de comportamento) = meu tipo de
  comportamento
    e
  entrada (direção da bússola) = minha direção de
  bússola então
    ativo <- verdadeiro
```

Em seguida, Toto associa o comportamento anterior (suponha que seja C0) com o novo, colocando um *elo* de comunicação entre eles. Isso significa que, quando Toto está indo para o norte em C0, o ponto de referência seguinte que ele verá é C4.

Para tirar vantagem de saber onde ele está (saber sua localização), o mapa de Toto fazia outra coisa criativa: o comportamento que estava ativo enviava uma mensagem para seu vizinho na direção em que Toto estava se deslocando (por exemplo, como mostra o mapa da Figura 16.5, C0 enviaria uma mensagem a C4, se Toto estivesse indo para o norte, ou para C12, se estivesse indo para o sul), a fim de avisá-lo de que esse comportamento deveria ser o próximo a se tornar ativo. Se o comportamento vizinho fosse o próximo a ser reconhecido, então Toto ficaria ainda mais confiante sobre a precisão do mapa e da localização. Por outro lado, se o vizinho não fosse o próximo a ser reconhecido, isso normalmente significava que Toto teria se desviado para um novo caminho que nunca tinha tentado antes. Portanto, descobriria novos pontos de referência para adicionar ao seu mapa.

Além de enviar mensagens para seus vizinhos, dizendo qual deles será o próximo, os comportamentos no mapa de Toto mandavam mensagens inibitórias de uns para os outros. Especificamente, quando um comportamento correspondia a um ponto de referência de entrada, ele enviava mensagens a todos os seus vizinhos para inibi--los, de modo que apenas um comportamento do mapa pudesse estar ativo por vez, já que Toto só podia estar em apenas um lugar em um dado momento. Essa é outra parte do sistema de localização do Toto. (Se isso lhe parece muita coisa para garantir onde Toto está, você vai ver no Capítulo 19 como é difícil para qualquer robô saber onde está.)

Pense na sua maneira de agir 249

Para resumir, a camada de mapeamento de Toto desempenhava os seguintes comportamentos:

1. procurava a correspondência entre o ponto de referência recebido com todos os comportamentos de pontos de referência no mapa;

2. ativava o comportamento do mapa que combinava com o ponto de referência atual;

3. inibia os pontos de referência anteriores;

4. comunicava se nenhum ponto de referência correspondia e criava um novo comportamento de ponto de referência em resposta, armazenando o novo ponto de referência e conectando-o ao ponto de referência anterior.

16.2.5 Planejamento de caminho no mapa de comportamentos de Toto

Enquanto percorria seu ambiente, Toto construía um mapa referencial do seu mundo. Essa é uma ilustração de como você pode construir um mapa distribuído por meio de um sistema baseado em comportamentos. Agora, vamos ver como esse mapa é usado para localizar/ planejar caminhos.

Suponhamos que o regador de Toto estivesse vazio e que ele precisasse ir para o corredor em que está a fonte de abastecimento de água. Assim, esse ponto de referência passaria a ser o objetivo de Toto. Se o ponto de referência objetivo e a posição atual de Toto fossem o mesmo comportamento no mapa, então Toto já estaria no objetivo e não precisaria ir a lugar nenhum. Seria muita sorte se esse fosse o caso na maior parte das vezes. Mas, se não fosse o caso, ele teria de planejar um caminho entre a localização atual e o objetivo. Veja como ele fazia isso.

O comportamento que corresponde ao objetivo enviaria uma mensagem dizendo "Venha por aqui!" para todos os seus vizinhos. Os vizinhos, por sua vez, enviariam mensagens para os seus próprios vizinhos (mas não de volta para o mesmo vizinho que lhe enviou a mensagem, o que seria um desperdício e criaria problemas). Cada comportamento do mapa, ao passar adiante uma mensagem, adiciona o comprimento de seu ponto de referência, de modo que, à medida que o caminho se propaga pela rede, o seu comprimento cresce com o número e comprimentos dos comportamentos do mapa que foram visitados.

Resumindo, todas essas mensagens atingiriam o estado de comportamento ativo, representando onde Toto estava no momento. Quando chegavam, as mensagens tinham o comprimento total do caminho tomado até chegar lá, em termos de comprimento físico do ponto de referência. O ponto de referência corrente prestaria atenção apenas à mensagem contendo a soma dos comprimentos mínimos dos pontos de referência, uma vez que isso indica a direção do caminho mais curto até o objetivo.

Além de ir a um ponto de referência de interesse particular, como um corredor específico, Toto também podia encontrar o ponto de referência mais próximo por meio de uma propriedade particular. Por exemplo, suponha que Toto precisasse encontrar a parede mais próxima à direita. Para que isso acontecesse, todos os pontos de referência da parede à direita no mapa começariam a enviar mensagens. Toto seguiria o caminho mais curto e atingiria a parede à direita mais próxima no mapa.

16.2.6 Como Toto segue um mapa

Como vimos no Capítulo 13, o ambiente pode mudar a qualquer momento, e o robô pode se perder ou ficar confuso sobre onde está. Portanto, planejar um caminho e manter-se nele como em um controle em laço aberto é uma abordagem perigosa. Dessa forma, Toto não planeja de uma vez só o caminho, mas o faz continuamente. Veja como.

O mapa de comportamentos de Toto envia mensagens *continuamente*. Assim, onde quer que Toto esteja no mapa (qualquer que seja o comportamento ativo), ele pode responder ao caminho mais curto que recebeu. Essa é uma propriedade muito útil se o ambiente é suscetível a mudanças, enquanto o robô está se movendo (navegando). Outro motivo para essa atualização contínua do plano é a possibilidade de ocorrer o chamado *problema do robô sequestrado*, em que alguém pega o robô e o move para outro local. Recalcular continuamente o

PROBLEMA DO ROBÔ SEQUESTRADO

Pense na sua maneira de agir 251

percurso por meio do envio de mensagens significa que um caminho bloqueado ou uma localização alterada vai ser imediatamente substituído por um caminho melhor (mais curto) na rede. Na verdade, é muito importante notar que Toto realmente não tem nenhuma noção do que é um "caminho"! Em vez disso, ele simplesmente vai de um ponto de referência para outro, o que finalmente o leva ao objetivo, tão eficientemente quanto possível no mapa. Toto não computa uma trajetória de forma explícita ou a armazena em algum lugar; em vez disso, usa o mapa de comportamento ativo para encontrar seu caminho, não importando onde esteja.

A maneira como Toto constrói um mapa e faz o planejamento usando sua estrutura ativa não é fácil de descrever, mas é fácil (eficiente) de computar. Também não é muito fácil de exemplificar, mas a Figura 16.6 tenta ilustrar, mostrando como as mensagens são transmitidas entre os comportamentos vizinhos no mapa do Toto, a fim de planejar um caminho entre seu comportamento atual e o comportamento do objetivo.

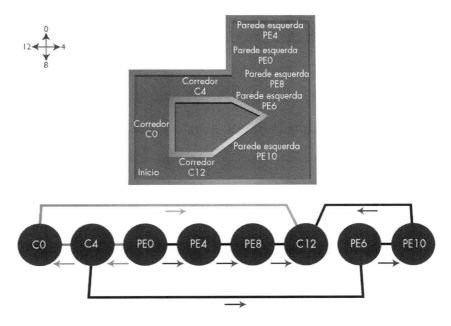

Figura 16.6 Planejamento de caminho do robô Toto.

Resumindo, a camada que buscava um caminho para Toto desempenhava os seguintes comportamentos:

1. enviava repetidamente (uma ou mais) mensagens do objetivo pela rede, até que esse objetivo fosse atingido;

2. mantinha uma soma total do comprimento do caminho, enquanto as mensagens eram transmitidas pela rede;

3. em cada ponto de referência alcançado por Toto (reconhecido como ativo), o total atual de mensagens recebidas indicava aonde Toto deveria ir em seguida (para qual comportamento no mapa), dizendo a ele como voltar e para onde se encaminhar.

Como resultado de todos os comportamentos funcionando em paralelo e interagindo uns com os outros e com o ambiente, Toto foi capaz de:

1. mover-se (navegar) com segurança e rapidez;
2. detectar pontos de referência novos ou já conhecidos;
3. constituir um mapa e encontrar sua posição nele;
4. encontrar o caminho mais curto para o objetivo.

Tudo que foi citado anteriormente foi alcançado em tempo real, de forma que não surgiu nenhum problema de escala de tempo. Além disso, não existia nenhuma camada intermediária em Toto porque não havia necessidade de uma interface explícita entre diferentes escalas de tempo (por exemplo, navegar *versus* encontrar caminho). Toto é um bom exemplo de sistema completamente baseado em comportamentos, capaz de alcançar tanto o comportamento em tempo real quanto a otimização sem o uso de um controlador híbrido.

Esse exemplo, embora um pouco complicado, nos mostra que o CBC e o controle híbrido são igualmente poderosos e expressivos. Usando representações distribuídas, podemos fazer tarefas arbitrárias com o CBC, assim como com os sistemas híbridos.

Pense na sua maneira de agir

Como podemos decidir quando usar um controlador híbrido ou quando usar um controlador baseado em comportamentos?

Não há uma resposta pronta para essa questão, a decisão é muitas vezes baseada nas preferências pessoais do projetista, na experiência acumulada e na habilidade técnica. Em alguns domínios, existem vantagens para uma ou para outra abordagem. Por exemplo, para o controle de um único robô, especialmente para tarefas complexas, envolvendo representação e planejamento, sistemas híbridos são normalmente mais bem-aceitos. Diferentemente, para controlar grupos e equipes de robôs, o controle baseado em comportamentos é muitas vezes o preferido, como aprenderemos no Capítulo 20.

Alguns adeptos do controle baseado em comportamentos alegam que esse é o modelo mais realista de cognição (pensamento) biológica, porque inclui o espectro de capacidades computacionais, desde os reflexos simples até representações distribuídas, tudo em um espaço de tempo e de representação consistentes. Outros preferem o CBC por razões pragmáticas, por achá-lo mais fácil de programar e usar no desenvolvimento de robôs robustos. (É claro, aqueles que preferem sistemas híbridos muitas vezes listam as mesmas razões para escolher o oposto!)

Resumo

- Sistema baseado em comportamentos (SBC) usa comportamentos para alcançar a modularidade e a representação.
- SBC permite respostas rápidas em tempo real, bem como o uso de representação e de aprendizagem.
- SBC usa a representação e computação distribuída em comportamentos simultâneos.
- SBC é uma alternativa aos sistemas híbridos, com igual poder expressivo.
- SBC exige algum conhecimento criativo de programação, como toda abordagem de controle exige.

Para refletir

- Algumas pessoas dizem que comportamentos deverism ser mais precisamente definidos para que a programação de robôs baseada em comportamentos fosse mais fácil de entender. Outros acreditam que ter comportamentos vagamente definidos permite que os programadores de robô sejam criativos e tenham ideias interessantes e inovadoras para projetar controladores de robôs. O que você acha?
- Há uma corrente de pensamento dentro da psicologia, conhecida por "behaviorismo", que define, entre outras coisas, os organismos com base em comportamentos observáveis. Essa ideia geral é semelhante à robótica baseada em comportamentos. No entanto, o "behaviorismo" acreditava que não havia diferença entre comportamentos externamente observáveis (ações) e comportamentos internamente observáveis (pensamentos e sentimentos). Alguns "behavioristas" nem sequer acreditavam em estado interno (Capítulo 3). Como vimos neste capítulo, SBC têm representação e estado internos; portanto, não são compatíveis com o "behaviorismo". As pessoas muitas vezes confundem "behaviorismo" com sistemas baseados em comportamentos. É clara a diferença para você? Se não, você pode ler mais sobre ambos.

Para saber mais

- Os exercícios deste capítulo estão disponíveis em: < http://roboticsprimer.sourceforge.net/workbook/Behavior-Based_Control>.
- Você pode aprender mais sobre Toto nos seguintes documentos: Matarić, Maja J. (1990). "A distributed model for mobile robot environment-learning and navigation", jan. Dissertação (mestrado) – MIT EECS, jan. 1990. *MIT AI Lab Tech Report AITR-1228,* maio. Matarić, Maja J. (1992). "Integration of representation into goal-driven behavior-based robots". *IEEE Transactions on Robotics and Automation,* 8(3), jun., p. 304-312.
- O livro *Cambrian Intelligence*, de Rodney. A. Brooks, traz uma grande coleção de artigos a respeito dos robôs baseados em com-

portamentos construídos no MIT durante as décadas de 1980 e 1990, incluindo o Genghis, o Attila, o Toto e muitos outros.

- Assim que acabar de ler este livro, um próximo passo excelente é ler o livro *Behavior-Based Robotics*, de Ronald Arkin.

17 Como fazer seu robô se comportar
Coordenação de comportamentos

COORDENAÇÃO DE COMPORTAMENTOS

Qualquer tipo de robô que tenha à disposição mais de um comportamento ou ação deve resolver um problema surpreendentemente difícil de *seleção de ação* ou de *coordenação de comportamentos*.

O problema é superficialmente simples: qual é a próxima ação/comportamento a ser executado?

Resolver esse problema de uma forma que faça o robô realizar a coisa certa ao longo do tempo, e assim atingir os seus objetivos, não é nada simples. Tanto o sistema híbrido quanto o sistema baseado em comportamentos têm vários módulos, e, portanto, têm de resolver o problema da coordenação. Nos sistemas híbridos, a camada intermediária está, muitas vezes, fortemente ligada à tarefa, enquanto nos sistemas baseados em comportamentos a tarefa pode ser distribuída por todo o sistema de controle.

Em geral, existem duas maneiras básicas de selecionar o próximo comportamento ou a próxima ação: escolher um comportamento/ação ou combinar múltiplos comportamentos/ações. Como mencionado no Capítulo 14, essas duas abordagens são chamadas, respectivamente, de arbitragem e fusão. Na Figura 17.1 são mostrados alguns dos diversos métodos disponíveis para a execução de cada uma delas e para a combinações das duas.

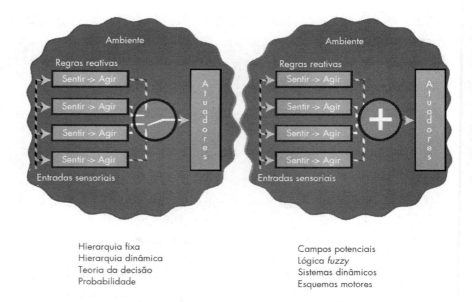

Hierarquia fixa
Hierarquia dinâmica
Teoria da decisão
Probabilidade

Campos potenciais
Lógica *fuzzy*
Sistemas dinâmicos
Esquemas motores

Figura 17.1 Vários métodos de coordenação de comportamentos.

17.1 Arbitragem de comportamentos: faça uma escolha

ARBITRAGEM

A *arbitragem* é o processo de seleção de uma ação ou de um comportamento entre vários candidatos possíveis. Já discutimos arbitragem no contexto do controle reativo (Capítulo 14), mas ela tem uma função muito mais ampla a desempenhar na robótica em geral, uma vez que é aplicável a qualquer momento em que há uma escolha a ser feita entre as diferentes ações ou comportamentos.

A coordenação de comportamentos baseada em arbitragem também é chamada coordenação de comportamentos *competitivos*, porque vários comportamentos candidatos competem, mas só um pode vencer.

A arbitragem pode ser feita por meio de:

1. uma hierarquia fixa de prioridades (os comportamentos têm prioridades predefinidas);
2. uma hierarquia dinâmica (as prioridades dos comportamentos mudam no tempo de execução).

Como fazer seu robô se comportar

A arquitetura de subsunção (Capítulo 14) usa uma hierarquia fixa de prioridades de comportamentos, realizada por meio da inibição de saídas dos comportamentos e supressão de suas entradas.

Muitos sistemas híbridos empregam hierarquias de prioridades fixas de controle. Em alguns sistemas, o planejador sempre tem controle sobre o sistema reativo; em outros, o contrário é sempre verdadeiro (Capítulo 15).

Sistemas híbridos mais sofisticados usam hierarquias dinâmicas para obter o controle da transição do sistema entre as partes reativa e deliberativa do controlador, de modo a obter um melhor desempenho. Da mesma forma, os sistemas baseados em comportamentos muitas vezes empregam a arbitragem dinâmica para decidir qual é o próximo comportamento que vence e assume o controle do robô.

A arbitragem dinâmica geralmente envolve computar alguma função para decidir a melhor opção. A função pode ser qualquer uma, incluindo votação (o vencedor é "eleito"), lógica *fuzzy*, probabilidade ou propagação de ativação, entre muitas outras.

17.2 Fusão de comportamentos: resumo

Diferentemente da arbitragem de comportamentos, os métodos de controle competitivo lidam com diversos tipos de arquitetura que empregam a execução de múltiplos comportamentos ao mesmo tempo. Essa é a base da fusão de comportamentos.

FUSÃO DE COMPORTAMENTOS

Fusão de comportamentos é a combinação das várias ações ou comportamentos candidatos possíveis em uma única saída, que resulta na ação/comportamento final do robô. A fusão de comportamentos também é chamada método "cooperativo", porque combina as saídas de vários comportamentos para produzir um resultado final, o qual pode ser uma ou mais saídas dos comportamentos existentes, ou até mesmo um resultado inteiramente novo. (Como isso é possível? Continue lendo e você descobrirá.)

A combinação de comportamentos, no entanto, é muito complicada. Se, às vezes, até mesmo andar e mascar chiclete ao mesmo tempo é um desafio, imagine fazer algo mais complicado que isso! (Robôs não são bons com chicletes, mas também não são bons andadores.)

Para combinar dois ou mais comportamentos, devemos representá--los de uma forma que torne os arranjos possíveis e, com sorte, fáceis. Eis um exemplo de como isso poderia ser feito.

Considere um robô que tem os seguintes comportamentos:

```
Parar:
Comandar velocidade 0 para as duas rodas

Seguir em frente:
Comandar velocidade V1 para as duas rodas

Virar um pouco à direita:
Comandar velocidade V2 para a roda direita e 2*V2 para
a roda esquerda

Virar um pouco à esquerda:
Comandar velocidade V3 para a roda da esquerda e 2*V3
para a roda direita

Virar muito à direita:
Comandar velocidade V4 para a roda direita e 3*V4 para
a roda esquerda

Virar muito à esquerda:
Comandar velocidade V5 para a roda esquerda e 3*V5
para a roda direita

Girar à direita sem sair do lugar:
Comandar velocidade V6 para a roda esquerda e -V6 para
a roda direita

Girar à esquerda sem sair do lugar:
Comandar velocidade V7 para a roda direita e -V7 para
a roda esquerda
```

O controle do mecanismo de fusão usa as saídas de todos os comportamentos, soma os comandos de velocidade para cada uma das rodas e envia o resultado para cada uma delas.

Você vê problemas potenciais nessa abordagem?

Certamente. Ela é boa e simples e utiliza apenas velocidades. Assim, todos os valores podem ser diretamente adicionados ou subtraídos. Mas o que acontece se dois comportamentos se anulam? O que acontece se V2 e V3 são iguais e "Virar um pouco à direita" e "Virar um pouco à esquerda" são comandos dados ao mesmo tempo? O que o robô fará? Ele não vai virar nem um pouco! Pior ainda, se combinarmos o comportamento "Parar" com qualquer outro, o robô não vai parar, o que poderia ser uma coisa muito ruim se houver um obstáculo à sua frente.

O caso clássico em que esse problema aparece é ao redor de obstáculos. Considere o controlador (eficiente) básico a seguir:

```
Ir para objetivo:
Computa a direção para o objetivo
   ir nessa direção
Evitar obstáculo:
Computa a direção que o afasta do obstáculo
   ir nessa direção
```

Juntos, esses dois comportamentos podem fazer o robô oscilar diante do obstáculo, fazendo uma dancinha para lá e para cá, sem avançar.

Como podemos contornar alguns desses problemas?

Roboticistas têm pensado nisso de modo aprofundado, e assim surgiu uma grande quantidade de teorias e, maior ainda, de práticas, mostrando o que funciona e o que não funciona. Por exemplo, certos comportamentos podem ser ponderados de forma que suas saídas tenham uma influência mais forte sobre o resultado final, mas isso nem sempre funciona. Outra possibilidade é ter alguma lógica no sistema que impeça certas combinações e certos resultados. Isso faz o controlador, que de outra forma seria bom e simples, não ser mais tão bom e simples. Contudo, isso é frequentemente necessário. *Não existe almoço gratuito.*

Em geral, é fácil fazer a fusão de comandos quando eles são valores numéricos, como, por exemplo, a velocidade, o ângulo de rotação, e assim por diante. Eis, a seguir, um exemplo "das ruas".

Considere a arquitetura DAMN (do inglês, *dynamic autonomous mobile navigation*, ou "navegação autônoma, móvel e dinâmica"), usada originalmente para controlar uma *van* que navegava de forma autônoma em estradas por longas distâncias. A arquitetura DAMN foi desenvolvida por Julio Rosenblatt na Carnegie Mellon University (CMU). A demonstração, chamada "Dirigindo sem as mãos através da América", teve a merecida divulgação. No controlador DAMN, várias ações de baixo nível, como girar ângulos, eram todas "eleitoras e elegíveis por meio do voto". Cada ação tinha de votar (em si ou em outras), todos os votos eram contados, e o resultado, uma soma ponderada de ações, era executado. Na Figura 17.2 é mostrado um diagrama da arquitetura de controle. Esse é um exemplo claro de fusão de comandos que acabou se tornando uma forma muito eficaz de controlar a condução de robôs. Depois disso, foi melhorada com o uso da lógica *fuzzy*, uma maneira diferente de fundir comandos. Você pode encontrar mais informações sobre a lógica *fuzzy* no final deste capítulo.

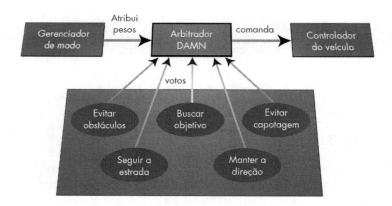

Figura 17.2 Diagrama da arquitetura DAMN para navegação móvel, autônoma e dinâmica.

Métodos formais de fusão de comandos incluem campos potenciais, "esquemas motores" (*motor schemas*) e sistemas dinâmicos, só para citar alguns. Tais métodos são todos bem desenvolvidos e merecem estudo cuidadoso. Vamos ignorá-los aqui, mas você pode encontrar referências de leitura adicional no final deste capítulo.

Em geral, os métodos de fusão são aplicados às representações de baixo nível (velocidade, direção), ao passo que a arbitragem é utilizada no nível mais alto (virar, parar, segurar). Muitos sistemas de controle usam uma combinação de métodos, com a fusão em um nível e a arbitragem em outro.

Resumo

- Decidir que ação, comportamento ou conjunto de comportamentos executar é um problema complexo em robótica.
- Esse problema é chamado coordenação de comportamentos.
- A coordenação de comportamentos tem sido estudada há muito tempo e conta com um grande número de soluções possíveis. No entanto, nenhuma solução é perfeita, e não há regras rígidas sobre qual é a solução certa para um dado sistema robótico, ambiente ou tarefa.

Para refletir

Será que já aconteceu de você não conseguir se decidir entre duas coisas? O que fazer? Teorias da ciência cognitiva e da neurociência dizem que as emoções humanas são úteis para nos ajudar a decidir entre coisas semelhantes. Existem pessoas com determinadas deficiências neurais que são ao mesmo tempo incapazes de ter emoções e de escolher entre as coisas que parecem igualmente boas (ou ruins). Isso significa que robôs precisam de emoções? Alguns pesquisadores em inteligência artificial (IA) têm argumentado que tanto os robôs quanto os *softwares* de IA, em geral, poderiam se beneficiar de tais emoções. O que você acha?

Para saber mais

- O livro *Behavior-Based Control*, de Ronald Arkin, dá uma explicação fácil de entender para alguns dos métodos mais conhecidos de fusão de comportamentos, incluindo esquemas e campos potenciais.
- A tese de doutorado de Julio Rosenblatt, intitulada *DAMN: A Distributed Architecture for Mobile Navigation*, está disponível aos leitores interessados como relatório técnico da Carnegie Mellon University (CMU).
- A tese de doutorado intitulada *Multiple Objective Action Selection & Behavior Fusion using Voting*, de Paolo Pirjanian, da Universidade de Aalborg, na Dinamarca, oferece uma excelente visão geral das abordagens de coordenação de comportamentos.
- A lógica *fuzzy*, ou lógica difusa, é um tema muito popular em diversos livros publicados sobre o assunto. Você poderia começar com *Fuzzy Logic: Intelligence, Control and Information*, de John Yen e Reza Langari.

18 Quando o inesperado acontece
Comportamento emergente

A ideia de que um robô pode produzir um comportamento inesperado é um pouco assustadora, pelo menos para um não roboticista.

Mas todo comportamento do robô é realmente inesperado?
E todo comportamento inesperado é ruim?

Neste capítulo, vamos aprender sobre comportamento emergente, um fenômeno importante, mas pouco compreendido.

Todo comportamento do robô resulta da interação do seu controlador com o ambiente. Se um desses componentes, ou ambos, é simples, o comportamento resultante pode ser muito previsível. Por outro lado, se o ambiente é dinâmico ou se o controlador tiver vários componentes interagindo, ou ambos, o comportamento resultante do robô pode ser surpreendente, no bom e no mau sentido. Se um comportamento inesperado tem certa estrutura, padrão ou significado para um observador, ele é, muitas vezes, chamado emergente. Mas, espere aí, não vamos definir o comportamento emergente ainda, porque não estamos prontos para isso.

18.1 Um exemplo: comportamento emergente de "seguir parede"

Embora seja fácil imaginar como comportamentos inesperados são resultantes de sistemas complexos, você não deve pressupor que é preciso um ambiente complexo ou um controlador complexo para gerar comportamentos emergentes. Para um contraexemplo, considere o seguinte controlador simples (que já deve ser muito familiar para você):

```
Se o bigode esquerdo curvar-se, vire à direita.
Se o bigode direito curvar-se, vire à esquerda.
Se ambos os bigodes se curvarem, retorne e vire para
   a esquerda.
Caso contrário, continue.
```

O que acontece se você colocar um robô com esse controlador ao lado de uma parede? Veja a resposta na Figura 18.1. Ele seguirá a parede! E olhe que o próprio robô ainda não sabe nada sobre paredes, já que o controlador não tem nada explícito sobre paredes em suas regras. Nenhuma parede é detectada ou reconhecida; mesmo assim, o robô segue paredes de forma confiável e contínua. Na verdade, o controlador anterior poderia ter sido escrito simplesmente para evitar obstáculos, mas ele segue paredes também.

Então o comportamento emergente desse controlador é "seguir parede"?

Bem, isso depende.

O que é comportamento emergente? Magia?

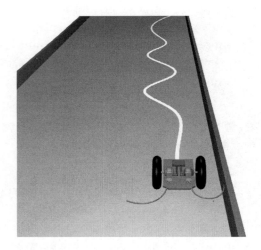

Figura 18.1 Comportamento emergente "seguir parede", realizado por um robô móvel simples.

18.2   O todo é maior que a soma de suas partes

COMPORTAMENTO EMERGENTE

A noção intuitiva, ainda que imprecisa, de *comportamento emergente* envolve algum tipo de capacidade "holística", em que o comportamento do robô é maior do que a soma de suas "partes", as quais são as regras do controlador. Comportamento emergente parece produzir mais do que foi programado para o robô fazer. De alguma forma, conseguimos mais do que tínhamos construído, algo de graça, algo mágico.

Como vimos nos Capítulos 14 e 16, as interações entre as regras, comportamentos e ambiente são uma fonte de riqueza e poder expressivo para o projeto do sistema, e bons roboticistas, muitas vezes, exploram esse potencial para projetar controladores criativos e sofisticados. Especificamente, os sistemas reativos e baseados em comportamento são, por diversas vezes, projetados para apenas tirar vantagem de tais interações. São projetados para manifestar o que alguns poderiam chamar comportamentos emergentes.

> *Vamos considerar outro exemplo. Suponha que você tenha um conjunto de robôs que precisam se agrupar. Suponha, ainda, que os robôs não se comunicam entre si e que cada robô deva seguir apenas as suas próprias regras e seus próprios dados sensoriais locais (assim como os pássaros fazem quando se agrupam). Como você programaria cada robô de modo que eles se agrupassem?*

Tal agrupamento distribuído pode ser conseguido com o seguinte conjunto de regras simples para cada um dos robôs:

```
Não fique muito perto de outros robôs (ou de outros
obstáculos)
Não fique muito longe de outros robôs
Mantenha-se em movimento, se puder
```

O que propusermos como "perto" e "longe" depende de vários parâmetros, incluindo as velocidades dos robôs, a sua gama de sensores e quão compacto queremos que seja o agrupamento.

Quando executadas em paralelo, essas regras resultarão em um conjunto de robôs se agrupando. E, além disso, se você deseja que um agrupamento vá a um determinado lugar, como para o sul (bom para os pássaros) ou para casa (bom para todos), é necessário adicionar apenas mais uma regra, a que "empurra" cada robô para o destino desejado, supondo que o resto das referidas regras sejam satisfeitas. Para saber mais sobre esse tipo de agrupamento, aguarde o Capítulo 20 e também dê uma olhada nas sugestões de leitura no final deste capítulo.

O que é preciso para criar um comportamento emergente?

18.3 Componentes da emergência

A noção de emergência depende de dois componentes:

1. a existência de um observador externo, para ver o comportamento emergente e descrevê-lo (porque se ninguém o viu, como sabemos que aconteceu?);
2. o acesso ao interior do controlador, para verificar se o comportamento não é explicitamente especificado em qualquer parte do sistema (porque, se for, então não é emergente, e sim meramente esperado).

Muitos roboticistas adotam a combinação desses dois componentes como definição de comportamento emergente. Os comportamentos de "seguir parede" e de "agrupamento" funcionam muito bem para essa definição.

É claro que nem todos os pesquisadores concordam com essa definição (tal consenso em um campo de pesquisa seria muito fácil e muito chato). Alguns argumentam que não há nada de emergente nos comportamentos de "seguir parede" e "agrupamento", e que ambos são apenas exemplos de um estilo particular de programação indireta de robôs que utiliza o ambiente e os efeitos colaterais.

Esses críticos propõem que, para um comportamento ser emergente, ele deve ser verdadeiramente inesperado. Ele deve ser descoberto "à espreita", por meio da observação do sistema, e deve surgir como uma verdadeira surpresa para o observador externo.

18.4 Esperando o inesperado

O problema com a surpresa inesperada é que ela, sendo uma propriedade de um comportamento, depende totalmente das expectativas do observador – e as expectativas são completamente subjetivas. Um observador ingênuo é surpreendido por muitas observações. Um homem pré-histórico ficaria muito surpreso pelo fato de uma bicicleta ficar em pé ou de um avião voar. (Na verdade, a única razão por que a maioria de nós não esteja surpresa com esses fenômenos é a familiaridade que temos com eles; certamente não é porque a maioria de nós entende exatamente por que bicicletas e aviões não caem.) Em contrapartida, um observador informado não poderia ser surpreendido por isso, se ele entende o sistema extremamente bem ou o tiver visto em ação antes.

Esse último ponto nos leva a um problema ainda mais complicado com relação ao comportamento emergente inesperado. Uma vez que um comportamento como esse foi observado, ele já não é mais inesperado. Assim como com a bicicleta e o avião, mesmo um homem das cavernas finalmente acabaria se acostumando a vê-los em pé ou no céu e esperaria que ficassem assim, mesmo sem entender como o sistema funciona. E a falta de surpresa – a expectativa cumprida, a previsibilidade – invalida a segunda definição de emergência. Mas isso não é bom, porque um comportamento é ou não é emergente; ele não deve ser emergente uma vez (a primeira vez que é visto) e depois deixar de ser.

18.5 Previsibilidade da surpresa

Pelo que vimos, parece bem claro que o conhecimento do observador não pode ser uma medida válida de emergência e que algo mais objetivo é necessário. A forma mais objetiva e concreta de tentar definir e compreender a emergência é olhar um pouco mais de perto a propriedade do controlador de "não saber" sobre o comportamento e, ainda assim, gerá-lo.

Como vimos no exemplo de "seguir parede", o controlador (e, portanto, o robô) não tinha noção do que era "paredes" ou "seguir". O comportamento de "seguir parede" emergiu da interação das regras simples de evitar obstáculos com a estrutura do ambiente. Se não houvesse paredes no ambiente, o comportamento de "seguir parede" não emergiria. Isso nos leva a outra definição de comportamento emergente.

COMPORTAMENTO
EMERGENTE

Comportamento emergente é um comportamento estruturado (padronizado, significativo) que é aparente em um nível do sistema (do ponto de vista do observador), mas não em outro (do ponto de vista do controlador/robô).

Isso significa que, se o robô gera um comportamento interessante e útil sem estar explicitamente programado para isso, o comportamento pode ser chamado emergente, seja uma surpresa ou não para um observador qualquer.

Alguns desses comportamentos, como os exemplos de "seguir parede" e "agrupamento", podem ser pré-programados por meio de regras criativas e não são particularmente surpreendentes para o projetista, mas ainda são formas criativas de fazer o controle do robô. No entanto, uma grande parte do comportamento emergente não pode ser concebida de antemão, sendo de fato inesperada, produzida pelo sistema conforme ele é executado e emerge da dinâmica da interação que surge apenas no tempo de execução. Em tais casos, para que o comportamento se manifeste, o sistema tem de ser executado e observado, não sendo possível prevê-lo.

Por que isso? Por que não podemos, em teoria, prever todos os possíveis comportamentos do sistema (supondo que sejamos muito inteligentes)?

Bem, poderíamos, em tese, prever todos os possíveis comportamentos de um sistema, mas isso levaria uma eternidade, porque teríamos de considerar todas as possíveis sequências e combinações de ações e comportamentos do robô em todos os ambientes possíveis. E, para complicar ainda mais, também teríamos de levar em conta a incerteza inevitável do mundo real, que afeta todo o sensoriamento e as ações do robô.

É fácil entender mal e interpretar mal essas ideias. O fato de que não podemos prever *tudo* com antecedência não significa que não podemos prever *nada*. Nós podemos dar certas garantias e previsões para todos os robôs, ambientes e tarefas. Podemos, por exemplo, prever e garantir o desempenho de um robô cirúrgico. Se não pudéssemos, quem iria usá-lo? Ainda assim, não podemos ter certeza de que não haverá um terremoto enquanto ele opera, o que poderia interferir em

Quando o inesperado acontece

seu desempenho. Por outro lado, existem certos controladores e robôs para os quais não somos capazes de prever, por exemplo, qual robô colocará qual tijolo em qual lugar, mas podemos garantir que os robôs, juntos, construirão uma parede (a menos que alguém roube todos os tijolos ou haja um terremoto, de novo).

E, assim, ficamos com a percepção de que o potencial de comportamento emergente existe em qualquer sistema complexo, e, uma vez que sabemos que os robôs existentes no mundo real são, por definição, sistemas complexos, a emergência se torna um fato da vida na robótica. Diferentes roboticistas têm abordagens diferentes para a emergência: uns trabalham duro para evitá-la, outros pretendem usá-la e outros, ainda, tentam ignorá-la sempre que possível.

18.6 Comportamento emergente bom *versus* comportamento emergente mau

Observe que até agora temos admitido que todo comportamento emergente é, de alguma forma, desejável e bom. Claro que nem todos os tipos de comportamento estruturado são desejáveis. Alguns são muito problemáticos para o robô. Oscilações são um caso óbvio em pauta. Um robô com regras simples como "Vire na direção contrária ao obstáculo" pode facilmente ficar preso em um canto por um tempo. Você pode pensar em outros exemplos?

> *Você pode imaginar como fazer um comportamento emergente surgir sem programá-lo diretamente?*

Além disso, para qualquer tipo de comportamento emergente:

> *Qual é a diferença entre um defeito emergente e uma qualidade emergente?*

Isso depende inteiramente do observador e de seus objetivos. O que é defeito para um observador pode ser uma qualidade para outro. Se você deseja que seu robô fique preso nos cantos, então as oscilações são uma qualidade; caso contrário, são um defeito.

Agora vamos voltar para a criação intencional de comportamentos emergentes nos robôs. Recordando os exemplos de "seguir parede" e de "agrupamento", podemos ver que o comportamento emergente pode surgir a partir das interações do robô com o ambiente ao longo do tempo e/ou do espaço. No comportamento de "seguir parede", as regras ("vire à esquerda", "vire à direita", "continue se movendo"), na presença de uma parede, resultam em seguir uma parede ao longo do tempo. Então, o que é necessário, além do controlador em si, é a estrutura e o tempo suficientes para que o comportamento venha a emergir.

Contrariamente, no comportamento de "agrupamento", o que é necessário é que os vários robôs executem os comportamentos juntos, em paralelo. Trata-se novamente de um tipo de estrutura de ambiente, porém na forma de outros robôs. As regras em si ("não vá muito perto", "não vá muito longe", "continue se movendo") não significam nada se o robô está sozinho; e, de fato, são necessários três ou mais robôs para que esse agrupamento seja estável; caso contrário, ele se desfaz. Mas, havendo robôs suficientes e espaço e tempo suficientes para que se movam, um agrupamento emerge.

> *Dada a estrutura necessária no ambiente, e espaço e/ou tempo suficientes, existem numerosas maneiras pelas quais os comportamentos emergentes podem ser programados e explorados.*

Muitas vezes, isso é particularmente útil na programação de equipes de robôs (veja o Capítulo 20).

18.7 Arquiteturas e emergência

Como seria de esperar, as diferentes arquiteturas de controle afetam a probabilidade de geração e uso de comportamento emergente de diferentes formas. Isso porque a modularidade do sistema afeta diretamente a emergência.

Sistemas reativos e sistemas baseados em comportamentos empregam, respectivamente, regras e comportamentos paralelos, os quais interagem entre si e com o ambiente, fornecendo, consequentemente, a base perfeita para explorar o comportamento emergente durante o projeto. Em contrapartida, os sistemas deliberativos são sequenciais e, por isso, normalmente não têm interações paralelas entre os componentes; portanto, exigiriam estrutura de ambiente para obter qualquer comportamento emergente ao longo do tempo. Do mesmo modo, os sistemas híbridos seguem o modelo deliberativo na tentativa de produzir uma saída coerente e uniforme do sistema, minimizando as interações e, com isso, a emergência.

Resumo

- Comportamento emergente pode ser esperado ou inesperado, desejável ou indesejável.
- Roboticistas exploram o comportamento emergente desejável e tentam evitar o indesejável.
- Comportamento emergente requer um observador do comportamento do sistema e informações sobre o funcionamento do sistema.
- Diferentes arquiteturas de controle têm diferentes métodos de explorar ou evitar comportamentos emergentes.
- Você pode passar muitos anos estudando o comportamento emergente e filosofando sobre o assunto.
- As pessoas – o que há de mais avançado em sistemas complexos situados em ambientes complexos – também produzem comportamentos emergentes.

Para refletir

- Além de "seguir parede", ou simplesmente "seguir" (buscando por algum alvo), que é um comportamento natural para se produzir por meio de emergência, você consegue pensar em outros comportamentos que possam ser implantados dessa maneira?
- Você pode pensar em maneiras de usar comportamentos emergentes para fazer algo muito complexo, como construir uma ponte, uma

parede ou um prédio? Formigas fazem isso o tempo todo (veja o Capítulo 20).

Para saber mais

- Os exercícios deste capítulo estão disponíveis em: <http://roboticsprimer. sourceforge.net/workbook/Emergent_Behavior>.
- Craig Reynolds inventou os *boids*, criaturas simuladas semelhantes a pássaros que foram programadas com regras simples e produziam sofisticados comportamentos de "agrupamento". Você pode ler sobre os *boids* no livro *Vida artificial*, de Steven Levy. Pode também encontrar mais informações sobre os *boids* e assistir a vídeos dos agrupamentos em ação na internet.

19 Passeando por aí
Navegação

NAVEGAÇÃO

Navegação refere-se à maneira de um robô encontrar o seu caminho no ambiente.

Ir de um lugar a outro é extremamente desafiador para um robô. Você descobrirá que, em geral, todo controlador de robô usa a maior parte de seu código para levá-lo aonde precisa ir a qualquer momento, se comparado com o tamanho do código que alcança os seus objetivos de "alto nível". Levar qualquer parte do seu corpo para onde precisa ir é difícil. Quanto mais complicado for o corpo do robô, mais difícil é o problema.

O termo "navegação" aplica-se ao problema de mover todo o corpo do robô para vários destinos. Embora venha sendo estudado no domínio dos robôs móveis (incluindo os robôs voadores e nadadores), o problema da navegação aplica-se a qualquer tipo de robô capaz de se mover. O corpo do robô pode ter qualquer formato, pois o mecanismo de locomoção se encarrega de mover o corpo adequadamente (como vimos no Capítulo 5), e o mecanismo de navegação diz a ele para onde ir.

Por que é tão difícil saber para onde ir?

Como de costume, o problema está enraizado na incerteza. Uma vez que um robô normalmente não sabe exatamente onde está, torna-se extremamente difícil para ele saber como chegar ao seu próximo destino, especialmente porque esse destino pode não estar dentro do seu alcance sensorial imediato. Para entender melhor o problema, vamos dividi-lo em alguns cenários possíveis, nos quais o robô tem de encontrar algum objeto, digamos um disco.

- Suponha que o robô tenha um mapa do seu mundo com indicação de onde o disco está. Suponha também que o robô saiba onde ele está no mapa. O que resta a ser feito para chegar ao disco é planejar um caminho entre a localização atual do robô e o objetivo (o disco) e, então, seguir esse plano. Esse é o problema do planejamento de caminhos. É claro que, se alguma coisa der errado – se o mapa não estiver correto ou se o mundo mudar –, pode ser necessário que o robô atualize o mapa, busque em seu entorno, replaneje, e assim por diante. Já falamos um pouco sobre como lidar com esses desafios dos controles deliberativo e híbrido nos Capítulos 13 e 15, respectivamente.

- Agora, suponha que o robô tenha um mapa do seu mundo com indicação de onde o disco está, mas não saiba onde ele mesmo está no mapa. A primeira coisa que o robô deve fazer é descobrir onde se encontra no mapa. Esse é o problema da localização. Uma vez que o robô se localiza dentro do mapa (ou seja, sabe onde está), ele pode planejar o caminho, assim como foi exposto anteriormente.

- Agora, suponha que o robô tenha um mapa do seu mundo e saiba onde está em seu mapa, mas não saiba onde o disco está no mapa (ou mundo, que é a mesma coisa). Para que serve o mapa se o local do disco não está marcado? Na verdade, ter o mapa é realmente uma coisa boa. Eis o porquê. Como o robô não sabe onde o disco está, ele terá de sair por aí à sua procura. Uma vez que o robô tem um mapa, ele pode usá-lo para planejar uma boa estratégia de busca, que abranja cada pedaço de seu mapa e dê a certeza de encontrar o disco, caso exista. Esse é o *problema da cobertura*.

PROBLEMA DA
COBERTURA

- Agora, suponha que o robô não tenha um mapa do mundo. Nesse caso, pode ser que ele queira construir um mapa à medida que avança. Esse é o problema do mapeamento. Observe que não ter um mapa não significa que o robô não sabe onde está. Você pode não ter um mapa de Nova York, mas se você está em pé ao lado da Estátua da Liberdade, você sabe onde está: ao lado da Estátua da Liberdade. Basicamente, os sensores locais de um robô poderão dizer onde ele está se a localização puder ser seguramente reconhecida (como no caso de um ponto de referência importante, como a Estátua da Liberdade), ou, então, com um sistema de posicionamento global (GPS). No entanto, sem um mapa, você não saberá como chegar ao Empire State Building. Para tornar o problema realmente divertido – e muito realista para muitos domínios da robótica no mundo real –, suponha que o robô não saiba onde está. Agora, o robô tem duas coisas a fazer: descobrir onde está (localização) e encontrar o disco (busca e cobertura).

- Agora, suponha que o robô – não tendo o mapa do seu mundo e não sabendo onde está – escolha construir um mapa do seu mundo enquanto se localiza e, ao mesmo tempo, procura o disco. Esse é o problema da localização e mapeamento simultâneos (SLAM, do inglês *simultaneous localization and mapping*), também chamado mapeamento e localização concorrentes (CML, do inglês *concurrent mapping localization*), mas esse último termo não é tão atraente ou conhecido. Esse é um problema do tipo "o ovo ou a galinha": para fazer um mapa, você precisa saber onde está, mas, para saber onde está, você precisa ter um mapa. Com SLAM, você tem de fazer as duas coisas ao mesmo tempo.

Todos os vários problemas mencionados são componentes do problema da navegação. Para resumir, são os seguintes:

- localização: descobrir onde você está;
- busca: procurar o local-objetivo;
- planejamento do caminho: planejar um caminho para o local--objetivo;
- cobertura: abranger toda uma área determinada;
- SLAM: localização e mapeamento simultâneos.

No fim das contas, cada um dos problemas descritos tem sido estudado extensivamente na área de robótica. Numerosos trabalhos de pesquisa, e até alguns livros, foram escritos sobre esse assunto. Existem vários algoritmos para cada um dos problemas anteriores, e, a cada ano, novos algoritmos são desenvolvidos por muitos pesquisadores ardorosos de robótica. Em suma, todos os itens anteriores são problemas difíceis, ainda considerados "abertos", o que significa que a pesquisa está em andamento para tentar resolvê-los da melhor forma. Dito isso,

278 Introdução à robótica

é difícil fazer justiça à grande quantidade de trabalhos existente nessas áreas de navegação. A seguir, vamos mencionar brevemente algumas das abordagens para os problemas descritos anteriormente; mas, para aprender mais, confira as sugestões de leitura no fim deste capítulo.

19.1 Localização

ODOMETRIA

Uma maneira de manter-se localizado é pelo uso de odometria. *Odometria* vem do grego *hodos*, que significa "caminhada", e *metros*, que significa "medida", de modo que o termo significa, literalmente, "medição da caminhada". Um termo mais formal para a odometria é *integração de caminhos*. Os carros têm odômetros, assim como os robôs. A odometria do robô é geralmente baseada em alguns sensores de movimento das rodas, normalmente codificadores de eixo (como aprendemos no Capítulo 8). No entanto, quanto mais o robô se desloca e quanto mais gira a sua roda, mais imprecisa se torna a odometria. Isso é inevitável, já que qualquer mensuração de um sistema físico é imprecisa e contém ruídos (interferências), e qualquer pequeno erro na odometria vai crescer e se acumular ao longo do tempo. O robô terá de reconhecer um ponto de referência ou encontrar outra maneira de corrigir seu odômetro se quiser ter alguma chance de se localizar. A odometria dos robôs usa o mesmo processo básico de posicionamento estimado que as pessoas.[1]

INTEGRAÇÃO DE CAMINHOS

A odometria permite que o robô se mantenha a par de sua localização em relação ao ponto de partida ou de referência. Por essa razão, está localizado em relação a esse ponto. Em geral, a localização é sempre em relação a algum sistema de referência, seja ele um ponto de partida arbitrário ou um mapa GPS.

ESTIMATIVA DE ESTADO

Para lidar com a localização de um modo mais formal, geralmente tratamos dela como um problema de estimativa de estados. A *estimativa de estado* é o processo de estimar o estado de um sistema a partir de medidas. Esse é um problema difícil, pelas seguintes razões:

---

1 O posicionamento estimado, também conhecido pelo termo inglês *dead reckoning*, envolve procedimentos que computam/estimam a posição, utilizando a medida do deslocamento a partir de um ponto conhecido. (N.T.)

Passeando por aí

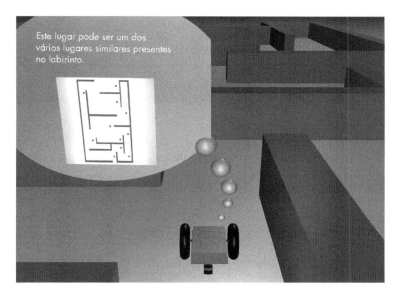

Figura 19.1 Problemas associados à localização.

1. *O processo de estimativa é indireto.* Um sistema não costuma ter o luxo de medir diretamente a quantidade. Em vez disso, mede-se o que se pode e estima-se o estado com base nesses dados. Conforme já discutimos, um robô pode monitorar a rotação de suas rodas e, assim, usar a odometria para estimar sua localização. O robô não mede a localização diretamente; ele a estima a partir das medições de odometria.

2. *As medições contêm ruídos.* É claro que elas contêm, elas envolvem sensores do mundo real e propriedades do mundo real. Portanto, já não é novidade para você, certo?

3. *As medições podem não estar disponíveis o tempo todo.* Se estiverem, a estimativa de estado pode ser contínua. Caso contrário, pode ser realizada em lotes,[2] quando dados suficientes forem coletados.

---

2 O processamento em lote, termo emprestado da ciência da computação, refere-se ao agrupamento de uma grande quantidade de dados para processá-los todos de uma vez. (N.T.)

Por exemplo, a odometria é contínua, mas outras formas de medida podem não ser, tal como contar marcadores de quilometragem ou outros tipos de pontos de referências intermitentes.

A estimativa de estado geralmente exige um modelo das quantidades relevantes no ambiente. Para a odometria, o único modelo necessário é o sistema de referência no qual a distância é medida. No entanto, os tipos mais complexos de localização requerem modelos mais complexos. Por exemplo, considere um robô que tem um sensor de distância (sonar ou *laser*) e um mapa do ambiente. O robô pode realizar uma série de medidas de distância e compará-las com o mapa para ver qual é a sua localização mais provável. Esse é um processo complicado, porque vários lugares do ambiente podem parecer o mesmo para determinados sensores. Suponha que o robô esteja em uma sala que tem quatro cantos vazios, os quais têm a mesma aparência para o robô quando está voltado para eles. Para diferenciá-los, ele tem de movimentar-se e perceber outras características da sala (paredes, móveis etc.); só assim poderá ver onde ele está em relação ao mapa. Esse tipo de confusão é muito comum na navegação de robôs, seja de cantos, corredores, portas ou outras características que muitas vezes parecem semelhantes, especialmente para os sensores de robôs, os quais são limitados e ruidosos.

Conforme vimos no Capítulo 12, os mapas são apenas uma maneira de representar o ambiente, e existem mapas de todos os tipos. Em vez de ter um mapa detalhado, o robô pode conhecer apenas alguns pontos de referência ou objetivos. Nesse caso, ele precisa comparar suas leituras sensoriais (ou seja, as medidas) com o modelo que tem desses pontos de referência. Ele pode apenas conhecer as distâncias de cada um dos pontos de referência, e terá de calcular onde está com base nessa informação. O problema da localização varia de acordo com o tipo de representação utilizado.

Se o robô tem um mapa topológico (lembra-se desse conceito do Capítulo 12?), a localização implica que ele deve ser capaz de identificar exclusivamente qual é o ponto de referência dentro do mapa em que ele está. Isso não é tão difícil quando os nós são únicos (como a Estátua da Liberdade: há apenas uma em Nova York), mas é muito mais difícil se houver múltiplos pontos de referência semelhantes (como a esquina de uma rua movimentada com um café e uma banca de jornais: há muitas dessas em Nova York). Se o robô tem um mapa métrico, a localização implica que ele deve ser capaz de identificar o posicionamento cartesiano global (latitude e longitude). Felizmente, essa posição é, com certeza, única.

Localização

Em suma, *localização* é o processo de descobrir onde o robô está em relação a um modelo de ambiente, usando qualquer medição sensorial disponível. Conforme o robô continua se movendo, a estimativa de sua posição se altera, e ela deve ser mantida atualizada por meio de computação ativa. Então, saber onde você está (se você é um robô) não é uma questão trivial, e ouvir "Suma do mapa!" é, provavelmente, o comando mais fácil de seguir.

19.2 Busca e planejamento de caminho

O planejamento de caminho envolve encontrar um caminho que vai da localização atual do robô até o destino. Certamente, isso requer que o robô saiba sua localização atual (ou seja, se localizar) e saiba também a localização do destino ou objetivo, ambas em um sistema de referência comum. Acontece que o planejamento de caminho é um problema muito bem compreendido no mínimo quando todas essas informações mencionadas estão disponíveis para o robô. Dado um mapa do ambiente e dois pontos especiais nele (localização atual e objetivo), o robô só precisa "ligar os pontos".

Normalmente, há muitos caminhos possíveis entre o início e o objetivo. Encontrá-los envolve buscas no mapa. Para que essa busca seja computacionalmente eficiente, o mapa é geralmente transformado em um *grafo*, um conjunto de nós (pontos) e de linhas de conexão entre eles. Por que se incomodar com isso? Porque é fácil realizar buscas em grafos usando algoritmos desenvolvidos pela ciência da computação e pela inteligência artificial (IA).

Um planejador de caminho pode olhar para o caminho ótimo (o melhor deles) baseado em algum critério. Um caminho pode ser ótimo com base na distância, o que significa que é o mais curto; pode ser ótimo com base no perigo, o que significa que é o mais seguro; ou pode ser ótimo com base no cenário, o que significa que é o mais bonito. Evidentemente, esse último critério não é normalmente usado em robótica. O ponto é que existem vários critérios para a otimização do caminho, dependendo da tarefa e do ambiente específicos do robô.

Encontrar o caminho ótimo implica buscar todos os caminhos possíveis, porque, se o planejador não verificar todas as possibilidades, poderá perder o melhor. Portanto, esse é um processo computacionalmente complexo (leia-se: potencialmente lento). Na verdade, o planejamento de caminho é uma daquelas tarefas que requerem dos robôs pensamento ou raciocínio de alto nível. Isso acaba sendo uma capacidade importante, que tem grande impacto sobre a forma de programarmos os robôs (como você viu no Capítulo 11).

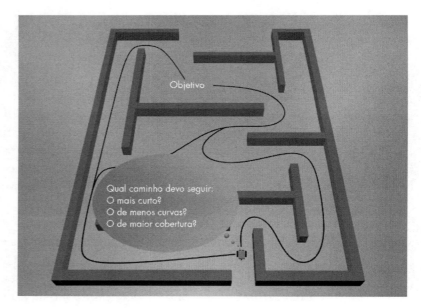

Figura 19.2 Problemas associados ao planejamento de caminho.

Nem todos os planejadores buscam um caminho ideal ou até mesmo um caminho completo. Alguns realizam apenas o planejamento local de caminho, olhando para a parte vizinha do mapa, não para todo ele, e dessa forma acabam acelerando as coisas (mas, provavelmente, encontrando problemas mais tarde, como portas fechadas ou pare-

Passeando por aí

des). Outros planejadores procuram o primeiro caminho que chega ao objetivo, em vez do caminho ótimo, com o mesmo próposito de economizar tempo. Como discutido nos Capítulos 11 e subsequentes, o tempo é muito valioso para um robô, e o planejamento de caminho é uma tarefa importante na vida de um robô móvel, que pode ser muito demorada. Por outro lado, é importante chegar aonde o robô precisa ir.

Em robótica, há uma grande quantidade de trabalhos sobre as várias formas de representar o ambiente, planejar um caminho e converter esse caminho em um conjunto de comandos de movimento para o robô. Confira alguns dos livros relevantes listados no final deste capítulo.

19.3 Localização e mapeamento simultâneos

Como você pode imaginar, a localização e mapeamento simultâneos (SLAM) é um problema difícil, uma vez que implica ter o robô executando dois processos paralelos e em andamento relacionados: descobrir onde ele está e construir um mapa do ambiente. O que torna a tarefa difícil é a aparente confusão entre os vários lugares que são semelhantes e, portanto, ambíguos. Esse é o *problema de associação de dados*, que consiste em associar os dados detectados exclusivamente com a localização absoluta.

Se o robô está construindo um mapa topológico, tem de lidar com o desafio de identificar exclusivamente pontos de referência, conforme já descrevemos. Se ele vê uma esquina movimentada com um café e uma banca de jornal, como sabe exatamente qual referência está vendo? Para esse problema, mesmo que o robô esteja em pé ao lado de uma grande estátua erguendo uma tocha, como ele saberá que não há duas estátuas como essa na cidade de Nova York? Isso ele não sabe até que tenha o mapa completo, e, pela definição de SLAM, o robô não tem um mapa – ele o está construindo à medida que avança no ambiente. Se o robô está construindo um mapa métrico, ele tem de lidar com os erros de odometria e de outras medidas de sensores que dificultam a sua certeza sobre em que posição global (x, y) ele realmente está. Por exemplo, quando o robô dá voltas em alguns quarteirões e esquinas, ele pode ter certeza de que está de volta ao seu ponto de partida? Ou está a um quarteirão de distância?

> PROBLEMA DE ASSOCIAÇÃO DE DADOS

284 Introdução à robótica

Em suma, é mais fácil se o robô puder se localizar enquanto constrói o mapa, ou se puder ter o mapa para se localizar, mas, felizmente, pesquisadores de robótica estão trabalhando em alguns bons métodos para resolver o interessante problema de SLAM que obriga o robô a fazer ambos.

19.4 Cobertura

O problema da cobertura tem duas versões básicas: com um mapa e sem um mapa.

Se o robô tem um mapa do ambiente, então o problema da cobertura torna-se a verificação de todos os espaços navegáveis do mapa até que o objeto seja encontrado ou até que todo o mapa seja coberto. (Isso, obviamente, pressupõe que o objeto seja fixo: se ele se move, então o problema é diferente e mais difícil, relacionado a uma perseguição. Veja isso no Capítulo 20.) Felizmente, esse é claramente um problema de busca, e, portanto, há bons algoritmos desenvolvidos em ciência da computação e em IA para resolvê-lo (muito embora, lentamente). Por exemplo, há o algoritmo do Museu Britânico, uma busca de força bruta exaustiva inspirada no problema de visitar todas as exposições desse amplo museu londrino.

HEURÍSTICA · Há também vários algoritmos de busca que utilizam *heurísticas* inteligentes, regras práticas que ajudam a guiar e (com sorte) acelerar a busca. Por exemplo, se o robô sabe que o mais provável é que o objeto esteja em um canto, ele verificará primeiro os cantos, e assim por diante.

Portanto, se o robô tem um mapa, ele o usa para planejar a forma de cobrir o espaço com cuidado. Mas e se não tiver um mapa? Nesse caso, tem de se mover de alguma forma sistemática e crer que encontrará o que está procurando. Esse problema não é nada fácil, já que o ambiente pode ter uma forma muito complicada, o que dificulta muito a tarefa do robô de cobri-lo totalmente sem saber exatamente como ele é. Nesse caso, mapear o ambiente primeiro pode ser uma abordagem melhor. Mas isso leva tempo.

Também existem várias heurísticas para a cobertura de ambientes desconhecidos. Por exemplo, uma abordagem segue bordas contínuas, e outra segue uma espiral para fora, a partir de um ponto inicial. Há,

Passeando por aí

ainda, outra abordagem que move o robô de forma aleatória; dado tempo suficiente e um ambiente fechado, o robô cobrirá todo o ambiente. Como você pode ver, a escolha da abordagem e da heurística depende dos sensores do robô, dos requisitos da tarefa (quão rápida e/ou completamente o robô deve realizar o trabalho) e de toda informação que for capaz de obter sobre o ambiente.

Resumo

- A navegação talvez seja o problema mais antigo e mais estudado em robótica móvel.
- A navegação envolve um grande número de subproblemas, que incluem a odometria, a localização, a busca e o planejamento de caminho, a otimização de caminhos e o mapeamento. Cada um deles é um campo distinto de estudo.
- Os robôs atuais são capazes de navegar em segurança pelo ambiente. Contudo, ainda há muitos elementos de navegação a ser aperfeiçoados, para que as áreas continuem a ser objeto de pesquisa e desenvolvimento.

Para refletir

- As formigas são tremendamente eficazes na estimativa de posição, encontrando seu caminho nos amplos espaços abertos do deserto por meio da odometria. Com base em estudos, é possível afirmar que elas parecem ser muito melhores que as pessoas nisso. É claro, não há estudos que realmente comparam um humano com uma formiga no deserto, mas experiências similares encontram pessoas perdidas e confusas e formigas em um caminho quase reto de volta para casa.
- Uma grande parte das pesquisas tem se voltado para a compreensão de como ratos navegam, pois eles são muito bons nisso (assim como as formigas, conforme observamos antes, mas o cérebro delas é

muito mais difícil de estudar, por ser tão pequeno). Os pesquisadores colocaram ratos em labirintos regulares, labirintos de água e até mesmo labirintos cheios de leite. Um fato muito interessante sobre ratos que aprendem bem um labirinto é que eles podem se chocar contra uma parede (se uma nova parede é colocada pelo pesquisador), mesmo que possam vê-la, como se estivessem executando a tarefa com base em seu mapa armazenado, e não em suas informações visuais. Que tipo de sistema de controle de robô poderia produzir tal comportamento? Ratos fazem isso apenas uma vez, no entanto.

Para saber mais

- Os exercícios para este capítulo estão disponíveis em: <http://roboticsprimer.sourceforge.net/workbook/Navigation>.
- Para saber mais sobre o problema de busca, leia os seguintes livros sobre algoritmos de computador: *Algoritmos – teoria e prática*, escrito por Cormen, Leiserson e Rivest, e *Inteligência artificial*, escrito por Stuart Russell e Peter Norvig.
- Para descobrir como a estatística e a probabilidade matemática são usadas para ajudar os robôs a lidar com a incerteza na navegação, conheça *Probabilistic Robotics*, de Sebastian Thrun, Wolfram Burgard e Dieter Fox. Atenção: essa não é uma leitura simples e requer uma boa base de conhecimento em matemática.
- *Introduction to Autonomous Mobile Robots*, de Roland Siegwart e Nourbakhsh Illah, entra em mais detalhes sobre cinemática e localização de robôs móveis do que fizemos aqui e é um bom recurso.
- Eis alguns livros sobre navegação de robôs que você pode querer conhecer: *Principles of Robot Motion: Theory, Algorithms, and Implementations*, escrito por H. Choset, K. M. Lynch, S. Hutchinson, G. Kantor, W. Burgard, L. E. Kavraki e S. Thrun, e *Planning Algorithms*, escrito por Steven M. LaValle. Note que esses são os mesmos textos recomendados para manipulação, uma vez que o problema básico de planejamento é o mesmo, só fica mais difícil nas dimensões maiores.

20 Vamos lá, time!
Robótica em grupo

O que faz de um grupo de robôs um time? Se você pode controlar um robô, o que há de diferente em fazer que um grupo de robôs realize algo em conjunto? Por que isso é difícil de ser bem-feito?

Controlar um grupo de robôs é um problema interessante, que apresenta um novo conjunto de desafios, em comparação com o controle de um único robô, incluindo:

1. ambiente inerentemente dinâmico;
2. interação global e local complexa;
3. aumento da incerteza;
4. necessidade de coordenação;
5. necessidade de comunicação.

Ter um ambiente cheio de robôs cria um mundo dinâmico, que se altera muito rapidamente. Como sabemos, quanto mais e mais rápido o ambiente muda ao redor do robô, mais difícil será o controle. Vários robôs criam um ambiente inerentemente complexo e dinâmico, porque cada um se move livremente, afetando o seu ambiente e outros robôs à sua volta. Tudo isso leva, naturalmente, ao aumento da complexidade do ambiente e, também, da incerteza para todos os envolvidos. Um único robô tem de lidar com a incerteza de seus sensores, efetuadores e de qualquer conhecimento que tenha obtido. Um robô que faz parte de um grupo ou de uma equipe também terá de lidar com a incerteza sobre o estado do outro robô (Quem é esse robô? De onde é?), as ações (O que ele está fazendo?), as intenções (O que ele vai fazer?), a comunicação (O que ele disse? Será que ele realmente disse isso? Quem disse isso?) e os planos (O que ele pretende fazer? Será que tem um plano? Será que interfere no meu plano?).

Em uma situação de grupo, um robô tem de lidar com um novo tipo de interação, que envolve outros robôs. Assim como as pessoas, grupos de robôs devem coordenar o seu comportamento de forma eficaz, para realizar um trabalho em equipe. Existem diferentes tipos de "trabalho" que as equipes podem fazer e diferentes tipos de equipe. A *coordenação* consiste em organizar as coisas em algum tipo de ordem. Observe que a definição não especifica como essa ordem é alcançada. *Cooperação*, por outro lado, refere-se a uma ação conjunta com um benefício mútuo. Como você verá, alguns times de robôs são coordenados sem serem realmente cooperativos, enquanto outros devem cooperar a fim de coordenar o desempenho da equipe.

Coordenação

Cooperação

Uma área muito grande de pesquisa ativa em robótica está voltada para os desafios da coordenação de equipes de robôs. Existem muitas formas de ser chamada, como grupo de robôs, robótica social, equipe de robôs, enxame de robôs e sistemas multirrobôs. Vamos ver que tipo de coisas essa área estuda.

20.1 Benefícios do trabalho em equipe

Para começar, vamos considerar por que gostaríamos de usar mais de um robô em um dado momento. Eis aqui alguns benefícios potenciais da utilização de vários robôs:

- **São necessários dois (ou mais).** Certas tarefas, pela sua própria natureza, não podem simplesmente ser feitas por um único robô. Talvez o exemplo mais conhecido seja empurrar uma caixa (Figura 20.1), uma típica tarefa de transportar um grande objeto pesado, desajeitado ou frágil, que não pode ser eficazmente desempenhada por um único robô. O transporte cooperativo é útil na construção de prédios residenciais, na limpeza de barreiras após um desastre, no transporte de feridos e em muitas outras aplicações do mundo real que requerem trabalho em equipe.

Figura 20.1 Equipe de robôs empurrando coletivamente uma caixa; um robô (atrás da caixa) é o observador, que dirige a equipe em direção ao objetivo, enquanto os outros dois são os transportadores. No caso específico dessa caixa, são necessários três robôs para empurrá-la. (Foto: cortesia do Dr. Brian Gerkey.)

FORRAGEAMENTO

- **Melhor, mais rápido, mais barato.** Algumas tarefas não necessitam de vários robôs, mas podem ser mais bem realizadas por uma equipe do que por um único robô. O forrageamento[1] é o exemplo mais conhecido. *Forrageamento* é o processo de busca e coleta de objetos (ou informações) de alguma área específica. Esse processo tem sido muito estudado, por ser um protótipo para uma variedade de aplicações no mundo real da robótica em grupo, como a localização e a desativação de minas terrestres, a semeadura ou colheita na agricultura, o cabeamento na construção, a cobertura de uma área com sensores de vigilância etc.

O forrageamento pode ser realizado por um único robô, mas se a área for grande em comparação com o tamanho do robô, o que normalmente é o caso, o trabalho pode ser realizado mais rapidamente por uma equipe. No entanto, determinar o número certo de robôs para essa tarefa é uma proposição complicada, já que um grande número deles congestionará o ambiente, ao passo que um número muito pequeno não seria tão eficiente quanto uma equipe

---

[1] Forrageamento, do inglês *foraging*, é um termo comum da biologia que identifica o comportamento de animais na busca por alimentos. (N.T.)

maior. Determinar o tamanho certo de uma equipe é apenas um dos desafios da robótica em grupo. Vamos falar sobre outros desafios mais adiante neste capítulo.

- **Estar em todos os lugares ao mesmo tempo.** Algumas tarefas exigem que uma grande área seja monitorada, de modo que os robôs possam responder a um possível evento de emergência onde quer que ocorra. Redes de sensores são um exemplo comum. *Redes de sensores atuadores* são grupos de sensores móveis no ambiente que podem se comunicar uns com os outros, geralmente por rádio, e que podem se mover livremente. Um grande número de sensores em um edifício pode detectar um intruso ou uma emergência em qualquer área, e robôs próximos podem ser enviados para corrigir o problema. Tais redes também são utilizadas no monitoramento de *habitat* – por exemplo, no rastreamento de animais e peixes na natureza com o intuito de conservar o seu meio ambiente, na detecção e medição de vazamentos de petróleo no oceano e no controle do crescimento de algas ou de algum contaminante no abastecimento de água. Quanto mais robôs existirem, maior a área que pode ser monitorada.

> REDES DE SENSORES ATUADORES

- **Ter sete vidas.** Ter uma equipe de robôs pode resultar em aumento da robustez na execução de uma tarefa. *Robustez*, em robótica, refere-se à capacidade de resistir a falhas. Em uma equipe de robôs, se um ou um pequeno número deles falhar, os outros podem realizar a tarefa, de tal modo que uma equipe em geral é mais robusta do que qualquer indivíduo sozinho. Esse tipo de robustez resulta da *redundância*, que é a repetição de capacidades dentro da equipe. É claro que nem todas as equipes são redundantes: se cada membro de uma equipe for diferente e, portanto, nenhum robô puder compensar as falhas de outro, então a equipe não é redundante, e, consequentemente, não é muito robusta, pois toda a equipe depende de cada um de seus membros, e o fracasso de qualquer um pode desestabilizá-la. Esse tipo de organização de equipe normalmente é evitado em toda parte, seja nos esportes, seja nas forças armadas.

> ROBUSTEZ

> REDUNDÂNCIA

Vamos lá, time!

Figura 20.2 Cães robóticos jogando futebol.
(Foto: cortesia da Messe Bremen.)

20.2 Desafios do trabalho em equipe

As vantagens das equipes de robôs têm seu preço. Eis aqui algumas desvantagens que criam os desafios no controle multirrobô:

Interferência

- **Saia do meu caminho!** A *interferência* entre os robôs em uma equipe é o principal desafio da robótica em grupo. Quanto mais robôs uma equipe tem, maior a chance de interferirem uns com os outros. Como as leis da física simplesmente não permitem que dois ou mais robôs ocupem o mesmo lugar ao mesmo tempo, há sempre a possibilidade de interferência física em uma equipe. Além desse tipo básico de interferência, que decorre da corporalidade do robô, há também outro tipo: a interferência de objetivo, que tem a ver com os objetivos conflitantes dos robôs. Um robô pode desfazer o trabalho do outro, intencionalmente ou não, se seus objetivos forem conflitantes. Acontece que a compreensão, a previsão e o gerenciamento da interferência são um dos grandes desafios de se trabalhar com mais de um robô ao mesmo tempo.

- **É a minha vez de falar!** Muitas tarefas multirrobôs necessitam que os membros da equipe se comuniquem de alguma forma. O meio de comunicação mais usado é o rádio. Existe um campo da engenharia que é dedicado à comunicação e a todos os desafios que ela apresenta. Como na comunicação humana, aqui também há problemas de interferência. Se os robôs compartilham um canal de comunicação, eles podem precisar de revezamento no envio e no recebimento de mensagens, para evitar "falar simultaneamente", o que corresponde a colisões no espaço de comunicação (em vez de no espaço físico, como na interferência física). Simplificando, quanto mais robôs existem, mais útil é a comunicação, mas também maior é o desafio.

- **O que está acontecendo?** Já vimos que a incerteza é uma parte inevitável da vida de um robô. Quanto mais os robôs estiverem envolvidos em uma tarefa, mais incerteza haverá. Da mesma forma, quanto menos cada robô da equipe souber sobre a tarefa, mais difícil será fazer toda a equipe concordar, no caso de tal acordo ser necessário (como passar para a próxima parte da tarefa ou reconhecer quando a tarefa acabou; mas nem todas as tarefas exigem isso, como você verá em breve). Alguns controladores multirrobôs criativos usam vários membros de uma equipe de robôs para reduzir a incerteza, mas isso não vem de graça: exige algoritmos criativos e de comunicação entre os robôs.

- **Dois pelo preço de um?** Mesmo com descontos na quantidade, mais robôs são sempre mais caros que poucos. Mais robôs também têm mais falhas de *hardware* e mais exigências de manutenção. O custo é uma questão prática que influencia as decisões da vida real na robótica, como ocorre em qualquer outra área.

Os desafios da robótica em grupo fazem da programação de uma equipe de robôs um problema novo e diferente da programação de um único robô. Antes de examinarmos a forma de programá-los, vamos ver que tipos de equipe de robôs existem.

20.3 Tipos de grupo e equipe

Como você programaria um monte de robôs para jogar futebol (como aqueles da Figura 20.2)?

Vamos lá, time!

Figura 20.3 Um robô com rodas e um robô de seis patas empurrando cooperativamente uma caixa. (Foto: cortesia da Dra. Lynne Parker.)

Você programaria cada um dos robôs para agir como se fosse único – para perseguir a bola e tentar conduzi-la, correr para o gol, chutar, voltar e proteger a sua própria meta ou gol? O que aconteceria se você fizesse isso? O que aconteceria se as pessoas jogassem futebol dessa forma? Seria uma bagunça completa! Todos os robôs correriam de lá para cá e um contra o outro, tentando jogar tanto no ataque quanto na defesa e metendo-se no caminho uns dos outros. O futebol, como a maioria das atividades em grupo, requer trabalho em equipe e algum tipo de *divisão do trabalho* ou *atribuição de função*, atribuindo a cada membro da equipe um serviço, de modo que cada um deles sabe o que fazer para ajudar a equipe como um todo, sem ficar no caminho dos demais.

DIVISÃO DO TRABALHO

ATRIBUIÇÃO DE FUNÇÃO

Será que todas as tarefas em grupo exigem a divisão de trabalho? E o forrageamento? Você poderia apenas ter um grupo de robôs idênticos, todos fazendo forrageamento sem cruzar o caminho um do outro?

Definitivamente, sim. Isso nos mostra que existem diferentes tipos de tarefas e diferentes tipos de sistemas coletivos multirrobôs. Em primeiro lugar, as equipes podem ser mais facilmente divididas em dois tipos, com base nos indivíduos que as constituem:

EQUIPES HOMOGÊNEAS

- *Equipes homogêneas.* São aquelas cujos membros são idênticos e, portanto, intercambiáveis. Os membros podem ser idênticos na forma (como todos terem quatro rodas e um anel de sonares) e/ou na função (como todos serem capazes de encontrar e pegar objetos e de enviar mensagens a outros membros da equipe). Equipes homogêneas podem ser coordenadas com mecanismos simples e, em alguns casos, não necessitam de cooperação ativa e intencional para obter o comportamento efetivo de grupo (lembra-se do comportamento "agrupar" emergente do Capítulo 18?).

EQUIPES
HETEROGÊNEAS

- *Equipes heterogêneas.* São aquelas formadas por membros diferentes e não intercambiáveis. Os membros podem diferir na forma (alguns têm quatro rodas; outros têm duas rodas e um rodízio) e/ou na função (alguns jogam no ataque, perseguindo a bola; outros jogam na defesa, atrapalhando os adversários). Equipes heterogêneas normalmente requerem uma cooperação ativa, a fim de produzir um comportamento coordenado.

As Figuras 20.1 e 20.3 mostram exemplos de equipes de robôs do mundo real empurrando caixas. Ambas as equipes são heterogêneas, mas uma é heterogênea apenas na forma (corpos diferentes, mas com a mesma função), enquanto a outra é heterogênea tanto na forma quanto na função. Você consegue dizer qual é qual?

Na primeira, há uma equipe de três membros, cada um com características diferentes (dois empurradores e um observador); por isso, é heterogênea tanto na forma quanto na função. Na segunda, há uma equipe de dois robôs com dois membros com formas diferentes (rodas *versus* pernas), mas cujas funções são idênticas (empurrar a caixa).

A próxima forma de classificar as equipes de robôs está baseada no tipo de estratégia de coordenação que utilizam:

Mera coexistência. Nessa abordagem, vários robôs trabalham na mesma tarefa em um ambiente compartilhado, mas não se comunicam ou, em alguns casos, nem mesmo reconhecem uns aos outros. Eles simplesmente se tratam como obstáculos. Tais sistemas não necessitam de algoritmos para coordenação ou comunicação, mas, conforme o número de robôs cresce e o ambiente diminui, a interferência aumenta, eliminando rapidamente qualquer benefício de se ter um grupo. O forrageamento, a construção civil e outras tarefas podem ser realizadas com essa abordagem, desde que o tamanho da equipe seja cuidadosamente pensado para se adequar à tarefa e ao ambiente de modo que a interferência seja minimizada.

Vamos dar uma olhada mais de perto, usando o exemplo de forrageamento. Temos um grupo de robôs de forrageamento cujo trabalho é explorar uma área de objetos espalhados, pegá-los e trazê-los de volta para um local apropriado de depósito. Enquanto fazem essa tarefa, devem evitar colisões com obstáculos, incluindo outros robôs. Você pode ver que, quanto mais robôs estão fazendo a tarefa, maior será a probabilidade de interferência entre eles se o espaço for limitado (o que é razoável de se esperar, uma vez que o forrageamento na vastidão do espaço sideral não é, atualmente, uma das principais aplicações da robótica).

Nessa abordagem, os robôs não ajudam, nem ao menos reconhecem, uns ao outros. Portanto, para fazer esse trabalho, deve haver um equilíbrio cuidadosamente pensado entre os parâmetros da tarefa (incluindo o tamanho do espaço e o número de objetos a serem coletados), o número de robôs, o seu tamanho físico em relação ao ambiente, o alcance dos seus sensores e as suas propriedades de incerteza. Como você pode ver, isso dá um certo trabalho. Na Figura 20.4 vemos um grupo de robôs meramente coexistentes que coletam e depositam, de forma bem eficaz, objetos em uma única pilha. Veremos, mais tarde, como fizeram isso.

Figura 20.4 Grupo de forrageamento altamente eficaz, composto por robôs meramente coexistentes. (Foto: cortesia do Dr. Chris Melhuish.)

Fracamente acoplados. Nessa abordagem, os robôs se reconhecem como membros de um grupo e podem até mesmo usar uma coordenação simples, como se afastar um do outro para dar espaço e minimizar a interferência. No entanto, não dependem uns dos outros para completar a tarefa. Então, os membros do grupo podem ser removidos sem que isso influencie o comportamento dos outros. Tais equipes são robustas, mas difíceis de ser coordenadas na realização de tarefas específicas. Forrageamento, arrebanhamento, mapeamento distribuído e tarefas de grupos relacionadas são bem adequadas a essa abordagem.

Voltemos ao nosso exemplo de forrageamento. Agora, em vez de tratar uns aos outros como obstáculos, os robôs podem efetivamente interagir de maneira mais interessante. Por exemplo, um robô que não tenha encontrado um objeto pode seguir outro robô que esteja carregando um, na esperança de que ele o levará para mais objetos. Ou, então, um robô pode evitar outros robôs seguindo a suposição de que deve ir aonde os outros não foram e, assim, encontrar objetos ainda não descobertos. Para minimizar a interferência, os robôs podem também se agrupar (Figura 20.5) ou formar uma fila indiana, conforme se dirigem ao local de depósito dos objetos.

Figura 20.5 O Nerd Herd, um dos primeiros grupos multirrobôs, reunido no laboratório. (Foto: cortesia da autora.)

Fortemente acoplados. Nessa abordagem, os robôs cooperam em uma tarefa específica, geralmente por meio de comunicação, em turnos, e outros meios de coordenação forte. Eles dependem uns dos outros, o que dá ao sistema um desempenho melhor do grupo, mas também menos robusto por causa da redundância. Retirar membros da equipe diminui o seu desempenho. Jogar futebol, mover-se em formação e transportar objetos são tarefas bem realizadas por meio do uso de equipes fortemente acopladas.

Retornando novamente ao forrageamento, uma equipe de forrageamento fortemente acoplada provavelmente usaria um plano global, no qual cada membro da equipe vai para uma área específica do ambiente a ser explorada. Isso é conveniente quando há um mapa da área disponível. Se nenhum mapa é dado, então os robôs podem usar colaborativamente a localização e mapeamento simultâneos (SLAM) para construir um mapa enquanto coordenam a sua exploração e coleta de objetos (veja o Capítulo 19).

20.4 Comunicação

Agora, o assunto é a fala. Os membros de uma equipe geralmente (mas nem sempre) têm necessidade de se comunicar uns com os outros, a fim de alcançar o(s) objetivo(s) coletivo(s).

Por que motivos os robôs se comunicariam?

Aqui estão algumas boas razões:

1. Melhora da percepção. Robôs sentem pouco; usando a comunicação, por meio da troca de informações com outros robôs, eles podem saber mais sobre o mundo sem ter de senti-lo diretamente.

2. Sincronização das ações. É necessária, porque os robôs em uma equipe normalmente não percebem instantaneamente todos os outros robôs dessa equipe; se todos fizerem (ou não fizerem, ou deixarem de fazer) algo juntos e ao mesmo tempo, terão de se comunicar, ou sinalizar, uns com os outros.

3. Habilitação da coordenação e negociação. A comunicação não é necessária para o comportamento coordenado, como você verá a seguir. No entanto, em alguns casos e em certas tarefas, ela contribui muito para a capacidade dos robôs de cooperar e negociar com o intuito de realizar tarefas corretamente.

As razões para se comunicar nos dão algumas ideias sobre *o que* os robôs podem comunicar. Considere as opções com base no exemplo de forrageamento:

- nada: é o que acontece na mera coexistência; pode funcionar muito bem, como você verá em breve;

- estado relacionado à tarefa: a localização dos objetos, o número de robôs recentemente vistos etc.;

- estado individual: número de identificação, nível de energia, número de objetos coletados etc.;

- estado do ambiente: saídas e caminhos bloqueados, condições perigosas, atalhos recém-descobertos etc.;

- objetivo(s): direção em relação ao objeto mais próximo etc.;

- intenções: "vou por este caminho porque encontrei objetos ali antes", "não vou por este caminho porque há também muitos outros objetos lá" etc.

E como os robôs conseguem se comunicar?

Já mencionamos a comunicação por rádio, mas isso não é a história toda. Considere as numerosas formas pelas quais as pessoas *comunicam informações*: gesticulamos, gritamos para uma multidão, sussurramos para um amigo, fazemos sinais, mandamos *e-mails*, deixamos mensagens em telefones, escrevemos cartas, cartões, documentos e livros etc. Curiosamente, a maioria das formas de comunicação pode ser usada por robôs. Vejamos que opções existem para os robôs que querem se comunicar.

COMUNICAÇÃO EXPLÍCITA

COMUNICAÇÃO INTENCIONAL

A *comunicação explícita*, às vezes também chamada *comunicação intencional*, exige que um indivíduo tenha uma atitude (comportamento) proposital de transmitir uma mensagem. Na robótica isso envolve quase sempre o envio de uma mensagem usando um canal de comunicação, atualmente o rádio.

Como a comunicação sem fio é ubíqua (encontrada em todos os lugares), a comunicação multirrobô ficou muito mais fácil. A robótica já pode utilizar com facilidade tanto a *comunicação por difusão* (*broadcasting*), enviando uma mensagem para todos pelo canal de comunicação, quanto a *comunicação ponto a ponto* (*peer-to-peer*), mandando uma mensagem para um destinatário selecionado.

A *comunicação publicar-inscrever* é muito parecida com uma lista de *e-mails* ou um grupo de notícias: determinado grupo de destinatários interessados em um tema específico se inscreve na lista e somente aqueles inscritos nessa lista recebem mensagens.

A comunicação explícita envolve um custo, porque requer *hardware* e *software*. Para quaisquer tarefas em equipe, o projetista deve pensar muito sobre se a comunicação é necessária em todas elas, e, se for, qual deve ser o seu alcance e tipo (entre os listados anteriormente), que conteúdo de informação e que nível de desempenho são necessários, e o que se espera do canal de comunicação. (Esse último aspecto é uma outra realidade da vida: todos os canais de comunicação são imperfeitos. Portanto, algumas mensagens ou partes dela podem se perder ou ser corrompidas pelo ruído.)

Assim, se a tarefa requer que os robôs sejam capazes de negociar um a um, em um curto espaço de tempo, ela apresenta um conjunto muito rigoroso de exigências de comunicação que são fundamentalmente diferentes daquelas que envolvem uma tarefa que pode ser realizada com a difusão ocasional de mensagens para todos os membros da equipe.

As formas de comunicação descritas até agora têm sido explícitas, utilizadas com o propósito de comunicação. No entanto, existe outro tipo muito poderoso e eficaz de comunicação.

A *comunicação implícita* envolve um indivíduo deixar a informação no ambiente e, desse modo, comunicar-se com os outros sem a utilização de nenhum canal de comunicação explícito.

Estigmergia é a forma de comunicação em que a informação é transmitida por mudanças no ambiente. Trilhas de formigas são um exemplo perfeito: conforme as formigas se movem, deixam para trás pequenas quantidades de *feromônios*, hormônio perfumado que pode ser detectado por outras formigas da mesma espécie. Formigas tendem a seguir trilhas de feromônio de outras formigas da mesma espécie. Quanto mais formigas passam pelo caminho, mais forte se torna a trilha de

REALIMENTAÇÃO POSITIVA

AMPLIFICADORA

REALIMENTAÇÃO NEGATIVA

REGULADORA

feromônio e mais formigas são recrutadas. Esse é um grande exemplo de realimentação positiva, que resulta do controle por realimentação (sobre o qual aprendemos no Capítulo 10). Em uma *realimentação positiva*, quanto mais vezes algo acontece, mais ele se "alimenta" de si mesmo, mais vezes acontece etc. Exemplos de comportamento por realimentação positiva incluem debandadas de animais, multidões desordenadas, padrões de pastoreio do gado, ninhos de cupins e trilhas de formigas, é claro. Esse tipo de realimentação é dita *amplificadora*, porque faz um dado sinal (ou comportamento) mais forte. A realimentação positiva é o oposto da *realimentação negativa*, que é *reguladora*, uma vez que cuida de assegurar que um sistema não saia do controle, mas sim que permaneça próximo do *setpoint*, conforme foi discutido em detalhes no Capítulo 10.

Portanto, a realimentação positiva pode não resultar apenas de comunicação explícita, mas também de comunicação implícita, como a estigmergia, que é a comunicação por meio do sensoriamento dos efeitos deixados por outros no ambiente. Pesquisadores de robótica têm mostrado como uma equipe de robôs em mera coexistência, que não têm nenhum meio de perceberem uns aos outros a não ser como obstáculos, pode construir confiavelmente uma barreira usando discos ou coletar todos os discos dentro de uma grande área, formando um único grupo, puramente por estigmergia. Você consegue descobrir como isso poderia ser feito?

> *Como você pode conseguir que uma equipe de robôs recolha confiavelmente todos os discos e os coloque em uma única "pilha" (as aspas estão aí porque a pilha é em 2D, no piso plano) se esses robôs não detectam uns aos outros e apenas podem dizer se colidiram com algo, e que podem empurrar um disco, ir em frente, virar e voltar?*

Suponha que o ambiente se pareça com o mostrado na Figura 20.4, já que ela realmente mostra fotos desse mesmo sistema.

Como você já aprendeu, *a forma do robô (seu corpo) deve estar adaptada à sua função (sua tarefa)*. Os roboticistas que projetaram os robôs para recolher discos, Ralph Beckers e Owen Holland, realmente adotaram esse princípio e o usaram de forma muito engenhosa. Eles projetaram um robô muito simples (Figura 20.6), que tinha uma pá que servia a um duplo propósito: 1) recolher discos, porque, enquanto o robô se movia para a frente, ele pegava os discos com a pá e os empurrava; e 2) detectar colisões, pois quando ele estava empurrando o peso do(s) disco(s) era disparado um sensor de contato de 1 *bit* (um interruptor simples). Usando esse projeto criativo do corpo físico dos robôs, Holland e Beckers, então, desenvolveram um controlador adequadamente também criativo:

Figura 20.6 Robô coletor de discos concebido de modo criativo. Ele fez parte de um enxame que empilhava discos usando um único sensor de contato de 1 *bit* e sem comunicação. (Foto: cortesia do Dr. Chris Melhuish.)

```
Quando um contato rígido é detectado,
   parar e voltar; em seguida, virar e ir
Quando o contato macio é detectado,
   virar e continuar
```

Surpreendentemente, era isso! A pá do robô foi calibrada (lembra-se da calibração, no Capítulo 8?) com muito cuidado para não ser sensível demais, de modo que ele pudesse coletar uma boa quantidade de discos (seis a oito) e empurrá-los. Só quando ele encontrava uma barreira rígida ou mais pesada (mais do que seis a oito discos) o interruptor de contato era acionado. Então ele parava, voltava, virava-se e seguia em frente, conforme seu controlador simples e minimalista lhe dizia para fazer.

Considere o que acontece quando você coloca o robô em uma sala cheia de discos. O robô se moverá e, por acaso, recolherá discos. Ele nem mesmo será capaz de distinguir discos de outros objetos no ambiente. Felizmente, não há mais nada no ambiente além de discos, paredes e outros robôs. Vamos chegar a essas coisas em breve.

Quando o robô coletar oito ou mais discos em sua pá, a pilha será tão pesada que seu sensor de contato será acionado, e ele parará e voltará. E o que o robô fará a seguir? Deixará a pilha de discos lá e irá em frente sem ela! Dessa forma, vai continuar fazendo pequenas pilhas de discos. Sempre que encontrar uma pilha enquanto estiver empurrando outra, ele deixará a nova pilha ao lado da antiga, o que vai fazer uma pilha ainda maior. Se você deixar que o robô faça isso por um tempo, ele vai acabar com um bom número de pequenas pilhas. Se você mantiver o robô funcionando um pouco mais, ele vai produzir cada vez mais pilhas maiores. Finalmente, depois de um longuíssimo tempo, ele produzirá uma única pilha grande. E, claro, se você colocar vários robôs na mesma área com o mesmo controlador, a tarefa global será alcançada mais rapidamente.

O que acontece quando o robô se choca contra uma parede?

Bem, se a parede é rígida, o robô para e retorna, mas também deixa todos os discos que está empurrando ao lado da parede, o que não é desejável. Os projetistas habilmente fizeram paredes flexíveis de tecido, de modo que a pá entraria em contato com elas, mas o robô não pararia, apenas se afastaria, mantendo os discos (pelo menos na maior parte do tempo).

O que acontece quando um robô se choca com outro?

Se o contato for macio, ele continuará com seus discos; se o contato for rígido, que é o caso quando os robôs estão indo de encontro um ao outro, ambos voltarão e se afastarão. E note este efeito secundário engenhoso: os discos que eles estão empurrando vão acabar juntos em uma única pilha. Há alguns bons vídeos desse sistema, que foi executado e aprovado várias vezes. Para obter mais informações sobre ele, veja as referências no final deste capítulo.

Vamos lá, time!

Podemos aprender muito com esse sistema engenhoso. Primeiro, é um excelente exemplo de eficiência, ao usar tanto o projeto do corpo do robô quanto seu controlador simples para explorar a dinâmica da interação dos robôs entre si e com o ambiente, de modo a cumprir sua tarefa. Nesse sistema, os robôs não podem detectar ou se comunicar uns com os outros. Isso significa que não podem se coordenar sobre onde a pilha de discos vai ficar, uma vez que ela é o resultado da dinâmica do sistema e é diferente a cada vez que o sistema é executado. Por outro lado, é difícil imaginar um controlador e um projeto mais simples e elegante para essa tarefa muito complexa.

O ponto importante desse exemplo não é dizer que os robôs devem sempre usar apenas um único sensor de contato e nenhuma comunicação para fazer forrageamento coletivo. Em vez disso, o ponto é mostrar que há um grande número de soluções verdadeiramente inovadoras e poderosas para os problemas, quando se pensa amplamente e se desiste de hipóteses que podem estar incorretas, tais como "Para fazer um trabalho bem-feito, os robôs devem se comunicar" ou "Para cooperarem, os robôs devem reconhecer uns aos outros". Vamos falar sobre esse último caso um pouco mais.

20.4.1 Reconhecimento de pares

> *Você acha que facilitaria para os robôs do exemplo anterior realizar a tarefa se pudessem diferenciar outros robôs de discos e paredes?*

A resposta é sim, caso você quisesse escrever um controlador mais complexo, que aproveitasse essas informações. No entanto, isso requer maior complexidade do sensoriamento e do processamento de dados. Como você já viu nos Capítulos 8 e 9, o reconhecimento de objetos é um problema difícil. Ainda assim, ser capaz de reconhecer "outros como eu" é uma coisa que, além de muito útil, a maioria dos animais faz de diversas maneiras, usando múltiplos sensores que variam desde feromônios (sim, eles de novo) até o som e a visão.

RECONHECIMENTO DE PARES

Na natureza, o *reconhecimento de pares* refere-se à capacidade de saber quais são os membros da família imediata, aqueles que compartilham materiais genéticos com o indivíduo. Essa capacidade é diretamente útil para decidir com quem compartilhar alimentos, a quem sinalizar sobre predadores e outras atividades como essas, potencialmente "dispendiosas".

Na robótica de grupos, o reconhecimento de pares pode se referir tanto a algo simples, como distinguir um outro robô de outros objetos no ambiente, quanto a algo tão complicado como reconhecer membros de uma mesma equipe, como em um jogo de futebol de robôs. Em ambos os casos, o reconhecimento de pares é uma capacidade muito útil e normalmente vale toda a sobrecarga sensorial e computacional que possa envolver.

Sem o reconhecimento de pares, os tipos de cooperação que podem ser alcançados são amplamente diminuídos. O reconhecimento de pares não envolve necessariamente, ou mesmo tipicamente, o reconhecimento das identidades de todos os outros. Mesmo sem identidades, a coordenação e a cooperação sofisticadas são possíveis. Por exemplo, uma equipe de robôs, assim como um grupo de caranguejos-eremitas, pode estabelecer uma *hierarquia de dominância*, mais informalmente conhecida como *ordem hierárquica*. A ordem hierárquica ajuda a dar estrutura e forma a um grupo, para que haja menos interferência.

HIERARQUIA DE DOMINÂNCIA

20.5 Formar uma equipe para jogar

Então, como podemos controlar um grupo de robôs?

Existem basicamente duas opções: o controle centralizado e o controle distribuído, com implicação de alguns compromissos. Vamos dar uma olhada.

20.5.1 Sou o chefe: controle centralizado

CONTROLE CENTRALIZADO

No *controle centralizado*, um único controlador centralizado pega a informação de e/ou sobre todos os robôs da equipe. Aí, ele fica refletindo sobre essas informações o tempo que for preciso (o que pode demorar um pouco, se a equipe for superior a três robôs e estiver fazendo algo não muito trivial no mundo real), e, em seguida, envia comandos para todos os robôs sobre o que fazer.

Com certeza, você pode facilmente ver muitos problemas nessa ideia. Ela requer que muitas informações sejam reunidas em um único lugar; exige uma comunicação global; é lenta e fica mais lenta quanto maior se torna a equipe; e não é robusta, porque o comando centralizado é um gargalo no sistema: se ele falhar, o sistema falha.

Por que ainda levamos em conta esse tipo de organização na hora de montar equipes de robôs?

Porque ele tem uma vantagem: o controle centralizado permite que a equipe calcule a solução ótima para um dado problema que está enfrentando. Dizendo de maneira mais simples: muitos cozinheiros estragam a sopa. No mundo ideal, se o planejador centralizado tem todas as informações completas e corretas necessárias e tempo suficiente para refletir e tomar decisões, então a equipe como um todo pode receber instruções perfeitas.

Será que isso lhe soa familiar? Deveria, pois é a ideia básica de planejamento centralizado, que vimos no Capítulo 13; sendo assim, você já sabe os prós e os contras dessa abordagem.

20.5.2 Trabalhe como uma equipe: controle distribuído

Controle distribuído

No *controle distribuído*, o foco não está no controle único e centralizado; em vez disso, ele está espalhado por vários ou mesmo por todos os membros da equipe. Normalmente, cada robô utiliza seu próprio controlador para decidir o que fazer.

Há inúmeras vantagens nessa abordagem: nenhuma informação precisa ser centralizada, portanto, não existem gargalos, e a comunicação pode ser minimizada ou até evitada. Como resultado, o controle distribuído funciona bem em equipes maiores e não perde em desempenho quando a equipe cresce ou muda de tamanho.

Mas, como de costume, não existe almoço gratuito: o controle distribuído traz seu próprio conjunto de desafios. O maior deles é a questão da coordenação: o controle distribuído requer que o comportamento coletivo desejado no grupo seja produzido de forma descentralizada e não planejada, a partir das interações dos indivíduos. Isso significa que o trabalho de projetar os comportamentos individuais e locais para cada robô é mais desafiador, porque o robô precisa trabalhar bem com os outros, a fim de produzir o comportamento desejado do grupo.

Dado um conjunto de indivíduos, sejam eles insetos, pessoas ou robôs, é difícil prever o que farão juntos, como grupo, mesmo se conhecermos as regras ou comportamentos que eles executam. Isso é verdade porque o que acontece localmente entre dois ou três indivíduos pode ter um impacto sobre um grande grupo por meio da realimentação positiva e de outros mecanismos de propagação, disseminado, assim, os efeitos das ações.

Várias ciências, incluindo a física, a química, as ciências sociais, a meteorologia e a astronomia, vêm estudando há muito tempo o comportamento coletivo de vários indivíduos e continuam fazendo isso. Os componentes em estudo vão desde átomos e aminoácidos até planetas e estrelas, passando por pessoas em um metrô lotado. Se os componentes do sistema em estudo são relativamente simples, a análise pode ser um pouco mais fácil, mas há muitos exemplos de entidades muito simples que criam comportamentos coletivos muito complexos (veja o fim do capítulo para mais informações). O problema geralmente fica mais fácil quando existem muitos componentes, porque há boas ferramentas estatísticas da matemática que podem ser usadas. Na robótica, estamos presos à mais difícil das situações, porque sistemas multirrobôs têm muitos componentes complicados (até mesmo robôs simples não são muito simples de prever) e uma pequena quantidade de robôs (até que os nanorrobôs e a poeira inteligente sejam inventados; veja o Capítulo 22).

Sair das regras locais e ir para o comportamento global é um problema difícil, pois é difícil prever o que um monte de robôs, cada qual com seu próprio controlador, fará quando entrar em operação. Mais difícil ainda é o chamado *problema inverso*, que envolve ir do comportamento global para as regras locais. Isso significa que é mais difícil ainda descobrir quais controladores colocar em cada robô para que o grupo como um todo realize um determinado comportamento desejado (como coleta de discos ou futebol competitivo).

O controle distribuído do robô requer que o projetista resolva o problema inverso: descobrir como o controlador de cada robô deve ser e se os robôs são todos iguais ou diferentes (ou seja, se a equipe é homogênea ou heterogênea), a fim de produzir o comportamento de grupo desejado.

Problema inverso

Vamos lá, time!

20.6 Arquiteturas de controle multirrobô

Quer você esteja controlando um único robô como um controlador centralizado para uma equipe, quer esteja controlando um grupo de robôs como parte de uma equipe, você terá o conjunto usual de abordagens de controle que já vimos: controle deliberativo, reativo, híbrido e baseado em comportamentos.

Com base em tudo o que sabe, você consegue descobrir qual abordagem de controle é boa para qual tipo de equipe?

Sua intuição está provavelmente correta:

- Controle deliberativo é mais adequado para a abordagem de controle centralizado. O controlador único executa a clássica malha SPA (sentir-planejar-agir; veja o Capítulo 13): reúne os dados sensoriais, usa-os para fazer um plano para todos os robôs, envia o plano para cada robô e cada robô executa sua parte.

- Controle reativo é mais adequado para a execução da abordagem de controle distribuído. Cada robô executa seu próprio controlador e pode se comunicar e cooperar com os outros robôs quando necessário. O comportamento, no nível de grupo, surge a partir da interação dos indivíduos; na verdade, a maior parte dos comportamentos emergentes observados na robótica resulta desse tipo de sistema: uma equipe de robôs comandados por controle reativo distribuído.

- Controle híbrido é mais adequado para a abordagem de controle centralizado, mas também pode ser usado de forma distribuída. O controlador centralizado executa a malha SPA, os robôs monitoram individualmente seus sensores e atualizam o planejador com quaisquer mudanças ocorridas, de modo que um novo plano possa ser gerado quando necessário. Cada robô pode executar seu próprio controlador híbrido, mas precisa de informações de todos os demais para planejar e sincronizar os planos, o que é mais difícil.

- Controle baseado em comportamentos é mais adequado para o desenvolvimento da abordagem de controle distribuído. Cada robô se comporta de acordo com o seu próprio controlador local, baseado em comportamentos. Ele pode aprender com o tempo e exibir comportamentos adaptativos como resultado, de modo que os comportamentos, no nível do grupo, também podem ser melhorados e otimizados.

20.6.1 Prioridade de ordens: hierarquias

É mais fácil imaginar como equipes homogêneas de robôs podem ser controladas com as abordagens de controle que acabamos de mencionar. No entanto, as equipes heterogêneas, cujos membros têm diferentes habilidades e diferentes quantidades de controle, também podem ser desenvolvidas com qualquer uma das situações anteriormente descritas.

HIERARQUIAS

As *hierarquias* são grupos ou organizações ordenadas pelo poder. O termo vem da palavra grega *hierarche*, que significa "sumo sacerdote". Nas hierarquias de robôs, robôs diferentes têm diferentes quantidades de controle sobre os outros da equipe.

HIERARQUIAS FIXAS

Como você pode imaginar, existem dois tipos básicos de hierarquia: fixa (estática) e dinâmica. *Hierarquias fixas* são determinadas uma vez e não mudam. São estabelecidas como regimes monárquicos, nos quais a ordem do poder é determinada pela hereditariedade. Diferentemente, as *hierarquias dinâmicas* são baseadas em certas qualidades que podem continuar mudando, da mesma forma que as hierarquias de dominação em algumas espécies de animais, baseadas no maior, no mais forte e no que ganha a maioria dos combates.

HIERARQUIAS DINÂMICAS

Voltando às diferentes abordagens para o controle de robôs, aqui estão algumas opções para o desenvolvimento de hierarquias em equipes de robôs:

- hierarquias fixas podem ser geradas por um planejador dentro de um sistema deliberativo ou híbrido;

- hierarquias adaptativas, mutantes e dinâmicas podem ser formadas por sistemas baseados em comportamentos;

- sistemas reativos, distribuídos e multirrobôs podem formar hierarquias, por pré-programação ou dinamicamente (por exemplo, com base no tamanho, na cor, no número de identificação).

Coordenar um grupo de robôs, seja um enxame de robôs mais simples ou um pequeno grupo de robôs mais complexos, ou qualquer coisa entre os dois extremos, é um grande desafio e uma área ativa de pesquisa em robótica. Ela também é altamente promissora, uma vez que seus resultados têm se voltado diretamente para aplicações do mundo real, como na condução autônoma e comboios multicarros para transporte rodoviário mais seguro; na implantação de redes de sensores no oceano para a detecção e limpeza de derramamentos tóxicos; nas áreas de combate a incêndios, de terraformação e construção de *habitat* em aplicações espaciais; na detecção de minas terrestres; na agricultura, no reconhecimento e na vigilância etc. Então, venha e se junte ao time!

Resumo

- Controlar um grupo de robôs é diferente de controlar um único robô; isso envolve consideráveis interações dinâmicas e interferências.
- Grupos e equipes de robôs podem ser homogêneas ou heterogêneas.
- Equipes de robôs podem ser controladas de forma centralizada ou de forma distribuída.
- A comunicação não é uma condição necessária, mas muitas vezes é um componente útil da robótica de grupo.
- As equipes de robôs podem ser usadas em uma ampla variedade de aplicações do mundo real.

Para refletir

- As formas de interferência dos robôs em um grupo não são muito diferentes das formas de interferência das pessoas em um grupo.

Alguns especialistas em robótica estão interessados em estudar como as pessoas resolvem conflitos e colaboram entre si. O objetivo é verificar se alguns desses métodos também podem ser usados para fazer dos robôs melhores membros de uma equipe. Ao contrário das pessoas, os robôs não tendem a ser egoístas nem mostram uma grande variedade de diferenças pessoais, a menos que sejam especificamente programados dessa forma.

- É teoricamente impossível produzir um comportamento de grupo totalmente previsível em um sistema multirrobô. Na verdade, é uma causa perdida tentar provar ou garantir precisamente onde cada robô estará e o que fará depois que o sistema estiver em execução. Felizmente, isso não significa que o sistema de comportamento multirrobô é aleatório. Longe disso. Podemos programar os robôs de modo que seja possível caracterizar, e até mesmo provar, qual será o comportamento do grupo. O fato importante para os sistemas multirrobôs é que podemos saber muito sobre o que o grupo como um todo fará, mas não podemos saber exata e precisamente aquilo que cada indivíduo em tal grupo fará também.
- Imagine que os robôs do grupo podem mudar o seu comportamento ao longo do tempo, por meio da adaptação e da aprendizagem. No Capítulo 21, vamos estudar o que e como os robôs podem aprender. A aprendizagem em uma equipe de robôs torna a coordenação ainda mais complexa, mas também torna o sistema mais interessante e potencialmente mais robusto e útil.
- As ideias de realimentação positiva (*positive feedback*) e realimentação negativa (*negative feedback*) são utilizadas, na língua inglesa corrente, para se referir a um elogio/recompensa e a uma punição, respectivamente. Na verdade, isso é um exemplo de uso flexível dos termos; nós vamos falar sobre como realimentações positiva e negativas se relacionam com a recompensa e a punição no Capítulo 21, que trata do aprendizado dos robôs.

Para saber mais

- Os exercícios deste capítulo estão disponíveis em: <http://roboticsprimer. sourceforge.net/workbook/Group_Robotics>.

Vamos lá, time!

- Uma equipe de vinte robôs com rodas muito simples, chamada Nerd Herd, foi uma das primeiras a executar comportamentos de grupo, tais como seguir, agrupar-se, arrebanhar, amontoar-se, dispersar e até mesmo estacionar ordenadamente em uma fileira. Isso foi no início de 1990, no Mobot Lab do MIT, que você já viu no Capítulo 5. Os vídeos da equipe Nerd Herd estão disponíveis em: <http://robotics.usc.edu/robotmovies>. Eis alguns dos trabalhos sobre a forma como a equipe Nerd Herd foi controlada:
  - Matarić, Maja J. (1995). "Designing and understanding adaptive group behavior". *Adaptive Behavior, 4* (1), p. 51-90, dez.
  - Matarić, Maja J. (1995). "From local interactions to collective intelligence". In: Steels, L. (ed.). *The Biology and Technology of Intelligent Autonomous Agents.* NATO ASI Series F, 144, Springer-Verlag. p. 275-295.
- Aqui estão alguns dos artigos publicados por pesquisadores que fizeram um trabalho muito elegante na classificação coletiva que descrevemos neste capítulo:
  - Beckers, R.; Holland, O. E.; Deneubourg, J. L. (1994). "From local actions to global tasks: stigmergy in collective robotics". In: Brooks R.; Maes, P. (eds.). *Artificial Life IV.* Cambridge, MA: MIT Press. p. 181-189.
  - Deneubourg, J. L.; Goss, S.; Franks, N. R.; Sendova-Franks, A.; DeTrain, C.; Chretien, L. (1990). "The dynamics of collective sorting: robot-like ants and ant-like robots". In: Meyer, J. A.; Wilson, S. (eds.). *Simulation of Adaptive Behaviour: From Animals to Animats.* Cambridge, MA: MIT Press. p. 356-365.
- Para conhecer um comportamento coletivo complexo de insetos, leia o impressionante livro *Ants*, escrito por E. O. Wilson.
- Etologia é a ciência que estuda os animais em seu *habitat* natural; o termo vem do grego *ethos*, que significa "costume". Livros sobre etologia fornecem uma base fascinante sobre comportamento animal social e coletivo, que serviu de inspiração para muitos roboticistas. Etólogos que estudaram o comportamento de insetos e outros temas relevantes para o que discutimos neste capítulo incluem Niko Tinbergen, Konrad Lorenz, David MacFarland, Frans de Waal e E. O. Wilson. Você pode encontrar livros de cada um deles.

21 As coisas estão cada vez melhores
Aprendizagem

APRENDIZAGEM

Aprendizagem, uma das características distintivas da inteligência, humana ou robótica, é a capacidade de adquirir novos conhecimentos ou habilidades, e também de melhorar o próprio desempenho.

Como um robô pode alterar sua programação e melhorar seu desempenho para executar determinada tarefa?

Ao que parece, há muitas maneiras. Mas, primeiro, vamos considerar que tipos de coisas um robô pode aprender.

Um robô pode aprender sobre si mesmo. Lembre-se de que somente pelo fato de um robô poder fazer alguma coisa não significa que saiba que pode fazê-la ou o quanto pode fazê-la bem. Então, é muito útil que um robô aprenda, entre outras coisas:

- como seus sensores tendem a funcionar e falhar (por exemplo, "Se eu sentir que algo está no local (x, y), onde é realmente provável que ele esteja?");
- quão precisos são seus atuadores (por exemplo, "Se eu quiser ir 10 centímetros para a frente, quão longe é realmente provável que eu vá?");
- qual o comportamento que ele tende a desempenhar ao longo do tempo (por exemplo, "Parece que eu encontro obstáculos toda a hora");
- quão eficaz ele é em atingir seu objetivo (por exemplo, "Parece que demoro muito para atingir meu objetivo").

Tal conhecimento não é facilmente pré-programado e pode variar ao longo do tempo; por isso, é melhor que seja aprendido.

Observe que isso nos dá uma dica sobre o que vale a pena aprender. Mas falaremos sobre isso adiante.

Além de aprender sobre si mesmo, **um robô pode aprender sobre o seu ambiente**. O exemplo mais corriqueiro é aprender mapas, como vimos no Capítulo 19. Porém, mesmo sem aprender um mapa, um robô pode aprender caminhos que o levam a um objetivo, por exemplo, aprender um caminho através de um labirinto como uma sequência de movimentos. O robô também pode aprender onde são as áreas inseguras do ambiente e muito mais, baseando-se naquilo que é importante em seu ambiente para a realização da tarefa. A propósito, essa é outra dica sobre o que vale a pena aprender.

Como vimos no Capítulo 20, para alguns robôs, seu ambiente inclui outros robôs. Nesse caso, **um robô pode aprender sobre outros robôs** coisas como: quantos robôs são, quais os tipos, como tendem a se comportar, o quanto a equipe trabalha bem em conjunto e o que funciona e o que não funciona bem para a equipe.

Mas voltemos ao essencial: por que um robô deve se preocupar em aprender? Eis algumas boas razões a considerar:

- Aprender pode permitir que o robô execute melhor sua tarefa. Isso é importante porque nenhum controlador de robô é perfeito, tampouco os programadores de robôs.
- Aprender pode ajudar o robô a se adaptar às mudanças em seu ambiente e/ou em sua tarefa. Isso é difícil de pré-programar se as mudanças não puderem ser previstas pelo programador.
- Aprender pode simplificar o trabalho de programação para o projetista do controlador do robô. Algumas coisas são muito tediosas ou muito difíceis de programar manualmente, mas podem ser aprendidas pelo próprio robô, como você verá em breve.

Agora que já introduzimos o "o quê" e o "porquê" da aprendizagem de robôs, podemos voltar à verdadeira questão: como vamos conseguir que um robô aprenda?

As coisas estão cada vez melhores 315

21.1 Aprendizagem por reforço

APRENDIZAGEM POR REFORÇO

A *aprendizagem por reforço* é uma abordagem muito utilizada na aprendizagem dos robôs, tendo por base a realimentação (*feedback*) recebida do ambiente. A ideia básica é inspirada na aprendizagem natural, a maneira como os animais (inclusive pessoas) aprendem. A aprendizagem por reforço envolve tentar coisas diferentes para verificar o que acontece. Se acontecem coisas boas, temos a tendência de repetir o comportamento; se acontecem coisas ruins, tendemos a evitá-lo.

Esse processo básico é, na verdade, uma ferramenta extremamente versátil de aprendizado. Ele permite que os robôs aprendam o que fazer e o que não fazer em várias situações. Considere um típico controlador reativo que diz ao robô como reagir sob diferentes entradas sensoriais. Ao utilizar a aprendizagem por reforço, você pode fazer o robô aprender tal controlador, em vez de programá-lo. Ou, pelo menos, algo próximo disso.

Considere o espaço sensorial de entrada do robô como o conjunto de todas as situações possíveis (veja o Capítulo 3). Agora, considere o conjunto de todas as suas ações possíveis. Se o robô souber qual ação realizar em cada estado, terá um controlador completo. Mas suponha que a preferência seja não pré-programar o controlador, mas fazer o robô aprendê-lo por conta própria.

Como um robô poderia aprender a associar os estados certos com as ações certas?

Por tentativa e erro! Na aprendizagem por reforço, o robô tenta ações diferentes (na verdade, todas as ações que tiver à sua disposição) em todos os estados nos quais ele entra. Ele sempre monitora o tempo todo tudo o que acontece e armazena essa informação em algum tipo de representação (geralmente, algum tipo de tabela ou matriz). Para aprender qual é a melhor ação em cada estado, ele precisa tentar de tudo; na aprendizagem de máquinas (usada em robôs, agentes de *software* e outros tipos de programas), o processo de tentar todas as combinações possíveis de estado-ação é chamado *exploração*. A exploração é importante porque, até que o robô tenha tentado todas as ações possíveis em todos os estados, ele não pode ter certeza de que encontrou a melhor ação para cada estado.

EXPLORAÇÃO

Só depois de ter tentado todas as combinações de estados e ações o robô saberá o que é bom e o que é ruim de ser feito em relação à tarefa e aos objetivos traçados. Não seria ótimo se isso fosse feito na hora? Infelizmente não é. Eis o porquê:

- As coisas não são o que parecem. Se houver algum erro na detecção do estado atual do robô ou na execução de suas ações, o resultado de tentar qualquer combinação estado-ação pode ser incorretamente aprendido. A incerteza ataca novamente.

- As coisas podem mudar. Se o ambiente ou a tarefa muda enquanto o robô está aprendendo, o que ele aprendeu pode ser inválido.

Essas duas razões tornam importante que o robô fique verificando aquilo que aprendeu, não só na aprendizagem por reforço, mas em qualquer abordagem de aprendizagem. Especialmente na aprendizagem por reforço, o robô tem de continuar *explorando*, em vez de sempre *aproveitar* o que foi aprendido. Na aprendizagem de máquinas, o processo de usar o que foi aprendido é chamado *aproveitamento*. Nós tendemos a pensar em aproveitamento como sendo algum tipo de uso indevido e injusto, mas na verdade significa usar algo para tirar proveito pleno. Se um robô só aproveita o que aprendeu, sem explorar ainda mais, não será capaz de se adaptar a alterações ou continuar aprendendo. O compromisso entre o aprendizado constante (com o ônus de fazer as coisas com desempenho menor que o desejado) e o uso do que é conhecido para operar bem (com o ônus de deixar passar outras melhorias) é chamado *exploração versus aproveitamento*.

Certo, sabemos que o robô tenta coisas diferentes e se lembra do seu resultado. Mas como faz isso e do que se lembra exatamente?

Imagine que o robô tem uma tabela (Figura 21.1) com todos os estados possíveis (nas linhas) e todas as ações possíveis (nas colunas). Inicialmente, essa tabela está vazia ou todas as suas entradas são iguais, digamos 0. Após o robô tentar uma combinação estado-ação em particular e ver o que acontece, ele atualiza a entrada correspondente na tabela. Uma maneira intuitiva de pensar sobre isso é imaginar que o valor de uma entrada estado-ação na tabela cresce quando acontecem coisas boas e diminui quando acontecem coisas

As coisas estão cada vez melhores

ruins. Para manter isso matematicamente correto, os valores da tabela precisam ser normalizados e atualizados de forma consistente. As entradas podem ser atualizadas de diversas maneiras, dependendo do algoritmo de aprendizagem por reforço que o robô está usando. Há duas maneiras mais conhecidas: diferenciação temporal e *Q-learning*. Existem numerosos artigos e livros sobre aprendizagem de robôs que descrevem esses algoritmos, por isso não vamos gastar muito tempo com eles aqui, mas você pode facilmente encontrar esses livros. A coisa mais importante é entender que o robô utiliza a aprendizagem por reforço para aprender combinações estado-ação. A tabela completa de combinações estado-ação é chamada *política de controle*. Essas combinações constituem as regras reativas que programam um robô para um objetivo particular.

POLÍTICA DE
CONTROLE

Sensor de colisão esquerdo	Sensor de colisão direito	Ação	Q-Value
ligado	ligado	ligado	0,0
ligado	ligado	desligado	1,0
ligado	ligado	ligado	0,0
ligado	ligado	desligado	0,0
ligado	desligado	ligado	0,1
ligado	desligado	desligado	0,4
ligado	desligado	ligado	0,0
ligado	desligado	desligado	0,5
desligado	ligado	ligado	0,1
desligado	ligado	desligado	0,4
desligado	ligado	ligado	0,5
desligado	ligado	desligado	0,0
desligado	desligado	ligado	1,0
desligado	desligado	desligado	0,0

(continua)

Sensor de colisão esquerdo	Sensor de colisão direito	Ação	Q-Value
desligado	desligado	ligado	0,0
desligado	desligado	desligado	0,0

Figura 21.1 Tabela de política de controle para um robô de aprendizagem simples.

POLÍTICA/CONTROLE

Toda política é específica para um determinado objetivo, assim como qualquer controlador é específico para uma determinada tarefa. Se o objetivo/tarefa muda, também deve mudar a *política/ controlador.*

FUNÇÃO DE VALOR

Como alternativa a uma política de controle, o robô pode aprender a *função de valor*, ou seja, o valor de estar em cada estado em relação ao objetivo. Na prática, isso é o mesmo que aprender uma política de controle, por isso não vamos discutir mais o assunto.

REALIMENTAÇÃO POSITIVA

RECOMPENSA

REALIMENTAÇÃO NEGATIVA

PUNIÇÃO

Para que a aprendizagem por reforço funcione, o robô tem de ser capaz de avaliar o quão bem um par estado-ação se saiu, qual foi o resultado de uma tentativa. Por exemplo, se o robô está aprendendo a andar para a frente, ele tem de ser capaz de avaliar se conseguiu avançar depois de tentar certa combinação estado-ação. Se ele conseguiu, essa combinação estado-ação recebe uma *realimentação positiva*, chamada simplesmente *recompensa*. Por outro lado, se o robô se move para trás, receberá uma *realimentação negativa*, chamada simplesmente *punição*. (É importante não confundir essas noções de realimentação da aprendizagem por reforço com aquelas que discutimos no Capítulo 10, pois não são as mesmas.)

Observe que a realimentação pode ocorrer de diferentes formas e que, geralmente, ser simplesmente boa ou ruim não é suficiente. No exemplo anterior, o robô vai aprender a ir para frente e para trás, mas não vai aprender o que fazer se o resultado de um par estado-ação o deixar parado.

Esse é apenas um exemplo simples, que ilustra que a criação do tipo certo de mecanismo de realimentação é um dos grandes desafios da aprendizagem por reforço.

As coisas estão cada vez melhores

Como é que o robô sabe exatamente o quanto deve recompensar ou punir um determinado resultado?

Isso acaba sendo muito complicado. A aprendizagem por reforço funciona muito bem sob certas condições específicas:

- Quando o problema não é grande demais. Se houver tantos estados que fariam o robô levar praticamente dias para tentar todos eles e aprender, então a abordagem pode não ser desejável nem prática; tudo depende da dificuldade de programar o sistema manualmente, em comparação com esta abordagem.

- Quando o resultado é claro. O resultado das combinações estado-ação testadas é conhecido logo após a tentativa, podendo ser detectado pelo robô.

Vamos dar outro exemplo. Considere um robô aprendendo um labirinto. Virar em uma curva à direita logo no início pode fazer toda a diferença quando se trata de finalmente encontrar o caminho para fora, mas, no momento em que o robô decide fazer isso, não sabe se é uma boa coisa a ser feita ou não. Nesse caso, o robô precisa lembrar a sequência de pares estado-ação que tomou e depois enviar a recompensa ou punição de volta para cada um deles, a fim de aprender. Com a incerteza, isso pode ficar muito complicado e confuso, mas não impossível. O problema geral de atribuir o crédito ou a culpa às ações tomadas ao longo do tempo é chamado *atribuição temporal de crédito*.

ATRIBUIÇÃO TEMPORAL DE CRÉDITO

O problema da aprendizagem por reforço também pode se tornar mais difícil em um ambiente multirrobô, no qual nem sempre é fácil dizer que ação de qual robô trouxe um resultado bom (ou mau). Um robô pode executar uma ação em um estado que não produz efeito, mas, se por acaso outro robô ao lado dele fizer a coisa certa, qualquer um dos dois pode supor que o resultado desejável é em virtude da sua ação, e não da do outro. Esse problema é chamado *atribuição espacial de crédito*.

ATRIBUIÇÃO ESPACIAL DE CRÉDITO

A aprendizagem por reforço tem sido utilizada com grande sucesso em aplicações não robóticas; por exemplo, o campeão mundial de gamão foi um programa de computador que aprendeu a jogar jogando contra si mesmo e utilizando aprendizagem por reforço. É claro que

320

Introdução à robótica

na área de robótica a aprendizagem é muito mais confusa por causa da incerteza, dos ambientes que mudam dinamicamente e dos estados ocultos e/ou parcialmente observáveis (veja o Capítulo 3). No entanto, os robôs têm usado com sucesso variações da aprendizagem por reforço para aprender o forrageamento, navegar em labirintos, fazer malabarismo, fazer passes e marcar gols, além de muitas outras atividades.

21.2 Aprendizagem supervisionada

APRENDIZAGEM NÃO SUPERVISIONADA

A aprendizagem por reforço é um exemplo de *aprendizagem não supervisionada*, que significa que não existe um supervisor ou professor externo para dizer ao robô o que fazer. Em vez disso, o robô aprende com os resultados de suas próprias ações. O oposto natural da aprendizagem não supervisionada é a *aprendizagem supervisionada*, que envolve um professor externo que fornece a resposta, ou pelo menos diz ao robô o que fez de errado.

APRENDIZAGEM SUPERVISIONADA

APRENDIZAGEM POR REDES NEURAIS

A *aprendizagem por redes neurais* é uma abordagem de aprendizagem supervisionada de máquinas muito utilizada para robôs e outras máquinas não robóticas. Existe uma grande variedade de algoritmos de aprendizagem para redes neurais, todos chamados coletivamente *aprendizagem conexionista*, pois normalmente o que está sendo aprendido é o peso das várias conexões na rede (quão fortemente os nós estão conectados) ou, em alguns casos, a estrutura da própria rede (o que está ligado ao quê; quantos nós existem). Existe um campo em crescimento de estudo das *redes neurais estatísticas*, no qual a aprendizagem é feita com técnicas matemáticas muito formais, trazidas da estatística e da probabilidade. Na verdade, o uso da estatística e da probabilidade no controle e aprendizagem de robôs é abrangente (para sugestões de literatura sobre o tema, veja o final do capítulo).

REDES NEURAIS ESTATÍSTICAS

A aprendizagem por reforço e a aprendizagem por redes neurais são apenas remotamente relacionadas ao modo como a aprendizagem ocorre na natureza. Elas não foram feitas para serem modelos precisos dos sistemas naturais, mas para serem algoritmos práticos, que ajudam as máquinas a melhorar seus comportamentos. Então, não fique confuso com quaisquer afirmações ao contrário; as redes neurais não são como o cérebro (os cérebros são muito, muito

As coisas estão cada vez melhores

mais complexos) e a aprendizagem por reforço não é como treinar animais de circo (animais de circo, pelo menos por enquanto, são muito mais espertos).

Na aprendizagem não supervisionada, o robô ganha um pouco de recompensa ou punição em certos momentos. Já na aprendizagem supervisionada, o robô ganha uma resposta completa na forma da magnitude e direção do erro. Considere o caso do Alvin, a *van* robótica autônoma que aprendeu a dirigir pelas estradas ao redor de Pittsburgh, na Pensilvânia, Estados Unidos, usando uma rede neural. Cada vez que Alvin virava o volante, o algoritmo de aprendizagem supervisionada dizia como ele deveria ter virado precisamente certo. Em seguida, o algoritmo calculava o *erro*, a diferença entre o que o Alvin fez e o que deveria ter feito (como definido no Capítulo 10), e usava essa diferença para atualizar sua rede (os pesos sobre as conexões). Ao fazer esse tipo de treinamento algumas centenas de milhares de vezes, majoritariamente em simulação (usando imagens reais da estrada, mas sem dirigir de verdade na estrada física), o robô aprendeu a dirigir muito bem.

Você pode ver como a aprendizagem supervisionada fornece muito mais realimentação para o robô do que a aprendizagem não supervisionada. Ambas exigem muitas sessões de treinamento, e cada uma é adequada para diferentes tipos de problemas de aprendizagem. Aprender a cinemática inversa e a dinâmica do robô (veja o Capítulo 6) é mais fácil com a aprendizagem supervisionada, na qual a resposta certa está prontamente disponível e o erro pode ser facilmente calculado. Como exemplo, considere um robô que tenta estender o braço e apontar para um determinado objeto. A distância entre o objeto e o local para o qual o robô realmente estendeu o braço e apontou fornece o erro e permite que o robô aprenda repetindo esse processo várias vezes. Não surpreendentemente, um grande número de robôs aprendeu sua cinemática inversa exatamente dessa forma.

Para citar outro exemplo, considere a aprendizagem de labirinto: o robô não tem o mapa do labirinto (se assim fosse, então não seria uma aprendizagem de labirinto, mas apenas uma busca no mapa e um planejamento de caminho) e deve aprender o melhor caminho para o "queijo". Ele faz isso tentando caminhos diferentes. Se entra em um beco sem saída no labirinto, ele aprende que esse era um lugar ruim para ir, mas não pode determinar o erro com base na coisa certa a

[margin note: ERRO]

ser feita, porque não sabe o que é o certo a ser feito (isso exigiria um mapa do labirinto, que ele não tem). Portanto, é desse jeito que ele deve usar aprendizagem por reforço e descobrir o caminho para o "queijo".

21.3 Aprendizagem por imitação/demonstração

Alguns tipos de aprendizagem são melhores quando são ensinados por um professor. Considere como os bebês aprendem: fazem uma grande quantidade de coisas tanto por aprendizagem supervisionada quanto por não supervisionada, como descrito no tópico anterior (alcançando, arremessando, colocando na boca e mastigando, balbuciando, engatinhando etc.), mas também aprendem uma elevada quantidade de coisas com seres humanos amigáveis.

A aprendizagem por demonstração e imitação é incrivelmente poderosa, pois livra o aprendiz de fazer as coisas por tentativa e erro e de cometer grandes erros. O aprendiz, humano ou robô, recebe o exemplo perfeito do que fazer e precisa apenas repetir o que viu.

Quem dera fosse assim tão simples. Como veremos, não é. Na verdade, pouquíssimas espécies na Terra são capazes de aprender dessa forma. Acredita-se que apenas seres humanos, golfinhos e chimpanzés são capazes de aprender novas habilidades arbitrárias ao vê-las sendo desempenhadas por outros. O restante dos animais, ou não consegue fazê-lo, ou pode aprender apenas algumas poucas coisas dessa maneira (macacos e papagaios se enquadram nessa categoria). Embora muitos proprietários de animais de estimação discordem e afirmem que seu animal de estimação em particular pode aprender qualquer coisa ao observar adoravelmente o seu dono, a ciência até agora nos diz o contrário.

A imitação é muito poderosa, mas muito difícil. Felizmente, quando se trata de robôs, podemos tentar entender por que ela é difícil, e ainda torná-la possível e útil. Então, por que é tão difícil?

Para que um robô aprenda por demonstração, deve ser capaz de:

- Prestar atenção a uma demonstração. (Algo passou zumbindo, mas eu não posso olhar para ele! Devo observar as pernas ou braços? Opa, me mexi e perdi alguma coisa.)

As coisas estão cada vez melhores

- Separar o que é relevante para a tarefa que está sendo ensinada de toda a informação irrelevante. (Será que a cor dos sapatos importa? E o caminho específico que está sendo traçado?)

- Encontrar a relação entre o comportamento observado e seus próprios comportamentos e efetuadores, tendo o cuidado com os sistemas de referência. (A direita do professor é minha esquerda, e vice-versa. O professor tem dois braços, mas eu tenho duas rodas, então o que eu faço? O professor é mais flexível do que eu, os limites das minhas juntas não me permitem fazer o que eu vi.)

- Ajustar os parâmetros para que a imitação faça sentido e pareça boa. (O professor fez isso lentamente, mas posso fazê-lo mais rápido. Será que fazendo-o mais rápido vai parecer igualmente bom e será suficiente para a tarefa? Será que minhas características são melhores que as dele para esta tarefa?)

- Reconhecer e alcançar as metas do comportamento realizado. (Isso foi um aceno de mão ou ele tentou alcançar uma posição particular no espaço? O objeto foi movido de propósito ou como efeito secundário?)

Essa lista não é fácil para as pessoas (apenas imagine ou lembre como é aprender uma nova dança complicada), menos ainda para robôs, por todas as razões de incerteza, percepção limitada e atuação restrita que já discutimos em vários capítulos.

Embora possa não ser fácil, a aprendizagem por demonstração/ imitação é uma área da aprendizagem de robôs que está em expansão, não apenas porque promete tornar mais fácil a programação deles, mas também porque cria uma oportunidade para que as pessoas e os robôs interajam de forma lúdica. Isso é importante para a *interação humano-robô*, um campo que está em franco desenvolvimento e do qual falaremos mais no próximo capítulo.

A aprendizagem por imitação envolve decisões cuidadosas sobre a representação interna. Em um sistema estabelecido (Figura 21.2), um robô móvel aprende uma nova tarefa seguindo de perto a professora e fazendo tudo o que ela faz. Nesse processo, o robô experimenta um conjunto de entradas muito semelhantes às da professora e pode observar a si mesmo realizando um conjunto de comportamentos, como: "Vá pelo corredor", então "Agarre a caixa vermelha", "Transporte-a ao próximo quarto" e "Solte-a no canto". Ao "mapear" suas observações aos seus próprios comportamentos, o robô aprende novas tarefas. Por exemplo, ele foi capaz de aprender tarefas como buscar e entregar objetos, além de navegar por um trajeto com obstáculos. Poderia, então, ensinar essas novas tarefas a outro robô pelo mesmo processo de demonstração e imitação (Figura 21.3). Esse tipo de abordagem é inspirado em teorias da neurociência e funciona bem com sistemas baseados em comportamentos modulares.

Figura 21.2 Robô aprendendo ao seguir a professora e ao "pôr em prática" a tarefa. (Foto: cortesia da Dra. Monica Nicolescu.)

PÔR EM PRÁTICA

A ideia de fazer o aprendiz experimentar a tarefa diretamente é chamada *por em prática*. Essa é uma forma muito poderosa de aprendizado; muitas vezes é usada para ensinar habilidades às pessoas, tais como dar tacadas no golfe ou rebater no tênis. Ela ajuda a tentar alguma coisa e a descobrir como se "sente" quando feita corretamente. A mesma ideia pode ser usada para ensinar robôs. Para que ela funcione, o robô precisa ter alguma representação interna de seus próprios comportamentos ou ações, para que possa se lembrar do que experimentou e de como ele pode gerar esse tipo de comportamento novamente. Pode, depois, ensinar aos outros também (como mostra a Figura 21.3).

Figura 21.3 Robô ensinando outro robô a mesma tarefa por meio do "pôr em prática". (Foto: cortesia da Dra. Monica Nicolescu.)

Em outro exemplo de aprendizagem de robôs por demonstração, um robô humanoide (Figura 21.4) aprendeu a equilibrar uma vara em seu "dedo" assistindo a um ser humano. Ao contrário dos humanos, o robô pôde aprender a tarefa depois de poucas tentativas, durante alguns minutos, para, então, executá-la perfeitamente depois. Como isso é possível e por que as pessoas não podem fazer isso? Uma parte do motivo tem a ver com a capacidade do robô de ter um modelo de seu próprio controle motor. Nesse exemplo, o robô sabia exatamente como os seus braços trabalhavam e, portanto, pôde aperfeiçoar seu equilíbrio de vara ao ajustar alguns parâmetros depois de um pequeno número de ensaios com ela. Às vezes, os robôs têm uma vantagem injusta; nesse caso, porque o robô tinha acesso computacional direto à sua cinemática inversa e à sua dinâmica, enquanto as pessoas não têm. Nós, humanos, temos de aprender por tentativa e erro, ao passo que os robôs podem aprender rapidamente construindo um modelo daquilo que funciona para os seus próprios parâmetros de sistema explicitamente modelados.

Figura 21.4 Robô humanoide aprende a equilibrar uma vara assistindo a um professor humano. (Foto: cortesia do Dr. Sethu Vijayakumar.)

Se você se lembra do que aprendemos no Capítulo 9, pode estar se perguntando como o robô pôde rastrear a vara com precisão usando visão enquanto ela se movia, já que esse não é um problema simples. Na verdade, o robô observou apenas as duas bolas coloridas da vara e a maneira como se moviam uma em relação à outra. Ele possuía um modelo de equilíbrio de vara que envolvia uma bola superior que ficava acima da bola inferior. Então, aprendeu a mantê-las nessa posição. O que ele realmente aprendeu foi à equilibrar uma vara (na qual foram anexadas essas bolas), que é na verdade um problema bem estudado de pêndulo invertido da teoria de controle (veja o Capítulo 10).

21.4 Aprendizagem e esquecimento

Pelo fato de a aprendizagem para robôs e a aprendizagem em geral serem problemas tão fascinantes e desafiadores, vários métodos de aprendizagem foram desenvolvidos e experimentados em robôs, resultando em diferentes níveis de sucesso. Além das abordagens descritas, existe a aprendizagem baseada na memória, a aprendizagem evolutiva, a aprendizagem baseada em casos e a aprendizagem estatística, entre outras. Na verdade, há abordagens demais para serem colocadas em um capítulo, mas esperamos que você seja curioso, as procure e aprenda mais.

Algo que você não deve esquecer quando considera a aprendizagem é o esquecimento! O esquecimento parece ser uma coisa ruim, pelo menos quando se trata da memória humana, supondo que todas as informações que já adquirimos mereçam serem mantidas. No entanto, esse não é realmente o caso, e é impossível manter todas com uma memória limitada. Na aprendizagem de máquinas, portanto, o *esquecimento* objetivo e criterioso é útil, pois permite descartar informações desatualizadas, aprendidas anteriormente, em favor de informações mais novas e atuais. O esquecimento é necessário por duas razões:

ESQUECIMENTO

1. abrir espaço para novas informações em um espaço finito de memória;
2. substituir informações antigas que já não são corretas.

Atualmente, a memória de computador é barata, mas não infinita, então, eventualmente, algumas coisas devem ser jogadas fora para abrir espaço para coisas novas. Mesmo se a memória se tornasse, de fato, infinita, e os robôs pudessem armazenar tudo o que já aprenderam, ainda assim teríamos alguns desafios. Primeiro, seriam necessários métodos para pesquisar rapidamente toda a informação armazenada, a fim de recuperar algo específico. Esse é um problema bem estudado pela ciência da computação. Há maneiras de organizar as informações para que as coisas possam ser consultadas de forma eficiente, mas isso dá trabalho. Mais importante: dado um monte de informações a respeito de um determinado assunto ou tarefa, das quais algumas podem ser contraditórias (pois aquilo que o robô aprende com o passar do tempo muda naturalmente), como é que o robô decide que informação/

conhecimento usar? Uma resposta simples é usar as últimas e mais novas informações, mas isso nem sempre funciona, pois o simples fato de que algo foi aprendido ou experimentado recentemente não significa que é a melhor abordagem ou solução. Por exemplo, o caminho mais recente que você percorreu de casa para a loja pode ter sido tortuoso e lento, então não deve reutilizar esse caminho, mas deve, em vez disso, reutilizar o caminho que tomou na semana passada, que era muito mais curto.

Conhecer algo ou ter alguma habilidade aprendida anteriormente pode interferir no aprendizado de coisas novas. Os ratos que aprendem a correr em um labirinto em particular têm grande dificuldade de se adaptar se um caminho que leva para o queijo é bloqueado inesperadamente; eles vão de encontro à nova barreira, apesar de vê-la, porque acreditam no mapa interno do labirinto que aprenderam. Eventualmente, reaprenderão, mas isso leva um tempo. Da mesma forma, as pessoas que aprenderam a jogar tênis demoram um pouco para aprender a jogar *squash*, porque no primeiro você tem de segurar a raquete com pulso rígido, enquanto no segundo tem de dobrá-lo muito para golpear a bola com a raquete (que é menor e mais leve). Finalmente, às vezes, as pessoas se recusam a aceitar novas informações ou um novo conhecimento, pois entram em conflito com algo que já sabem e em que preferem acreditar. Chamamos isso de negação. Esses são apenas alguns exemplos ilustrativos (que variam desde roedores até pessoas) de como o aprender, o desaprender e o esquecer precisam trabalhar em conjunto, e de como podem causar problemas quando não o fazem.

APRENDIZAGEM AO LONGO DA VIDA

A *aprendizagem ao longo da vida*, a ideia de um robô aprendendo continuamente e melhorando constantemente, é o que os roboticistas sonham em alcançar, mas ainda não sabem como fazer. Esse é um grande desafio por muitos motivos. Além de a aprendizagem ser, por si só, um desafio por causa de todas as razões descritas neste capítulo, a aprendizagem ao longo da vida também é difícil porque até agora temos abordagens diferentes para aprender coisas diferentes (desde mapas até equilibrar uma bandeja), como você acabou de ver. Já que um robô precisa aprender (e esquecer) uma variedade de coisas durante a sua vida, esses múltiplos métodos de aprendizagem devem ser combinados em um único sistema íntegro e eficiente.

As coisas estão cada vez melhores

Resumo

- A aprendizagem na robótica é mais difícil do que outros tipos de aprendizagem, pois envolve incerteza no sentir e no agir, além de exigir espaços sensoriais de entrada e espaços de ação de efetuadores de saída grandes e, muitas vezes, contínuos.
- A quantidade e o tipo de informação (realimentação, recompensa, punição, erro) disponível para um robô que está aprendendo determinam quais tipos de métodos de aprendizagem são possíveis para um problema de aprendizagem particular.
- Vários métodos de aprendizagem em robótica têm sido estudados pela área acadêmica, incluindo aprendizagem por reforço, aprendizagem supervisionada *versus* aprendizagem não supervisionada, aprendizagem por imitação/demonstração e aprendizagem evolutiva, entre outros.
- Um robô pode usar vários métodos de aprendizagem e aprender uma série de coisas ao mesmo tempo.
- A aprendizagem na robótica está em sua infância, com grandes descobertas novas ainda para serem feitas.

Para refletir

Algumas pessoas acham assustadora a ideia de ter robôs que aprendem, porque se sentem desconfortáveis com a noção de que o comportamento do robô pode não ser algo totalmente previsível. A adição da aprendizagem à gama de habilidades do robô o torna mais imprevisível? Se sim, como isso pode ser resolvido? Se não, como podemos pôr fim às preocupações das pessoas?

Para saber mais

- Os exercícios deste capítulo estão disponíveis em: <http://robotics primer.sourceforge.net/workbook/Learning>.

- *Machine Learning*, de Tom Mitchell, é um livro muito conhecido e abrangente, cobrindo uma grande variedade de abordagens de aprendizagem.
- *Reinforcement Learning: An Introduction*, escrito por Rich Sutton e Andy Barto, é uma excelente introdução a essa famosa abordagem de aprendizagem.
- *Robot Learning*, organizado por Jonathan Connell e Sridhar Mahadevan, é uma bela coleção de abordagens e resultados de aprendizagem de robôs.
- *Probabilistic Robotics*, escrito por Sebastian Thrun, Wolfram Burgard e Dieter Fox (esse é o mesmo texto que recomendamos no Capítulo 19), abrange os usos de abordagens estatísticas e probabilísticas na robótica para aplicações que vão além da navegação. O mesmo alerta se aplica aqui: essa não é uma leitura simples e requer uma boa dose de conhecimento em matemática.

22 Quais os próximos passos?
O futuro da robótica

Agora, enquanto você lê este livro, estamos em um momento particularmente interessante na história da robótica. O ponto importante dessa afirmação é que se mostra verdadeira, não importando o momento em que você lê o livro. Roboticistas estão sempre entusiasmados com o futuro desse campo. A maioria admite que já previu grandes avanços em vários momentos, e muitos já aconteceram. No entanto, o início do século XXI é um período especialmente decisivo para a robótica. Eis o porquê:

- *Sensores, efetuadores e estruturas mecânicas dos corpos estão se tornando muito sofisticados.* Estamos criando robôs ainda mais complexos, com corpos que imitam formas biológicas e tentam modelar a função biológica.
- *Computadores estão mais rápidos e mais baratos do que nunca.* Isso significa que o cérebro do robô pode ser mais sofisticado, o que lhes permite pensar e agir de forma eficiente no mundo real.
- *A comunicação sem fio está em toda parte.* Isso significa que os robôs podem se comunicar com outros computadores no ambiente, para que possam ser mais bem informados e, portanto, mais criativos.

Outros avanços também têm desempenhado um bom papel. É importante ressaltar que, como vimos no Capítulo 2, a robótica recebeu seu nome do trabalho servil e vem realizando, historicamente, a sua quota de trabalho no chão de fábrica. Mas, agora, os robôs estão começando a entrar em nosso cotidiano, e isso mudará tudo.

O uso mais difundido da robótica era, até recentemente, em fábricas de automóveis, como mostrado na Figura 22.1. Esses robôs foram

332 Introdução à robótica

AUTOMAÇÃO DE FÁBRICA

AUTOMAÇÃO INDUSTRIAL

aperfeiçoados para ser tão eficientes que atualmente já não são mais considerados propriamente robôs, mas se enquadram na categoria mais geral de *automação de fábrica* ou *automação industrial*. No final do século XX, os robôs fizeram alguns trabalhos mais delicados de montagem e foram fundamentais para ajudar as pessoas a sequenciar o genoma humano. Tal como na montagem de carros, o trabalho do cérebro foi feito por pessoas, ao passo que os robôs fizeram o trabalho duro, preciso e repetitivo (Figura 22.2). Como resultado, o campo da genética deu um tremendo salto, e o processo está sendo aplicado à sequenciação do genoma de várias outras espécies e para fazer melhorar os procedimentos científicos no desenvolvimento de métodos mais eficazes para a saúde humana.

Você provavelmente não tinha ideia de que os robôs estavam envolvidos no sequenciamento do genoma humano, já que estavam longe de ser o centro das atenções. Escondidos em fábricas e em laboratórios, os robôs não estão sendo muito expostos. Um robô muito mais atraente, que tem muito mais exposição, foi o robô canino Aibo, da Sony (Figura 22.3). O Aibo passou por várias gerações, nas quais sua forma geral foi refinada, mas em todos os casos foi unanimemente considerado "fofo" e usado em uma variedade de projetos de pesquisa e de ensino. Infelizmente, se por um lado o Aibo era fofo, por outro não era nem útil nem barato. Portanto, não foi muito atraente para um público mais amplo.

Enquanto isso, talvez a pergunta mais corriqueira para os roboticistas, ao longo das décadas, tenha sido: "Um robô pode limpar a minha casa?". A resposta, finalmente, é: "Sim, pode!". Vários aspiradores de pó robóticos foram desenvolvidos na última década do século XX, mas um em particular, o pequeno, simples e acessível robô Roomba, da empresa iRobot (Figura 22.4), preencheu um nicho específico do mercado, com um produto acessível, muito útil, inovador e de alta tecnologia. Mais de 2 milhões desses robôs foram vendidos a famílias dentro e fora dos Estados Unidos, e foi lançada também uma versão que limpa o chão usando água, chamada Scooba.

O Roomba é um robô muito importante, ainda que simples e modesto. Por ser tão simples e acessível, tem a chance de tornar-se parte do cotidiano das pessoas (ou pelo menos tão frequentemente quanto as pessoas limpam o chão). Dessa forma, muitas pessoas podem, finalmente, começar a interagir com a tecnologia robótica em um cenário mais amplo. E, como resultado, podemos prever que muitos jovens serão inspirados a tomar o Roomba como modelo e ter como objetivo o desenvolvimento do próximo robô muito bem-sucedido que entrará em milhões de lares.

Figura 22.1 Braços robóticos montando um carro. (Foto: cortesia de Kuka Schweissanlagen GmbH em Augsburg, Alemanha.)

Figura 22.2 Robô de montagem trabalhando na sequenciação de genes. (Foto: cortesia de Andre Nantel.)

Figura 22.3 Cachorros-robôs Aibo, da Sony. (Foto: cortesia de David Feil-Seifer.)

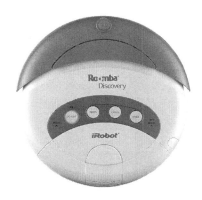

Figura 22.4 Roomba, aspirador de pó autônomo produzido pela iRobot Inc. (Foto: cortesia da iRobot Inc.)

334   **Introdução à robótica**

Já que a robótica está batendo à nossa porta, vamos considerar alguns dos rumos emocionantes que esse campo está tomando e que moldarão o futuro não só da própria robótica, mas também do nosso mundo.

22.1 Robótica espacial

Trabalhar em ambientes agressivos tem sido sempre um dos usos mais naturais para os robôs. O espaço é a última fronteira, e robôs deram contribuições significativas nessa área. A conhecida missão da Nasa a Marte jogou uma bola muito grande, bem empacotada e saltitante na superfície do planeta. A bola, quando parou de saltar e rolar, se abriu, revelando a sonda Pathfinder. Pouco tempo depois, uma porta do módulo de aterrissagem se abriu e um *rover*[1] saiu. Esse pequeno e incrível *rover* recebeu o nome de Sojourner (Figura 22.5). Em 4 de julho de 1997, foi o primeiro a navegar de forma autônoma e livre pela superfície de Marte, coletando imagens e enviando-as à Terra. O nome Sojourner significa "viajante" e foi escolhido entre 3.500 sugestões, enviadas como parte de uma competição estudantil mundial durante um ano inteiro. Valerie Ambrose, de Bridgeport, Connecticut, com 12 anos na época, apresentou a redação vencedora sobre Sojourner Truth, nome de uma reformista afro-americana da época da Guerra Civil, cuja missão era "viajar para cima e para baixo", defendendo os direitos de liberdade de todo o povo e os direitos das mulheres de participar plenamente na sociedade. É bom nomear robôs importantes homenageando pessoas importantes.

Desde o Sojourner, a Nasa e outras agências espaciais de todo o mundo estão considerando primeiro a conquista da Lua e, depois, a de Marte, com vistas ao potencial de colonização humana. O que costumava ser ficção científica pode se transformar no nosso futuro, e os robôs serão necessários para tornar isso possível. Atualmente, robôs como o Robonaut, da Nasa (Figura 22.6), estão sendo desenvolvidos para ser capazes de trabalhar lado a lado com os astronautas, e tam-

---

1   A palavra *rover* vem do inglês arcaico *roven* e significa "mover-se livremente, vagar", referindo-se aqui aos veículos criados para exploração espacial. (N.T.)

bém de forma completamente autônoma, de modo a executar tarefas que vão desde consertar defeitos em espaçonaves até a exploração e coleta de amostras em planetas, luas e até mesmo asteroides com vistas à construção de *habitat* para uso humano.

Figura 22.5 Sojourner, da Nasa, o primeiro *rover* a vagar em Marte. (Foto: cortesia da Nasa.)

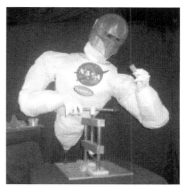

Figura 22.6 Robonaut, da Nasa, o primeiro robô espacial com torso humanoide. (Foto: cortesia da Nasa.)

22.2 Robótica cirúrgica

Vamos mudar dos espaços imensos e distantes para os muito pequenos, próximos e pessoais: nosso corpo. A robótica cirúrgica é um dos usos mais bem estabelecidos de robôs em ambientes desafiadores do mundo real. Como vimos brevemente no Capítulo 6, os robôs tem sido empregados, já há algum tempo, em cirurgia de quadril e até mesmo cirurgia cerebral. Eles são excelentes substitutos dos trabalhadores humanos nesses domínios em que a precisão é de suma importância (Você pode andar sem parte de um quadril ou pensar sem parte do cérebro? Você desejaria isso?). Entretanto, não substituem a inteligência humana. De fato, essas máquinas não são inteligentes e autônomas de verdade, mas

CIRURGIA ASSISTIDA POR ROBÔS

controladas remotamente por cirurgiões altamente qualificados. Esses médicos não são apenas exímios cirurgiões, como também são muito bem treinados no uso de robôs para fazer cirurgia, que nesse caso é normalmente chamada *cirurgia assistida por robôs*. A cirurgia é apenas "assistida" por robô, porque cabe ao cirurgião humano perceber (olhando através dos óculos especiais para aquilo que a câmera do robô está vendo), pensar (decidindo que ações tomar) e agir (conduzindo as ações com controles remotos). O robô, nesse caso, é um manipulador teleoperado, com efetuadores finais especiais, ideais para a tarefa cirúrgica em particular. Esse processo é tão bem realizado que, em alguns casos, o cirurgião nem precisa estar na mesma sala, e nem mesmo no país, em que se encontra o paciente. Cirurgias têm sido feitas em todos os continentes, com pacientes nos Estados Unidos e cirurgiões na França, e vice-versa. Isso soa como uma grande ideia para fornecer ajudas cirúrgicas a pessoas em países pobres ou em campos de batalha, até considerarmos que esses robôs custam atualmente cerca de 1 milhão de dólares. (Em breve, provavelmente serão mais baratos.)

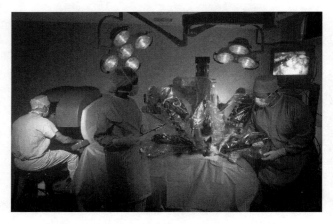

Figura 22.7 Robô cirúrgico em operação.
(Foto © [2007] Intuitive Surgical, Inc.)

É fácil imaginar os diversos novos horizontes que a pesquisa em cirurgia robótica seguirá. A percepção é o primeiro desafio. Cirurgiões gostariam de ter a capacidade de "sentir" a área em que o robô está operando, da mesma maneira como fariam se estivessem fazendo o trabalho à mão (por assim dizer). Trata-se de desafios complexos do estudo do sentido do tato, conhecido como *háptica*. Curiosamente, o termo vem do grego *haptikos*, que significa "ser capaz de pegar ou perceber". Pare um pouco e imagine o ambiente de um robô cirúrgico: nele, não há superfícies simplesmente rígidas ou planas, e a sua iluminação é menor que a ideal. Por fim, atualmente não existem modelos detalhados do ambiente que estejam disponíveis de antemão, embora possam ser feitos antes da cirurgia, com equipamentos de imagem sofisticados.

Cirurgiões ainda estão longe de abrir mão do controle para um robô (ou para qualquer pessoa?), mas se estamos contemplando robôs que podem realizar qualquer um desses trabalhos por conta própria, a pesquisa terá de resolver em tempo real a tomada de decisão e controle enquanto este estiver dentro do corpo humano. Se isso não for assustador o suficiente, considere que há também pesquisas em andamento sobre *nanorrobótica*, máquinas verdadeiramente minúsculas que podem fluir livremente por nossa corrente sanguínea e que, espera-se, façam algum trabalho útil, como raspagem das placas de gordura dos vasos sanguíneos, ou detecção de áreas de perigo etc. É desnecessário dizer que essa pesquisa ainda está no início, já que a fabricação de uma coisa pequena requer outra coisa minúscula, e, ainda, não existem essas coisas minúsculas disponíveis. Para combater o problema, alguns pesquisadores estão investigando a *automontagem*, que é exatamente o que você pode imaginar: a capacidade dos robôs de se juntar uns aos outros, especialmente em corpos de pequenas escalas. Mas a maior parte disso ainda está no campo da ficção científica. Então, vamos voltar a algumas perspectivas mais amplas e atuais.

22.3 Robótica autorreconfigurável

Ao menos em tese, um enxame de minúsculos robôs pode se reunir para criar qualquer forma. Na verdade, os robôs são construídos com partes rígidas e não mudam de forma facilmente. Mas uma área de pesquisa robótica chamada *robótica reconfigurável* tem projetado robôs que têm módulos ou componentes que podem se juntar de várias maneiras, criando não apenas formas diferentes, mas corpos de robôs de diferentes formatos, capazes de se mover livremente. Foi demonstrado que esses robôs podem mudar a própria forma, deixando de ser semelhantes a insetos de seis patas para serem semelhantes a cobras rastejantes. Dizemos "semelhante" porque robôs-insetos de seis pernas e robôs parecidos com cobras foram construídos antes e eram muito mais ágeis e elegantes do que esses robôs reconfiguráveis. No entanto, não podiam mudar de forma.

A mecânica da reconfiguração física é complexa, envolvendo fios e conectores e o estudo da Física, entre outras questões a serem consideradas e superadas. Módulos individuais exigem uma certa dose de inteligência para saber o seu estado e função em vários momentos e em várias configurações. Em alguns casos, os módulos são todos iguais (homogêneos), enquanto em outros não o são (heterogêneos), o que torna o problema da coordenação desses módulos parcialmente relacionado com o controle multirrobô (Capítulo 20). Robôs reconfiguráveis que podem autonomamente decidir quando e como alterar suas formas são chamados autorreconfiguráveis. Tais sistemas são objeto de pesquisa ativa sobre a navegação em locais de difícil acesso, entre outros.

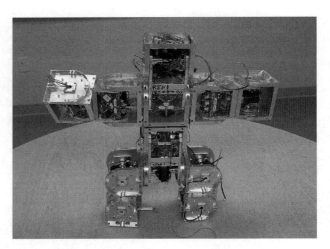

Figura 22.8 Robô reconfigurável fazendo apenas uma pose. (Foto: cortesia do Dr. Wei-Min Shen.)

22.4 Robôs humanoides

Alguns mudam a própria forma do corpo; outros são tão complicados que uma única forma já é muito difícil de gerenciar. Robôs humanoides encaixam-se nessa última categoria. Como vimos no Capítulo 4, as partes do corpo humano têm numerosos graus de liberdade (GDL), e o controle de sistemas com alto GDL é muito difícil, especialmente se considerarmos a inevitável incerteza encontrada em todos os robôs. O controle de humanoides reúne quase todos os desafios que discutimos até agora: todos os aspectos da navegação, todos os aspectos da manipulação, juntamente com o equilíbrio e, como você verá em breve, a complexidade da interação humano-robô.

Há uma razão pela qual as pessoas demoram tanto tempo para aprender a andar, falar e ser produtivas. Apesar do nosso grande cérebro, todas essas tarefas são muito difíceis. Os seres humanos têm muitos dias, meses e anos para adquirir habilidades e conhecimentos; os robôs, em geral, não. Por meio do processo de desenvolvimento de robôs humanoides complexos, com sofisticados sensores e atuadores biomiméticos, o campo da robótica está, enfim, conseguindo estudar o controle do robô humanoide. Com isso, os robôs humanoides vêm ganhando mais respeito de seu equivalente biológico nesse processo.

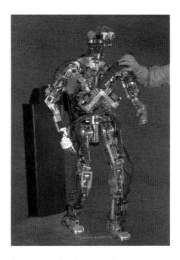

Figura 22.9 O robô humanoide Sarcos. (Foto: cortesia da Sarcos Inc.)

22.5 Robótica social e interação humano-robô

A robótica está se afastando da fábrica e do laboratório e está se aproximando cada vez mais dos ambientes e costumes cotidianos dos seres humanos, exigindo o desenvolvimento de robôs capazes de interagir socialmente com as pessoas de uma forma natural. O campo muito novo da *interação humano-robô (IHR)* se depara com uma série de desafios que inclui perceber e compreender o comportamento humano em tempo real (Quem está falando comigo? O que está dizendo? Ele está feliz ou triste? Calmo ou bravo? Está se aproximando ou se afastando?), responder em tempo real (O que devo dizer? O que devo fazer?) e fazer isso de uma maneira socialmente adequada e natural, que envolva o participante humano.

Interação humano-robô (IHR)

Os seres humanos são criaturas naturalmente sociais, e os robôs que interagirão conosco precisam ser sociais também, para serem aceitos. Quando você pensa em interação social, imediata e provavelmente pensa em dois tipos de sinais: expressões faciais e linguagem. Com base no que se sabe sobre a percepção em robótica, você pode estar se perguntando como os robôs se tornarão sociais, uma vez que é difícil para um robô móvel encontrar, quanto mais reconhecer, um rosto em movimento em tempo real (Capítulo 9), ou como é difícil para um ponto móvel ouvir e entender a fala de uma fonte em movimento em um ambiente com ruído (Capítulo 8).

Processamento de informação humana

Felizmente, rostos e linguagem não são as únicas maneiras de interagir socialmente. A percepção da IHR deve ser suficientemente ampla para incluir o *processamento de informação humana*, que consiste em uma variedade de sinais complexos. Considere a fala, por exemplo: ela contém nuances importantes em seu ritmo, o nível de volume, tom e outros indicadores de personalidade e sentimento. Tudo o que é extremamente importante e útil, mesmo antes que o robô (ou pessoa) comece a entender quais palavras estão sendo ditas, ou seja, antes do processamento da linguagem. Outro indicador social importante é o uso social do espaço, chamado *proxêmica*: o quão próximo um ser está e também a postura e o movimento de seu corpo (quantidade, tamanho, direção etc.) são ricos em informações sobre a interação social. Em alguns casos, o robô pode ter sensores que fornecem respostas fisiológicas, tais como a frequência cardíaca, pressão arterial,

Proxêmica

Quais os próximos passos?

temperatura corporal e resposta galvânica da pele (a condutividade da pele), que também dão pistas muito úteis sobre a interação.

Mas, enquanto a medição das alterações da frequência cardíaca e da temperatura corporal é muito útil, o robô ainda precisa estar ciente do rosto da pessoa, para "olhar" para ela. *Olhar social*, a capacidade de se comunicar com os olhos, é fundamental para a interação social interpessoal. Então, mesmo que o robô não consiga entender a expressão facial, precisa pelo menos dirigir sua cabeça ou câmera para o rosto do interlocutor. Portanto, a pesquisa sobre a visão está fazendo um grande trabalho de criação de robôs (e outras máquinas) capazes de encontrar e compreender as faces de forma tão eficiente e correta quanto possível.

OLHAR SOCIAL

PROCESSAMENTO DE LINGUAGEM NATURAL

E, depois, há a linguagem. O campo do *processamento de linguagem natural (PLN)* é um dos componentes iniciais da inteligência artificial (IA), os quais se separaram no começo e têm feito grandes progressos. Infelizmente para a robótica, a maioria do sucesso em PLN tem sido em linguagem escrita, razão pela qual os motores de busca e mineração de dados já são muito poderosos, mas robôs e computadores ainda não conseguem entender o que você está dizendo, a menos que diga algumas poucas palavras que ele já sabe, muito lentamente e sem sotaque. O processamento da fala é um campo desafiador, independente do PLN. Os dois campos, às vezes, funcionam bem juntos, às vezes não – exatamente como tem sido o caso da robótica e da IA. Grandes avanços foram feitos no processamento da fala humana, mas em grande parte para a voz que pode ser gravada ao lado da boca do locutor. Isso funciona bem em sistemas de telefonia, que agora podem detectar quando você está frustrado por causa de menus intermináveis ("Se gostaria de saber sobre o nosso desconto especial, por favor, tecle 9" e o favorito absoluto "Por favor, ouça todas as opções, pois o nosso menu foi atualizado"), ao analisar a qualidade de emoção na voz mencionada anteriormente. No entanto, seria melhor se os usuários do robô não precisassem usar um microfone para ser entendidos por ele. Para tornar isso possível, a investigação está ocorrendo nos níveis que você aprendeu no Capítulo 7: *hardware*, processamento de sinal e *software*.

Essa nossa descrição toca apenas a superfície dos muitos problemas interessantes da IHR. Esse novo campo, que reúne especialistas com

342   Introdução à robótica

origens não só na área de robótica, mas também na psicologia, ciência cognitiva, comunicação, ciências sociais e neurociência, entre outras, será ótimo de acompanhar, enquanto a IHR se desenvolve.

22.6 Robótica de serviço, assistiva e de reabilitação

ROBÔS DE SERVIÇO

O século XXI testemunhará o advento de um vasto espectro de *robôs de serviço*, máquinas usadas em uma grande variedade de domínios da vida humana. Alguns dos mais comuns, que incluem limpadores de janelas e sistemas de entrega leva e trás, já estão operando em ambientes controlados, tais como fábricas e armazéns. Os sistemas mais interessantes, visando ao uso diário em hospitais, escolas e eventualmente residências, estão quase ao seu alcance. O Roomba, mostrado no início do capítulo, é um exemplo de sistema ao qual muitos deverão aderir.

ROBÓTICA ASSISTIVA

A *robótica assistiva* refere-se a sistemas de robôs capazes de ajudar pessoas com necessidades especiais, como indivíduos convalescendo de uma doença, ou precisando de reabilitação após um acidente ou trauma, ou aprendendo ou sendo treinados em ambiente especial, envelhecendo em casa ou em uma instituição de assistência gerenciada. Por exemplo, Pearl the Nursebot, um robô-enfermeira (Figura 22.10) projetado na Carnegie Mellon University, percorre um lar de idosos e ajuda as pessoas a encontrar o seu caminho para a sala de jantar, sala de TV e outros locais importantes. Você sabia que as pessoas mais idosas que têm um animal de estimação ou mesmo uma planta tendem a viver mais e relatam que são mais felizes, mas muitas vezes os animais de estimação e plantas não são alimentados? Talvez os robôs possam ser companheiros eficazes para as pessoas e fazê-las felizes e viver mais tempo sem a necessidade de comida em troca. Quem sabe?

ROBÔS DE REABILITAÇÃO

Há muitas maneiras diferentes pelas quais as pessoas podem receber assistência. Os *robôs de reabilitação* proporcionam ajuda prática, movendo as partes do corpo do paciente para orientar exercícios prescritos e de recuperação. A Figura 22.11 mostra um robô de reabilitação e um sistema de computador; o robô move o braço do paciente enquanto a tela fornece instruções.

Quais os próximos passos? 343

Figura 22.10 Nursebot, desenvolvido na Carnegie Mellon University. (Foto: cortesia da Carnegie Mellon University.)

Figura 22.11 Robô de reabilitação em ação. (Foto: cortesia do Dr. Hermano Krebs.)

Robótica
socialmente
assistiva

Outra forma de ajudar as pessoas envolvidas na reabilitação não é orientar seus braços e pernas, mas proporcionar-lhes a interação social por meio da IHR. Nos estudos de *robótica socialmente assistiva*, os robôs são capazes de monitorar seus usuários e proporcionar treinamento, motivação e incentivo, sem contato físico. A Figura 22.12 mostra Thera, robô desenvolvido na University of Southern California, que ajudou pacientes com acidente vascular cerebral (AVC) a realizar seus exercícios. Durante os três meses imediatamente após um AVC, o paciente tem de longe a melhor chance de evitar a invalidez permanente, mas apenas se executar corretamente os exercícios cuidadosamente concebidos. Diante de um cenário de mais de 750 mil casos de AVC anualmente (somente nos Estados Unidos) – e esse número deve dobrar nos próximos 20 anos, com a crescente população idosa –, os robôs podem desempenhar um papel fundamental, ajudando muita gente a se recuperar dessa doença.

A robótica socialmente assistiva está voltada para o desenvolvimento de robôs destinados a uma variedade de usuários que vai além de pacientes com AVC. Por exemplo, os robôs estão sendo usados como ferramentas para estudar o comportamento social humano e várias anomalias sociais, que vão desde a mentira patológica até a extrema timidez. Tais robôs também podem ser usados para ajudar crianças com transtorno do espectro autista (TEA), que estão particularmente interessadas em máquinas e com frequência são muito talentosas, mas têm sérios problemas sociais e de desenvolvimento. Robôs socialmente assistivos também podem ajudar crianças com transtorno do *deficit* de atenção e hiperatividade (TDAH). Com a criação de robôs que podem ser inteligentes, companheiros autônomos e ajudantes, podemos descobrir áreas totalmente novas, nas quais esses robôs podem melhorar a qualidade de vida das pessoas.

Figura 22.12 Robô socialmente assistivo ajudando uma paciente de AVC. (Foto: cortesia da autora.)

Figura 22.13 Outro robô socialmente assistivo.

Quais os próximos passos?

22.7 Robótica educacional

Não há lugar mais indicado para melhorar do que a escola! Como você viu no Capítulo 21, os robôs podem aprender. Ainda melhor, podem ensinar e servir como excelentes ferramentas de ensino. Crianças e pessoas de todas as idades e culturas gostam de brincar com robôs, programá-los e testar seus limites. Como você sem dúvida percebeu, entender como os robôs funcionam e como programá-los para fazer o que você quer está longe de ser simples, e como você aprendeu a fazê-lo, também aprendeu muito mais. Trabalhar com robôs proporciona uma educação experimental e prática, fato que a maioria das pessoas que tentam lidar com isso acha muito interessante e motivador. Imagine trabalhar com o robô da Figura 22.14; isso não tornaria a aula mais divertida? Poucas pessoas ficam entediadas com os robôs que programam e controlam, pois o desafio está aberto e é infindável.

Figura 22.14 Um robô pode ser uma ferramenta de aprendizagem interessante e um amigo. (Foto: cortesia da autora.)

As pessoas adoram desafios, de modo que a robótica tem se mostrado uma excelente ferramenta de aprendizagem prática, não só da

TÓPICOS STEM

robótica em si (como fizemos neste livro), mas também dos temas gerais em ciência, tecnologia, engenharia e matemática, também chamados *tópicos STEM*.[2] Na prática, os tópicos STEM não fazem tanto sucesso entre crianças e estudantes como deveriam, considerando que grandes empregos, carreiras e sálarios estão disponíveis nessas áreas. Isso cria um *deficit* de pessoas capacitadas para ocupar esses grandes postos de trabalho. Assim, tem sido dada uma atenção cada vez maior ao desenvolvimento de ferramentas inovadoras para melhorar o ensino dos tópicos STEM. A robótica está no topo da lista.

Além de cursos de robótica na escola e, depois, como parte de currículos universitários, um grande número de competições de robótica foi surgindo. Elas incluem FIRST Robotics, Lego Mindstorms (Figura 22.15), Botball, Micromouse e muitas outras.

Figura 22.15 Robôs criativos da Lego sendo bem utilizados. (Foto: cortesia de Jake Ingman.)

ROBÓTICA EDUCACIONAL

Pelo fato de a robótica ser um amplo campo de aprendizado e uma grande ferramenta para a aprendizagem em geral, a área da *robótica educacional*, que cria tais materiais de aprendizagem, deverá crescer no

---

2 STEM é um acrônimo em inglês para os campos de estudo nas áreas de ciência, tecnologia, engenharia e matemática (*science, technology, engineering and mathematics*). Nos Estados Unidos, o termo é muito utilizado nas discussões sobre educação que percebem uma falta de mão de obra especializada em alta tecnologia. (N.T.)

Quais os próximos passos?

futuro. Podemos prever que todos os alunos do Ensino Fundamental terão a oportunidade de explorar a robótica para se motivar a aprender.

22.8 Implicações éticas

Antes de terminar este livro, precisamos pensar em um aspecto muito importante de toda tecnologia que muda a vida das pessoas muito rapidamente, incluindo a robótica. Os meios de comunicação, em particular o cinema, muitas vezes retrataram robôs como seres malignos. Por que não? Afinal de contas, eles se encaixam como grandes vilões. Com toda essa publicidade depreciativa, é fácil esquecer as motivações principais do campo da robótica, que se destinam a ajudar as pessoas. No entanto, toda tecnologia tem potencial para ser usada de forma abusiva, e a robótica não é exceção. À medida que desenvolvemos sistemas robóticos mais inteligentes e capazes, precisamos tomar muito cuidado com muitas questões éticas importantes. Eis algumas delas:

- Segurança. Nenhum robô deve ferir um ser humano. Essa é primeira lei da robótica de Asimov, e é muito bom que se siga. Os robôs devem naturalmente ser seguros quando interagem com as pessoas, como nas aplicações listadas no início do capítulo. Mas as pessoas também devem ter certeza, quando projetam robôs, de que estes ficarão longe de ser máquinas de matar pessoas. As pessoas muitas vezes se preocupam com robôs que se "tornam maus". Mas a real preocupação é que as pessoas se tornem más; *robôs são tão bons ou ruins quanto as pessoas que os criaram.*

- Privacidade. Robôs que se tornam eficientes em trabalhar com pessoas e em ambientes humanos verão e ouvirão uma grande quantidade de informações que poderiam, potencialmente, passar para alguém que não deveria vê-las ou ouvi-las. Privacidade tem de ser levada a sério quando o robô é projetado, e não depois, como resultado de reclamações dos usuários.

- Apego. Se os robôs conseguirem ser atraentes e úteis, seus usuários humanos ficarão apegados a eles e não vão querer jogá-los fora ou deixá-los ir embora, quando o contrato de aluguel/vida útil/garantia expirar. (Pense em quantas pessoas ainda dirigem carros muito antigos, apesar do custo, ou ficam com computadores antigos ou tecnologia obsoleta em razão do hábito.) Mas o que acontece quando um robô ultrapassado não pode mais ser mantido? Usuários do Roomba já se recusam a ter seus robôs substituídos quando eles precisam de reparo, insistindo em ter o mesmo robô de volta. O que aconteceria se um robô fosse muito mais interessante, inteligente e envolvente do que o Roomba?

- Confiança e autonomia. Escolher usar um robô implica confiar na tecnologia. E se o robô, por incerteza, erro ou simplesmente bom-senso próprio, age de uma maneira que o usuário considera inaceitável e, por isso, o julga indigno de confiança? Ninguém quer um robô agressivo ou "mandão", mas provavelmente todo mundo gostaria de ter um robô que pudesse salvar sua vida. Como é que um robô ganha e mantém a confiança do usuário? Quanta autonomia deve ter o robô e quem está realmente no comando?

- Utilização informada. Os usuários de robôs precisam estar cientes de todas as questões anteriores e quaisquer outras que estejam envolvidas no sistema utilizado. Conforme a tecnologia se torna mais complexa, fica cada vez mais difícil saber tudo sobre o sistema (você conhece todas as características do seu telefone?). No entanto, esses recursos podem ter implicações muito sérias para a segurança, privacidade, apego e confiança. Projetar sistemas que são fáceis de usar e que permitem que o usuário os conheça completamente é um grande desafio em aberto na tecnologia.

Resumo

O futuro da robótica está em suas mãos! Faça algo grandioso, mas lembre-se de que a inovação e a descoberta envolvem riscos. Pense nos usos potenciais do que você está desenvolvendo, para além do óbvio

Quais os próximos passos?

e do não intencional. Tenha cuidado, seja inteligente e faça algo de bom com a robótica.

Para refletir

- Embora o potencial dos robôs para nos ajudar seja muito grande, algumas pessoas acreditam que, em vez de criar uma tecnologia que substitui o trabalho humano, deveríamos nos concentrar na formação de pessoas como prestadores desses serviços. Com exceção dos postos de trabalho que são inerentemente perigosos ou indesejáveis, é importante ser capaz de justificar adequadamente os robôs em funções que poderiam ser ocupadas por pessoas, se essas pessoas estivessem disponíveis. Como você acha que isso deve ser justificado? Esses robôs estão tomando as vagas das pessoas ou estão preenchendo vagas que de outra forma não estariam preenchidas? E se essas vagas não estão preenchidas agora, mas, uma vez que os robôs as preencham, elas nunca mais poderiam voltar a ser preenchidas por pessoas? Essas são apenas algumas das questões éticas e econômicas que foram colocadas. Como você as responderia?
- Alguns filósofos têm argumentado que, assim que os robôs se tornarem suficientemente inteligentes e autoconscientes, serão tão parecidos com as pessoas que será antiético obrigá-los a trabalhar para nós, uma vez que isso criará uma raça de escravos. O que você acha disso?

Para saber mais

Bem, não há muito mais neste livro, exceto o glossário de termos e o índice remissivo. Se você ainda não tentou todos os exercícios de programação de robôs, eles estão disponíveis em: <http://roboticsprimer.sourceforge.net/workbook/>.

Uma vez que o livro de exercícios está na internet em um *site* público, uma comunidade crescente será capaz de adicionar novos exercícios e soluções; então vale a pena voltar ao *site*, tanto para contribuir quanto para aprender.

Existem numerosos livros e artigos, populares e científicos, que você pode ler sobre o futuro da robótica. E, é claro, há os livros de ficção científica, o campo que produziu o termo "robô" (lembra-se do Capítulo 1?) e todos os tipos de personagens robóticas.

O melhor lugar para começar na ficção científica sobre robótica é com Isaac Asimov, que escreveu um número verdadeiramente impressionante de livros. *Eu, Robô*, em geral, é a primeira leitura; mas leia o livro, não basta ver o filme, já que o primeiro é incomparavelmente melhor do que o último.

Baseado no que você aprendeu até agora, deve ser capaz de separar o joio do trigo em suas futuras leituras sobre robótica. Boa sorte e divirta-se!

Referências bibliográficas

ABBOTT, E. A. *Flatland:* A Romance of Many Dimensions. Mineola/NY: Dover Publications, 1952 [trad. bras.: *Planolândia:* Um romance de muitas dimensões. São Paulo: Conrad, 2001/2002 (col. Clássicos)].

ABELSON, H.; SUSSMAN, G. J. *Structure and Interpretation of Computer Programs.* Cambridge/ MA: The MIT Press, 1996.

ARKIN, R. *Behavior-Based Robotics.* Cambridge/MA: The MIT Press, May 1998.

ASHBY, W. R. *An Introduction to Cybernetics.* London: Chapman and Hall, 1956.

ASIMOV, I. *I, Robot.* United States of America: Gnome Press, 1950 [trad. bras.: *Eu, robô.* Rio de Janeiro: Ediouro, 2012].

BALLARD, D.; BROWN, C. *Computer Vision.* Englewood Cliffs/NJ: Prentice-Hall Inc., May 1982.

BECKERS, R.; HOLLAND, O. E.; DENEUBOURG, J. L. From local actions to global tasks: Stigmergy. In: BROOKS, R.; MAES, P. (Ed.). *Artificial Life IV.* Cambridge/MA: MIT Press, 1994. p. 181-189.

BEKEY, G. *Autonomous Robots.* Cambridge/MA: The MIT Press, 2005.

BROOKS, R. *Cambrian Intelligence.* Cambridge/MA: The MIT Press, July 1999.

CHOSET, H. et al. *Principles of Robot Motion:* Theory, Algorithms, and Implementations. Cambridge/MA: The MIT Press, June 2005.

CONNELL, J.; MAHADEVAN, S. (Ed.). *Robot Learning.* Boston/MA: Kluwer, June 1993.

CORMAN, T.; LEISERSON, C.; RIVEST, R. *Introduction to Algorithms*. Cambridge/MA: The MIT Press, September 2001 [trad. bras.: *Algoritmos:* teoria e prática. 3. ed. Rio de Janeiro: Campus, 2012].

D'AZZO. J. J.; HOUPIS, C. *Linear Control System Analysis and Design:* Conventional and Modern. 4th ed. New York: McGraw-Hill, 1995.

DENEUBOURG, J. L. et al. The dynamics of collective sorting: Robot-like ants and ant-like robots. In: MEYER, J-A.; WILSON, S. (Ed.). *Simulation of Adaptive Behaviour:* From Animals to Animats. Cambridge/MA: MIT Press, 1990. p. 356-365.

DORF, R. C.; BISHOP, R. H. *Modern Control Systems*. 10th ed. Englewood Cliffs/NJ: Prentice-Hall, 2004 [trad. bras.: *Sistemas de controle modernos*. 12. ed. São Paulo: LTC, 2013].

DURRANT-WHYTE, H.; LEONARD, J. *Directed Sonar Sensing for Mobile Robot Navigation*. Dordrecht/The Netherlands: Springer, May 1992.

EVERETT, H. R. *Sensors for Mobile Robots*: Theory and Applications. Natick/MA: AK Peters Ltd., 1995.

GIBSON, J. J. *The Perception of the Visual World*. Boston/MA: Houghton Mifflin, 1950.

GIFFORD, C. *How to Build a Robot*. 2001.

GUPTA, M. M.; SINHA, N. K. (Ed.). *Intelligent Control Systems, Theory and Applications*. New York: IEEE Press, 1995.

HAYKIN, S.; VAN VEEN, B. *Signals and Systems*. New York: Wiley & Sons, 1999.

HORN, B. K. P. *Robot Vision*. Cambridge/MA: The MIT Press, March 1986.

HOROWITZ, P.; HILL, W. *The Art of Electronics*. 2nd ed. Cambridge/MA: Cambridge University Press, July 1989.

KUO, B. C. *Automatic Control Systems*. Englewood Cliffs/NJ: Prentice-Hall, 1962.

LAVALLE, S. M. *Planning Algorithms*. Cambridge/MA: Cambridge University Press, May 2006.

LEVY, S. *Artificial Life*. New York/NY: Random House Value Publishing, May 1994 [trad. bras.: *Vida artificial*. Porto Alegre: Dom Quixote, 1993].

Referências bibliográficas

MARTIN, F. *Robotic Explorations:* A Hands-on Introduction to Engineering. 1st ed. Englewood Cliffs/NJ: Prentice Hall, December 2000.

MATARIÆ, M. J. A Distributed Model for Mobile Robot Environment--Learning and Navigation. Dissertação de mestrado. Cambridge/MA: Massachusetts Institute of Technology, January 1990.

————. Integration of representation into goal-driven behavior--based robots. *IEEE Transactions on Robotics and Automation*, 8(3):304-12, June 1992.

MITCHELL, T. *Machine Learning.* New York/NY: McGraw-Hill Education, October 1997.

MOORE, G. E. Cramming more components onto integrated circuits. 38(8):114-117, April 1965.

MURPHY, R. *Introduction to AI Robotics.* Cambridge/MA: The MIT Press, 2000.

OPPENHEIM, A. L.; WILLSKY, A. S.; HAMID, N. S. *Signals and Systems.* Englewood Cliffs/NJ: Prentice-Hall, August 1996.

PIRJANIAN, P. *Multiple Objective Action Selection & Behavior Fusion using Voting.* Tese de doutorado. Aalborg University, Denmark, April 1998 [trad. bras.: *Sinais e sistemas.* 2. ed. São Paulo: Pearson, 2010].

ROSENBLATT, J. *DAMN:* A Distributed Architecture for Mobile Navigation. Tese de doutorado. Carnegie Mellon University, Pittsburgh/PA, 1997.

RUSSELL, S.; NORVIG, P. *Artificial Intelligence, A Modern Approach.* Englewood Cliffs/NJ: Prentice-Hall, December 2002 [trad. bras.: *Inteligência artificial.* 3. ed. Rio de Janeiro: Campus, 2013].

SCIAVICCO, L.; SICILIANO, B. *Modeling and Control of Robot Manipulators.* 2nd ed. Great Britian: Springer, 2001.

SIEGWART, R.; NOURBAKHSH, I. *Autonomous Mobile Robots.* Cambridge/MA: The MIT Press, April 2004.

SIPSER, M. *Introduction to the Theory of Computation.* Boston/MA: PWS Publishing Company, 1996.

SPONG, M.; HUTCHINSON, S.; VIDYASAGAR, M. *Robot Modeling and Control.* United States of America: John Wiley and Sons Inc., November 2005.

SUTTON, R.; BARTO, A. *Reinforcement Learning:* An Introduction. Cambridge/MA: The MIT Press, 1998.

THRO, E. *Robotics, the Marriage of Computers and Machines*, 1993.

THRUN, S.; BURGARD, W.; FOX, D. *Probabilistic Robotics.* Cambridge/MA: The MIT Press, September 2005.

WALTER, W. G. *A Machince that Learns.* 185(2):60-3, 1951.

————. *An Imitation of Life.* 182(5):42-5, 1950.

WIENER, N. *Cybernetics or Control and Communication in the Animal and the Machine.* 2nd ed. Cambridge/MA: The MIT Press, 1965.

WILSON, E. O. *Ants.* Cambridge/MA: Belknap Press, March 1998.

YEN, J.; LANGARI, R. *Fuzzy Logic:* Intelligence, Control and Information. Englewood/CA: Prentice-Hall, November 1998.

Glossário

- Amortecimento: o processo de reduzir oscilações sistematicamente.
- Amplificação: alguma coisa que causa um aumento, ou ganho, no tamanho, volume ou significância.
- Aprendizado supervisionado: uma abordagem de aprendizagem em que um professor externo fornece a resposta ou pelo menos diz ao robô o que fez de errado.
- Aprendizagem ao longo da vida: a ideia de fazer um robô aprender continuamente, enquanto ele é funcional.
- Arbitração de comando: o processo de selecionar uma ação ou comportamento entre as várias possibilidades.
- Arquitetura de controle: um conjunto de princípios norteadores e restrições para a organização do sistema de controle de um robô.
- Atribuição de crédito temporal: o problema geral de atribuir o crédito ou a culpa às ações tomadas ao longo do tempo.
- Atribuição de créditos espacial: o problema geral de atribuir o crédito ou a culpa às ações tomadas por membros de uma equipe.
- Atuação passiva: utilizar a energia potencial da mecânica do efetuador e sua interação com o meio ambiente para mover o atuador, em vez de usar o consumo ativo de energia.
- Atuador linear: um atuador que proporciona um movimento linear, tal como ficar mais comprido ou mais curto.
- Atuador: o mecanismo que permite a um efetuador executar uma ação ou movimento.

- Autômatos situados: máquinas computacionais abstratas (não físicas) com determinadas propriedades matemáticas que interagem com os seus ambientes (abstratos).
- Autonomia: a habilidade de um sistema de tomar suas próprias decisões e agir sobre elas.
- Baixo-para-cima (*bottom-up*): progressão do mais simples para o mais complexo.
- *Bit*: a unidade fundamental de informação, a qual possui dois possíveis valores: os dígitos binários 0 e 1; a palavra vem do termo inglês *binary digit*, ou "digito binário".
- Busca de otimização: o processo de buscar por soluções múltiplas, a fim de selecionar a melhor.
- Calibração: o processo de ajustar um mecanismo para maximizar seu desempenho (precisão, alcance etc.).
- Caminhada estaticamente estável: um robô que pode andar enquanto permanece equilibrado em todos os momentos.
- Cibernética: um campo de estudo que foi inspirado nos sistemas biológicos, desde o nível dos neurônios (células nervosas) até o nível dos comportamentos, e tentou implantar princípios similares em robôs simples, usando métodos da teoria de controle.
- Cinemática: a correspondência entre o movimento do atuador e o movimento resultante do efetuador.
- Codificação do eixo em quadratura: um mecanismo para detectar e medir o sentido de rotação.
- Comunicação por difusão: enviar uma mensagem para todos que estão ouvindo um canal de comunicação.
- Conexão inibitória: uma conexão na qual quanto mais forte é o estímulo sensorial, mais fraca é a saída do motor.
- Controle de posição: controlar um motor de modo a garantir a posição desejada todo o tempo.
- Controle de torque: uma abordagem para o controle que acompanha o torque desejado em todos os momentos, independentemente da posição específica do eixo do motor.
- Controle deliberativo: tipo de controle que prevê o futuro e, portanto, trabalha em uma longa escala de tempo.

Glossário

- Controle híbrido: abordagens de controle que combinam a longa escala de tempo do controle deliberativo e a curta escala de tempo do controle reativo, com alguma inteligência no meio.

- Controle reativo: um meio de controlar robôs usando um conjunto de regras prioritárias, sem o uso de estado persistente ou representação.

- Cooperação: ação conjunta com benefício mútuo.

- Coordenação do comportamento: decidir qual comportamento ou conjunto de comportamentos devem ser executados em um determinado momento.

- Coordenação: arranjar as coisas em alguma ordem.

- Corporalidade: ter um corpo físico.

- Demodulador: um mecanismo que é sintonizado na frequência específica de modulação, para que ela possa ser decodificada.

- Detector: um mecanismo que percebe (detecta) uma propriedade a ser medida.

- Dinâmica: o estudo do efeito das forças no movimento dos objetos.

- Efetuador: qualquer dispositivo que tem um efeito (impacto, influência) no ambiente.

- Elementos fotossensíveis: elementos que são sensíveis à luz, tais como cones e bastonetes nos olhos biológicos.

- Elos do manipulador: componentes individuais do manipulador.

- Emissor: um mecanismo que produz (emite) um sinal.

- Engrenagens agrupadas: engrenagens posicionadas perto uma da outra, de forma que seus dentes se entrelaçam e, juntas, produzem uma mudança de velocidade ou torque do mecanismo acoplado. Também são chamadas engrenagens em série.

- Erro: a diferença entre um valor desejado e o valor medido.

- Espaço de estados: consiste em todos os estados possíveis em que um sistema pode estar.

- Espaço: todos os valores ou variações de algo possível.

- Estabilidade estática: ser capaz de ficar em pé sem ter de realizar o controle ativo para evitar a queda.

- Estado contínuo: estado que é expresso como uma função contínua.

- Estado desejado: o estado no qual o sistema deseja estar, também chamado estado-objetivo.
- Estado discreto: estado diferente e separado de um sistema (do latim *discretus*, que significa "separado"), tal como "baixo", "azul", "vermelho".
- Estado externo: o estado do mundo, da forma como o robô o percebe.
- Estado interno: o estado do robô, da forma como o robô o percebe.
- Estado objetivo: o estado em que sistema quer estar, também chamado estado desejado.
- Estado: a descrição de um sistema. Uma noção geral da física que foi emprestada para a robótica (e pela ciência da computação e IA, entre outras áreas).
- Estigmergia: a forma de comunicação em que a informação é transmitida através da modificação do ambiente.
- Estimativa de estado: o processo de estimar o estado de um sistema a partir de uma medida.
- Exoesqueleto: o esqueleto externo (do termo grego *exo*, que significa "fora").
- Exterocepção: o processo de perceber o mundo ao redor do robô, sem incluir a percepção do próprio robô.
- Filtro de polarização: um filtro que deixa passar apenas as ondas de luz com uma direção particular.
- Foco: um ponto ao qual os raios de luz convergem.
- Forrageamento: o processo de encontrar e coletar alguns itens de alguma área específica, tal como a colheita de milho ou a remoção de lixo de uma rodovia.
- Fotocélula: uma célula que é sensível à quantidade de luz que a atinge.
- Fusão de sensores: combinar vários sensores para obter melhores informações sobre o mundo.
- Fusão: o processo de combinar múltiplas possibilidades em um único resultado.
- GDL de rotação: as maneiras possíveis como um corpo pode rotar (girar).

Glossário

- GDL de translação: GDL que permite ao corpo se transladar, ou seja, mover-se sem girar (rotação).

- GDL incontrolável: os GDL que não são controláveis.

- Graus de liberdade: as dimensões nas quais um manipulador pode se mover.

- Háptica: o estudo do sentido do tato.

- Heurística: regras de ouro que ajudam a guiar e, com sorte, acelerar a busca.

- Hierarquias fixas: hierarquias cuja ordenação não muda, como as famílias reais na qual a ordem de poder é hereditária.

- Hierarquias: grupos ou organizações que são ordenados pelo poder (do termo grego *hierarkh*, que significa "sumo sacerdote".)

- Holonômica: ser capaz de controlar todos os graus de liberdade disponíveis (GDL).

- Incerteza do atuador: a impossibilidade de saber o resultado exato de uma ação antes que ela ocorra, mesmo para ações simples como "siga em frente por 3 metros".

- Incerteza: a incapacidade de ter certeza, de não ter dúvidas, sobre o estado de si mesmo e do seu ambiente, a fim de tomar medidas absolutamente ideais em todos os momentos.

- Inteligência artificial (IA): o campo que estuda como as máquinas inteligentes pensam (ou, pelo menos, como deveriam pensar). A IA "nasceu" oficialmente em 1956, em uma conferência sediada pela Universidade de Dartmouth, em Hanover, New Hampshire, nos Estados Unidos.

- Interação humano-robô (IHR): um novo campo da robótica que foca os desafios de perceber e entender o comportamento humano em tempo real (Quem está falando comigo, o que está dizendo, ele está feliz ou triste, confuso ou com raiva, ele está se aproximando ou se afastando?), responder em tempo real (O que devo dizer? O que devo fazer?), e fazer ambos de uma maneira socialmente adequada e natural que envolva o participante humano.

- Lente: a estrutura que refrata a luz para concentrá-la sobre a retina ou plano de imagem.

- Limite da junta: o extremo do quão longe uma articulação pode se mover.

- Luz polarizada: a luz cujas ondas viajam apenas em uma direção em particular, ao longo de um plano particular.

- Manipulação: qualquer movimento de um manipulador orientado pelo objetivo.

- Manipulador: um manipulador robótico é um efetuador.

- Mapa topológico: um mapa representado como um conjunto de pontos de referência (*landmarks*) interligados.

- Marcha trípode: uma marcha estaticamente estável, na qual três pernas ficam no chão, formando um tripé, enquanto outras três se elevam e movimentam.

- Modulação por largura de pulso: determinar a duração do sinal com base na largura (duração) do pulso.

- Motor de corrente contínua (CC): um motor que converte energia elétrica em energia mecânica.

- Não holonômico: não ser capaz de controlar todos os graus de liberdade (GDL) disponíveis.

- Nível de abstração: nível de detalhe.

- Objetivo de manutenção: um objetivo que exige um trabalho ativo constante por parte do sistema, como "manter-se afastado de obstáculos".

- Objetivo de realização: um estado que o sistema tenta alcançar, tal qual o fim de um labirinto.

- Odometria: manter o controle de/medir quão longe o sistema andou (do termo grego *hodos*, que significa "viagem", e *metros*, que significa "medida").

- Olhar social: fazer contato visual na interação social e interpessoal.

- Otimização: o processo de melhorar a solução para um problema, encontrando uma melhor.

- Percepção: veja Sentir.

- *Pixel*: um elemento básico da imagem na lente da câmera, do computador ou da tela de TV.

Glossário

- Planejamento de trajetória e de movimento: uma abordagem computacional complexa que envolve buscar por todas as trajetórias possíveis e avaliá-las, a fim de encontrar aquela que satisfará os requisitos.

- Plano de imagem: a projeção do mundo sobre a imagem da câmera, que corresponde à retina do olho biológico.

- Plano universal: um conjunto de todos os planos possíveis para todos os estados iniciais e todas as metas dentro do espaço de estado de um dado sistema.

- Polígono de apoio: a área do chão coberta pelos pontos de um objeto com pernas ou robô.

- Pontos de contato: locais em que os dedos ou garras devem ser colocados para segurar melhor um objeto. Os pontos de contato são calculados em relação ao centro de gravidade, fricção, localização dos obstáculos etc.

- Pôr em prática: fazer o aprendiz experimentar a tarefa diretamente, por meio de seus próprios sensores.

- Pré-processamento de sensor: processamento que vem antes de qualquer coisa; pode ser realizado no que se refere a usar os dados para tomar decisões e/ou agir.

- Problema de associação de dados: o problema de associar unicamente os dados percebidos com uma verdade absoluta.

- Problema do pêndulo invertido: controlar um sistema que é parecido com um pêndulo invertido, como balanceamento de robôs de uma perna só.

- Processamento de linguagem natural (PLN): o campo que estuda a compreensão da língua escrita e falada. Uma parte da inteligência artificial.

- Propriocepção: o processo de detectar o estado de seu próprio corpo.

- Realimentação (*feedback*): a informação é enviada para trás, literalmente "retroalimentada", dentro do sistema de controle.

- Realimentação negativa: retroalimentação que diminui em resposta à entrada, resultando no amortecimento.

- Realimentação positiva: retroalimentação que se torna maior em resposta à entrada, resultando na amplificação.

- Redes de sensores-atuadores: grupos de sensores móveis no ambiente que podem se comunicar uns com os outros, geralmente através de rádio sem fio, e que podem se mover.

- Redes neurais estatísticas: um conjunto de técnicas formais matemáticas da estatística e da probabilidade aplicado nas redes neurais.

- Redundância: a repetição de recursos dentro de um sistema.

- Redundante: robô ou atuador que tem mais maneiras de ser controlado do que o número de graus de liberdade que possui para controlar.

- Reflexão difusa: a luz que penetra no objeto é absorvida e, depois, refletida de volta.

- Reflexão especular: a reflexão a partir da superfície exterior do objeto. A onda sonora que se propaga a partir do emissor rebate em várias superfícies no ambiente antes de voltar para o detector.

- Reflexo vestíbulo-ocular (RVO): o reflexo que mantém os olhos fixos, enquanto a cabeça está se movendo.

- Representação: a forma como a informação é armazenada ou codificada no robô.

- Resolução: o processo de separar ou quebrar alguma coisa em suas partes constituintes.

- Robôs cartesianos: robôs que possuem um princípio similar às impressoras cartesianas tipo *plotter*, e são geralmente usados em tarefas de montagem de alta precisão.

- Robôs de reabilitação: robôs que proporcionam ajuda prática, movendo as partes do corpo do paciente, a fim de orientar os exercícios prescritos e a recuperação.

- Robôs reconfiguráveis: robôs que têm módulos ou componentes que podem se juntar de várias maneiras, criando diferentes formas e corpos diferentemente construídos.

- Robôs socialmente assistivos: robôs que são capazes de monitorar seus usuários e fornecer treinamento, tutoria, motivação e encorajamento, sem contato físico.

- Robótica assistiva: sistemas robóticos capazes de ajudar pessoas com necessidades especiais, tais como indivíduos convalescendo de uma doença, em reabilitação de um acidente ou trauma, aprendendo ou

Glossário

treinando uma postura em especial, ou que estão envelhecendo em suas casas ou em uma instituição gerenciada de cuidados.

- Robustez: a capacidade de resistir a falhas.
- Segmentação: o processo de dividir ou organizar a imagem em partes que correspondem aos objetos contínuos.
- Sentir: o processo de receber informações sobre o mundo por meio de sensores.
- Série de tempo: a sequência de dados fornecidos ao longo do tempo.
- Servomotor: um motor que pode girar seu eixo para uma posição específica.
- Sinal para símbolo: o problema de sair de uma saída de um sensor e ir para uma resposta inteligente.
- Sistemas reativos: sistemas que não utilizam quaisquer representações internas do ambiente e não preveem os possíveis resultados de suas ações, pois operam em uma escala de tempo curta e reagem à informação sensorial atual.
- Situado: existir em um mundo complexo e interagir com ele.
- Sonar: ultrassom (do inglês *SOund Navigation And Range*, ou navegação e medida de distância pelo som).
- Suavização: aplicação de um procedimento matemático chamado convolução, que encontra e elimina picos isolados no sinal/dados.
- Teleoperado: operado de longe (do termo grego *tele*, que significa "longe").
- Tração diferencial: a habilidade de tracionar as rodas separada e independentemente pelo uso de motores separados.
- Transdutor: um dispositivo que transforma uma forma de energia em outra.
- Visão baseada em modelos: uma abordagem para visão de máquina que utiliza modelos de objetos (informação ou conhecimento prévio sobre esses objetos) representados e armazenados de uma forma que permita a comparação e reconhecimento.
- Visão estéreo: a habilidade de combinar e usar os pontos de vista de dois olhos ou câmeras para reconstruir objetos sólidos tridimensionais

e perceber a profundidade. Formalmente chamado estereoscopia binocular.

- Wikipedia: a grande e crescente enciclopédia livre encontrada na *web*, em <http://pt.wikipedia.org/wiki/>, que tem um monte de informações sobre tudo, incluindo vários temas abordados neste livro.

Índice remissivo

A

Analógico, 29
Andarilho passivo, 52-53
Antropomórfico, 90
Aprendizagem conexionista, 320
Aprendizagem, 313-330
   aprendizagem ao longo da vida, 328
   imitação, 322-327
   reforço, 315-320
   supervisionada, 320-322
Arbitragem de comando, 209
Arbitragem, 258
Arfagem, 62
Arquitetura de controle
   Herbert, 212-217
   plano universal, 228
   sentir-planejar-agir, 197
   subsunção, 212-215
Atribuição espacial de crédito, 319
Atribuição temporal de crédito, 319
Atuação passiva, 52
Atuadores, 46, 51, 63-64
   lineares, 54
Autômatos "situados", 228-229
Automontagem, 337
Autonomia, 49
Autônomo, *ver* Robô

B

Biomimética, 28, 144
Bit, 100

C

Calibração, 120-121
Centro de gravidade, 73
Cibernética, 26, 30

Cinemática inversa, 93
Cinemática, 89
Circuito eletrônico analógico, 29
Codificação de quadratura do eixo, 126
Complacência, 94
Comportamento emergente, 30, 267, 270
Computação, 103
Comunicação, 299-300
Conexão excitatória, 32
Conexão inibitória, 32
Controladores, 49
Controle
   baseado, 184, 233-255
   centralizado, 304
   de arquitetura, 178
   de posição, 61
   deliberativo, 184, 193-202
   derivativo, 169-170
   distribuído, 305
   realimentação (*feedback*), 161
   malha fechada, 173-174
   híbrido, 184, 221-231
   integral, 170-171
   PID, 171-173
   proporcional, 167-169
   reativo, 30, 184, 203-220
Coordenação de comportamento, 257-264
Corporalidade, 42

D

Demodulador, 122
Digital, 127
Dinâmica, 93
Diodo emissor de luz (LED), 118

E

Efetuadores, 46, 51, 63
Efetuador final, *ver* Manipulação
Espaço de estado, 44
Espaço perceptivo, 46
Espaço sensorial, 46
Estabilidade, 72
   caminhada estaticamente estável,
     74-75
   dinâmica, 74-75
   polígono de apoio, 73-74
Estado, 44
   contínuo, 44
   discreto, 44
   estimativa de, 278
   externo, 45
   interno, 45
Estigmergia, 299
Exoesqueleto, 88
Experimentos cognitivos, 31
Exterocepção, 97

F

Filtro de polarização, 116-117
Folga, 59
Forma de onda, 61
Forrageamento, 289
Fotocélula, 115
Fotofílico, 32
Fotofóbico, 32
Fusão
   de comando, 209-210
   de comportamento, 259
   sensorial, 108

G

Graus de liberdade (GDL), 47, 62, 68
   controlável, 64
   incontrolável, 64
   de rotação, 62-63
   de translação, 62
Guinada, 62

H

Habitat, 43-44
Háptica, 337
Holonômico, 65, 80

I

Incerteza, 99
Integração de caminhos, 278

Inteligência artificial (IA), 33
Interação humano-robô (IHR), 151,
   323, 340

J

Junta, 89
   esférica, 89
   de esfera e soquete, 66
   limite de, 86
   prismática, 89

L

Localização, 278-281
Locomoção, 47, 71
Luz
   ambiente, 120
   infravermelha, 121
   modulação, 122
   polarizada, 117
   visível, 121

M

Manipulação, 85
   efetuador, 85-86
   elos, 85
   espaço livre, 86
   pontos de agarramento, 94
   problemas, 92
Mapa topológico, 189
Marcha, 76
   agrupadas, 60
   engrenagens, 57-58
   ondulante, 77-78
   trípode alternante, 77
   séries, 60
Modulação por largura do pulso, 61
Motor CC, 55-57

N

Nanorrobótica, 337
Não holonômico, 66
Navegação, 275-286
   baseada na visão, 36
   problema de cobertura, 276

O

Observável, 44
Oculto, 44
Odometria, 278
Olhar social, 341

Índice remissivo

P

Parcialmente observável, 44
Pêndulo invertido, 75
Percepção, 43
Pixel, 100
Planejamento de movimento, 82
Plano de imagem, 144-145
Política de controle, 317
Problema do robô sequestrado, 250-251
Problema inverso, 306
Processamento de sinais, 102-103
Processamento de informação
    humana, 340
Processamento de linguagem natural,
    341
Proprioceptivos, 97
Proxêmica, 340-341
Pseudocódigo, 49

Q

Questões energéticas, 48

R

Redes de sensores atuadores, 290
Redes neurais, 320
Redundante, 66
Reflexão especular, 136-139
Representação, 45-46
Retina, 100-101
Robô
    autônomo, 20
    cartesianos, 126
    de reabilitação, 342
    de serviço, 342
    o que é?, 17-22
    história, 18, 25, 27
    simulação, 20
Robótica, 21-22
    assistencial, 342
    educacional, 345
    reconfigurável, 337-338
    socialmente assistiva, 343-344
Rolagem, 62

S

Seleção de ação, 209
Sensores, 20-21, 43, 46, 98
    ativos, 111
    câmeras, 144-147
    codificadores de eixo, 113, 123-126

    complexos, 101-102
    de contato, 113
    de fim de curso, 113
    de luz, 115-126
    de refletância, 118-121
    detectores, 111
    emissor, 111
    interrupção de feixe, 118
    laser, 140-143
    passivos, 111
    potenciômetros, 127
    processamento, 102-103
    simples, 101
    sonar, 131
    visuais, 143
Sensoriamento, 43
Servomotores, 60
Shakey, 34
Sinal para símbolo, 102
Sistema perceptivo, 98
SLAM, 283-284

T

Teleoperação, 86
    cirurgia assistida por robôs, 87-88
    robô, 19
Teoria de controle, 25-26
Tipos de controles de robôs, 37
Torque, 59
    controle de, 61
Tração diferencial, 80
Trajetória, 65
    ótimo, 82
    planejamento, *ver* Planejamento de
      movimento
Transdutor, 134

U

Ultrassom, 131

V

Veículos de Braitenberg, 31
Vida artificial, 30-31
Visão
    baseada em modelos, 149-151
    detecção de bordas, 147
    em movimento, 151-152
    estéreo, 152-153
      rastreamento de blobs, 156

SOBRE O LIVRO

Formato: 18 x 23 cm
Mancha: 14,5 x 18,5 paicas
Tipologia: Sabon Roman 11/14
Papel: offset 75 g/m² (miolo)
Cartão Supremo 250 g/m² (capa)
1ª edição: 2014

EQUIPE DE REALIZAÇÃO

Capa
Leandro Cunha

Edição de textos
André Fernandes (copidesque)
Eloiza Helena Rodrigues (Preparação de original)
Giuliana Gramani e Maria Dolores D. S. Mata (Revisão)

Editoração eletrônica
Zetastudio (Diagramação)

Assistência editorial
Jennifer Rangel de França